Carl Busley

Geschichte der Segelschiffe

Die Entwicklung des Segelschiffes vom Altertum bis zum 20. Jahrhundert

Mit 180 Abbildungen und 1 Tafel

REPRINT – VERLAG
LEIPZIG

Die zum Teil geminderte Druckqualität ist auf den Erhaltungszustand der Originalvorlage zurückzuführen.

Aus drucktechnischen Gründen wurde die Tafel einfarbig gedruckt.

Bibliographische Information der Deutschen Nationalbibliothek
Die Deutsche Nationalbibliothek verzeichnet diese Publikation in der Deutschen Nationalbibliographie; detaillierte bibliographische Daten sind im Internet über www.d-nb.de abrufbar.

Softcover reprint of the hardcover 1st edition 1920
Volker Hennig, Goseberg 22-24, 37603 Holzminden
www.reprint-verlag-leipzig.de

ISBN-13: 978-3-642-89602-6 e-ISBN-13: 978-3-642-91458-4
DOI: 10.1007/978-3-642-91458-4

Reprintauflage der Originalausgabe von 1920
nach dem Exemplar des Verlagsarchives

Lektorat: Andreas Bäslack, Leipzig

Die Entwicklung des Segelschiffes

von

Carl Busley

Berlin

1920

Vorwort.

In einer zwanglosen Unterhaltung über Segeln und Segelschiffahrt nach einer Abendtafel an Bord S. M. Jacht „Hohenzollern" während der Kieler Woche 1905 äußerte der Kaiser, daß es bald die höchste Zeit wäre, wenn die Takelungen unserer heutigen Segelschiffe der Nachwelt durch genaue Modelle überliefert werden sollten. Jetzt lebten noch Sachverständige, die vielleicht nach 100 Jahren, wenn die Segelschiffahrt, wie wohl anzunehmen sei, kaum noch bestehen würde, nicht mehr aufzutreiben sein würden. Am besten wären wohl Modelle aus haltbaren Stoffen, wenn es ginge, aus Metall, um so dauerhaft wie möglich zu sein.

Als ich nicht lange darnach erfuhr, daß sich eine Reihe von wissenschaftlichen, wirtschaftlichen und sportlichen Verbänden und Vereinen mit der Absicht trugen, dem Kaiser als Zeichen ihrer Dankbarkeit für die ihren Bestrebungen erwiesene Förderung zu der im Jahre 1908 stattfindenden silbernen Hochzeit ein Angebinde darzubringen, griff ich den vorstehenden Gedanken auf. Ich wandte mich an die einzelnen Vereine mit der Bitte, zu dem gedachten Zwecke Schiffsmodelle aus Metall zu wählen, wobei ich mich bereit erklärte, die Zeichnungen hierfür entwerfen zu lassen und die spätere Ausführung zu überwachen. Nachdem mein Antrag erfreulicherweise allgemeine Zustimmung gefunden hatte, wurde zunächst geplant, die Modelle aus Bronze herzustellen. Bei einer näheren Preisberechnung ergab sich aber, daß silberne Modelle nicht nennenswert teurer würden, weil sich Silber viel leichter und bequemer verarbeiten läßt als die sprödere Bronze, so daß die geringeren Arbeitslöhne den höheren Wert des Stoffes fast ausglichen. Es wurde dann die Ausführung in Silber beschlossen. Da nun eine ganze Anzahl von Modellen zusammenkam, ließ sich durch sie in begrenztem Umfange eine Entwicklung des Segelschiffes veranschaulichen.

Diese Modelle hat später Oskar von Miller, der Begründer des Deutschen Museums in München, gesehen. Er äußerte hierauf den Wunsch, sie auch für dieses Museum zu erwerben, aber nicht aus Metall, sondern aus den natürlichen Stoffen. Nachdem der Kaiser seine Einwilligung zur Nachbildung der Modelle erteilt hatte, konnte ich mit den mir zur Verfügung gestellten Mitteln die Zahl der Modelle vermehren und einzelne Lücken ausfüllen, so daß sie jetzt die hauptsächlichsten Segelschiffstypen aller Zeiten umschließen.

Diese Modelle sind sämtlich im Maßstab von 1 : 50 hergestellt, um auch dem Laien einen Begriff von der Größe der früheren Schiffe gegenüber den jetzigen zu geben, weil die Modelle der letzteren meistens in diesem Maßstabe angefertigt werden. Um ferner das allmähliche Anwachsen der Schiffskörper möglichst augenfällig zu machen, sind die Modelle so aufgestellt, daß ihre unteren Begrenzungsflächen sämtlich in einer Linie liegen. Bei steuerlastigen Schiffen geht diese Linie durch die Mitte des Kiels.

Im Nachstehenden habe ich geschildert, welche geschichtlichen Unterlagen mir für die Rekonstruktion der alten Schiffe zur Verfügung standen, und aus welchen Quellen ich weitere Angaben geschöpft habe.

Bei den zeichnerischen Arbeiten sind mir Herr Schiffbauingenieur Th. Hein, Geheimer Rechnungsrat im Reichs-Marine-Amt (dieser schon bei den silbernen Modellen) und die Herren Schiffbauingenieure Strube und Wollenhaupt aus demselben Amt zur Hand gegangen, während die Modelle für das Deutsche Museum mit Ausnahme der unten aufgeführten von Herrn Paul Karl, technischem Museumsinspektor im Kunstgewerbemuseum in Berlin, mit eingehendem Verständnis, peinlicher Genauigkeit und großem künstlerischen Geschick angefertigt wurden. Das Modell von „Prinzeß Eitel Friedrich“ ist von dem Erbauer des Schiffes, der Werft von Blohm & Voß in Hamburg, hergestellt worden. Ebenso hat die Werft von Joh. C. Tecklenborg in Geestemünde das Modell der von ihr erbauten „Preußen“ angefertigt. Sie hat auch auf meine Bitte die Herstellung des Modelles von dem amerikanischen Klipper „Republic“ übernommen.

Inhaltsverzeichnis.

Erster Teil. Schiffe des Altertums.

Zweiter Teil. Schiffe des Mittelalters.

Dritter Teil. Schiffe der neueren Zeit.

Vierter Teil. Schiffe der neuesten Zeit.

Erster Teil.

Schiffe des Altertums.

1. Ägypterschiff des alten Reiches.

IV. und V. Dynastie im vierunddreißigsten bis dreißigsten Jahrhundert v. Chr.

Geschichtliche Unterlagen.

Zu den ältesten Darstellungen von Schiffen, die auf uns gekommen sind, gehören zweifellos die in Abb. 1—3 in starker Verkleinerung wieder-

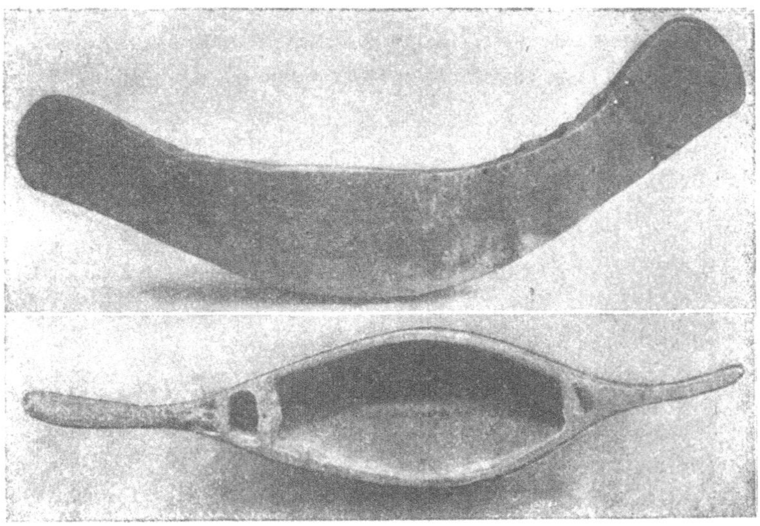

Abb. 1.

gegebenen drei Modelle von Flußfahrzeugen, die das königl. Museum in Berlin in seiner ägyptischen Abteilung besitzt. Diese aus rotem Ton gebrannten Schiffsnachbildungen wurden als Totenbeigaben in oberägyptischen Gräbern gefunden. Wie alt sie sind, ließ sich bis jetzt nicht genauer feststellen, es ist nur nachgewiesen, daß die Gräber kurz vor oder kurz nach der endgültigen Einigung Ägyptens zu einem Königreich etwa 4200 v. Chr. angelegt wurden. Das Alter der Modelle ist daher rund auf

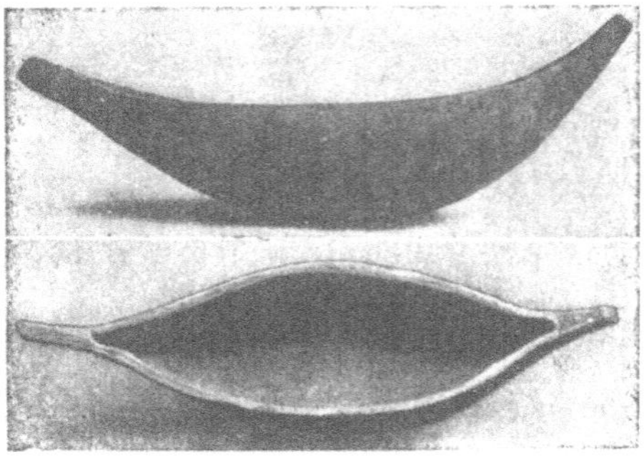

Abb. 2.

6000 Jahre zu schätzen. Abb. 1 zeigt in sehr roher und plumper Ausführung ein Schiff mit starken Überhängen vorn und hinten, wie es ähnlich zwei Jahrtausende später noch gebaut worden ist. Abb. 2 gibt ein

Abb. 3.

Modell, welches bedeutend zierlicher und feiner als das in Abb. 1 ausgeführt wurde, und Abb. 3 stellt ein Schiff dar, das schon einen eingedeckten Raum, also eine Art von Hütte oder Baldachin besessen haben muß, den die Nilschiffe der späteren Zeit in großer Zahl aufwiesen. Wie diese Schiffe fortbewegt wurden, ob durch Ruder allein, oder ob auch durch Segel, läßt sich nicht erkennen, da die Einrichtungen hierfür nicht angegeben sind.

In dem Werke von Dümichen[1]) „Die Flotte einer ägyptischen Königin“

Schiffbau im vierten Jahrtausend v. Chr.

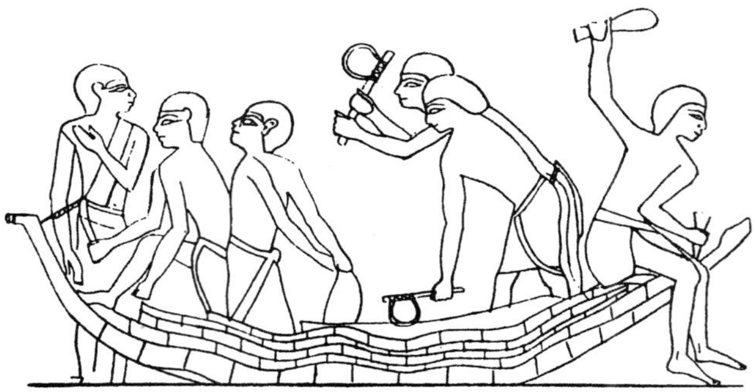

Abb. 4.

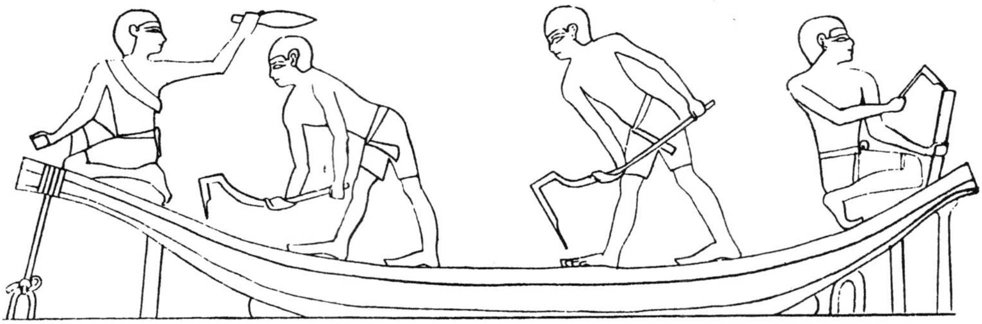

Abb. 5.

Abb. 6.

sind auf Tafel XXIX die Abb. 4—6 enthalten, die aus Sakkara stammen und den Bau eines ägyptischen Schiffes um rund 3200 v. Chr. wiedergeben. Abb. 4 läßt deutlich erkennen, daß die einzelnen Planken der Außenhaut

[1]) Leipzig 1868.

Auslaufende Schiffe.

Abb. 7

Einlaufende Schiffe.

Abb. 8.

Schiff aus der Zeit des Königs Sahu-re.

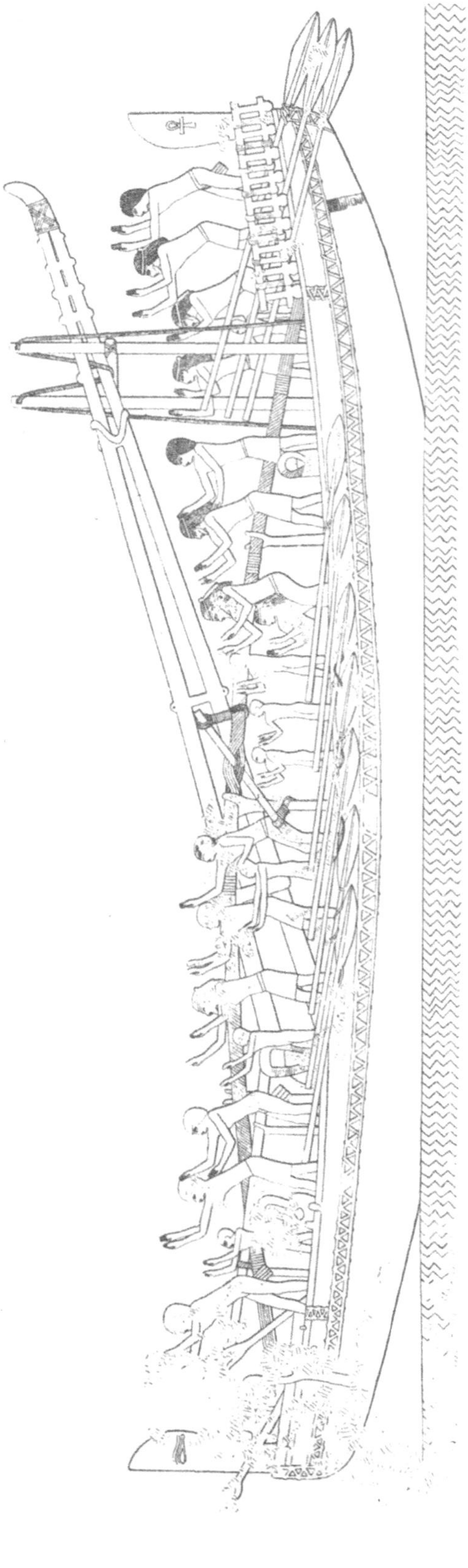

Abb. 9.

verhältnismäßig kurz sind, wie dies bei den ägyptischen Nilschiffen, die aus dem im Lande vorhandenen Akazienholz hergestellt wurden, auch in späterer Zeit noch der Fall war. Herodot[1]) gibt die Länge der Außenhautplanken nur auf 2 Ellen, also rund 1 Meter an, was aber übertrieben kurz erscheint.

Abb. 7 und 8 stellen zwei Flachreliefs dar, die aus dem Grabdenkmal des Königs Sahu-re der fünften Dynastie etwa 3200 v. Chr. stammen. Das untere große Mittelstück von Abb. 7 ist im Museum für Völkerkunde in Hamburg, das linke große Stück von Abb. 8 in der ägyptischen Abteilung des königl. Museums in Berlin aufgestellt. Das bei Abussir gelegene Sahu-re-Grabdenkmal wurde in den Jahren 1907—1908 durch die Deutsche Orient-Gesellschaft aufgedeckt, wobei sich an der Rückseite der Hinterwand des Säulenhofes im Querraume die beiden Reliefs, Abb. 7 mit auslaufenden und Abb. 8 mit einlaufenden Seeschiffen fanden. Es sei hier gleich bemerkt, daß diese Reliefs und das weiter hinten, Abb. 27, beschriebene, die einzigen Darstellungen von ägyptischen Seeschiffen bilden. Alle übrigen in Ägypten bis heute aufgefundenen Reliefs oder Wandmalereien stellen Flußschiffe dar. Die Sahu-re-Reliefs hat Herr Geheimrat Dr. Assmann[2]) in dem „Grabdenkmal des Königs Sahu-re" eingehend beschrieben. Abb. 9 zeigt das besterhaltene dieser Schiffe, und danach habe ich versucht eine Rekonstruktion vorzunehmen, nach der das in den Abb. 10—13 photographierte Modell angefertigt wurde, das wegen der geringen Zahl der vorhandenen Ruderer ein ausgesprochenes Segelschiff darstellen muß.

Hauptabmessungen.

Zur Abschätzung derselben kam es darauf an, die ungefähre Größe der Schiffe aus den Reliefs abzuleiten. Das in Abb. 9 gezeichnete Schiff ist auf dem Relief genau 1,05 m lang, das sind 2 ägyptische Ellen, weil die ägyptische Elle 0,525 m maß. Eine solche Elle zerfiel in sieben Handbreiten, so daß auf jede Handbreite 75 mm kamen. Die Handbreite teilte sich dann in vier Fingerbreiten; eine Fingerbreite = 18,75 mm war schließlich noch in 16 Teile geteilt, so daß die kleinste Maßeinheit etwa = 1,17 mm war. Die ägyptische Elle hatte also 28 Fingerbreiten. Aus der bei allen in den Reliefs dargestellten Schiffen immer wiederkehrenden genauen Übereinstimmung der einzelnen Teile läßt sich annehmen, daß sie von den

1) Herodot II, 96.
2) Band II. Abt. IV. Berlin 1913.

Künstlern maßstäblich ausgeführt worden sind. Als einfachster und den Abmessungen aller einzelnen Teile in der Wirklichkeit am meisten nahekommender Maßstab ergibt sich, daß eine Fingerbreite = einer Elle gesetzt

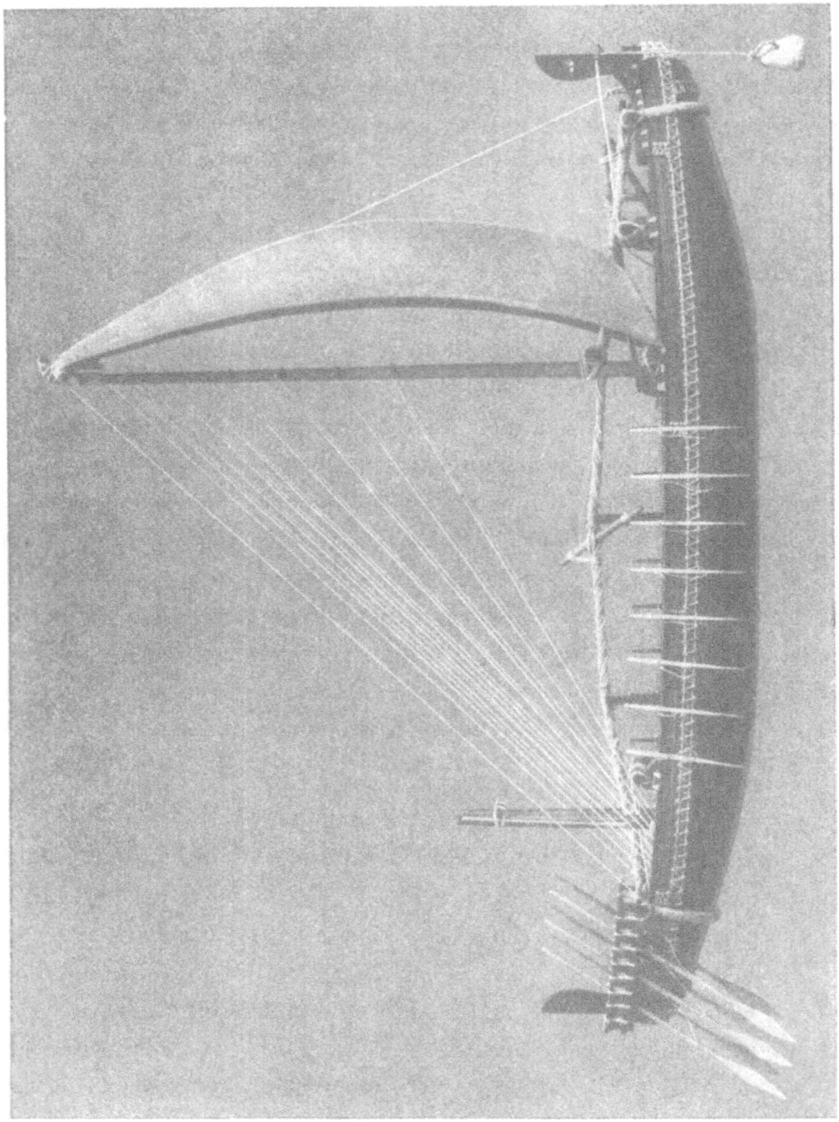

Seitenansicht. 1 : 200

Abb. 10.

wurde, was einem Maßstabe von 1 : 28 entspricht. Für diese Annahme läßt sich auch anführen, daß das bekannte Relief einer Triere (Abb. 53) von der Akropolis in Athen nach Haack in dem Maßstabe von 1 : 16 ausgeführt worden ist, wobei bemerkt wird, daß eine athenische Elle in 16 Teile (Daktylos) zerfiel. Außerdem ist bis in die neueste Zeit hinein 1″ = 1′ ein vielgebrauchter Maßstab gewesen.

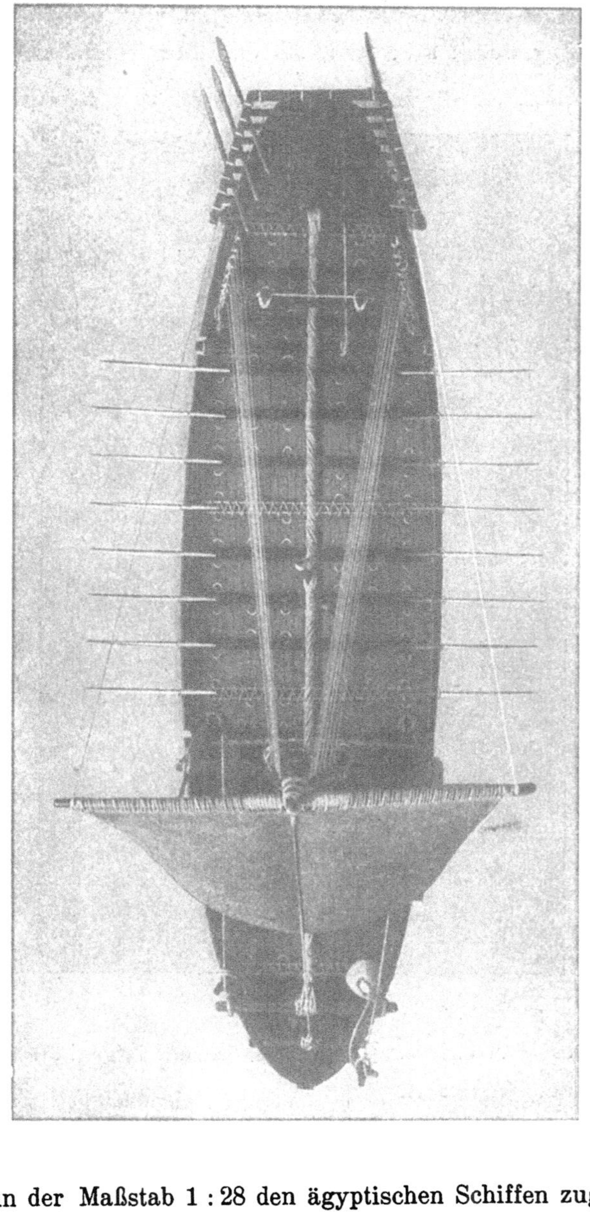

Deckansicht. 1 : 200.

Abb. 11.

Wird nun der Maßstab 1 : 28 den ägyptischen Schiffen zugrunde gelegt, so ergibt sich ihre L ä n g e ü b e r a l l e s zu 2 . 28 = 56 Ellen, die noch als mäßig anzusprechen ist, da nach aufgefundenen Inschriften aus der gleichen

Zeit Schiffe bis zu 100 Ellen Länge gebaut worden sind. Im Grabe des Pehenuka, der auch während der V. Dynastie lebte, ist das im königl. Museum in Berlin befindliche Flachrelief (Abb. 14) gefunden worden, welches schon 30 Ruderer und 5 Steuerer an einer Schiffsseite aufweist, also bedeutend länger (etwa 80 Ellen) gewesen sein muß, als das hier behandelte Schiff, dessen

Vorderansicht. 1 : 200.

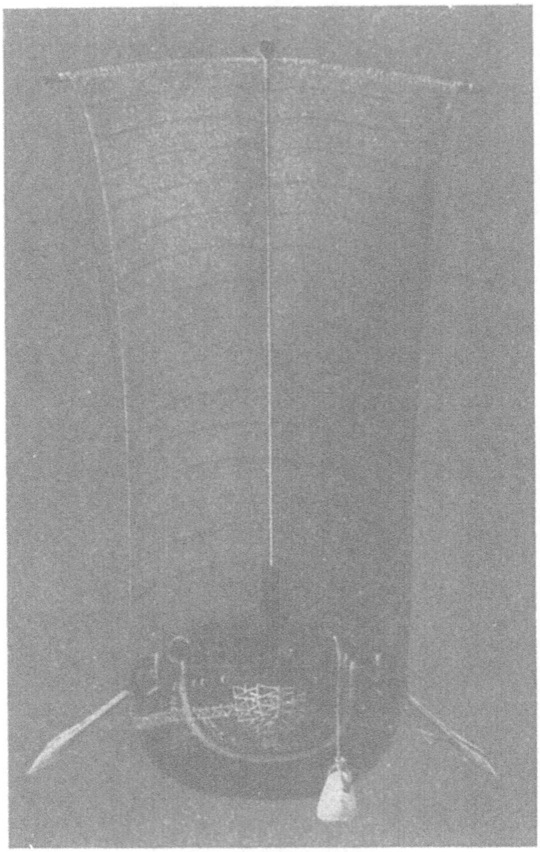

Abb. 12.

Länge über alles 56 . 0,525 = 29,4 m und dessen Länge in der Wasserlinie etwa 34 Ellen = 17,85 m mißt.

Wenn man die untere Linie des vorderen und die des hinteren Überhanges unter die Wasserlinie fortsetzt, und dabei festhält, daß die Schiffe einen flachen Boden besaßen, um beim Aufziehen auf Land nicht umzufallen, kommt man auf einen Tiefgang von etwa $2^2/_7$ Ellen = 1,2 m. Unter Berücksichtigung des Umstandes, daß die Schiffe oft auf den Strand gezogen wurden, worauf schon die Überhänge schließen lassen, kann der Tiefgang nicht sehr groß gewesen sein und war vielleicht noch geringer, als ich angenommen habe.

Die Breite der Schiffe läßt sich nur mutmaßen, sie ist von mir in der Wasserlinie auf 13 Ellen = 6,95 m und über Deck auf 15 Ellen = 7,88 m angenommen worden. Das gibt bei leichtbeladenem Schiff ein Verhältnis von

Hinteransicht. 1 : 200.

Abb. 13.

Breite i. W. zur Länge i. W. wie 1 : 2,61. Beim schwerbeladenen Schiff steigt dieses Verhältnis infolge der mit dem größeren Tiefgange zunehmenden Wasserlinienlänge auf 1 : 3 und darüber, wie es die meisten der noch erhaltenen Totenschiffe aus dieser Zeit aufweisen.

Aus den hiernach festgelegten Hauptmaßen errechnet sich die Verdrängung des Schiffes auf etwa 90 t. Diese Hauptabmessungen sind dem Linienriß Abb. 15 zugrunde gelegt.

Schiff des Pehenuka.

Abb. 14.

Bauart.

Wie Kiel und Steven in den alten nahezu flachbodigen ägyptischen Schiffen angebracht waren, ist nicht zu erkennen. Der Kiel lag jedenfalls ganz binnenbords. Das Vor- und Hinterschiff lief löffelförmig bis zum Deck hinauf und endete hier in einer spitzeren oder stumpferen Rundung. Wie schon gesagt und wie Abb. 4 erkennen läßt, waren die einzelnen Außenhautplanken sehr kurz, wenn sie aus Akazienholz bestanden. Daß man aber bei Seeschiffen, von denen hier die Rede ist, viel längere Planken wahrschein-

Linienriß des Schiffes aus dem alten Reich. 1 : 200.

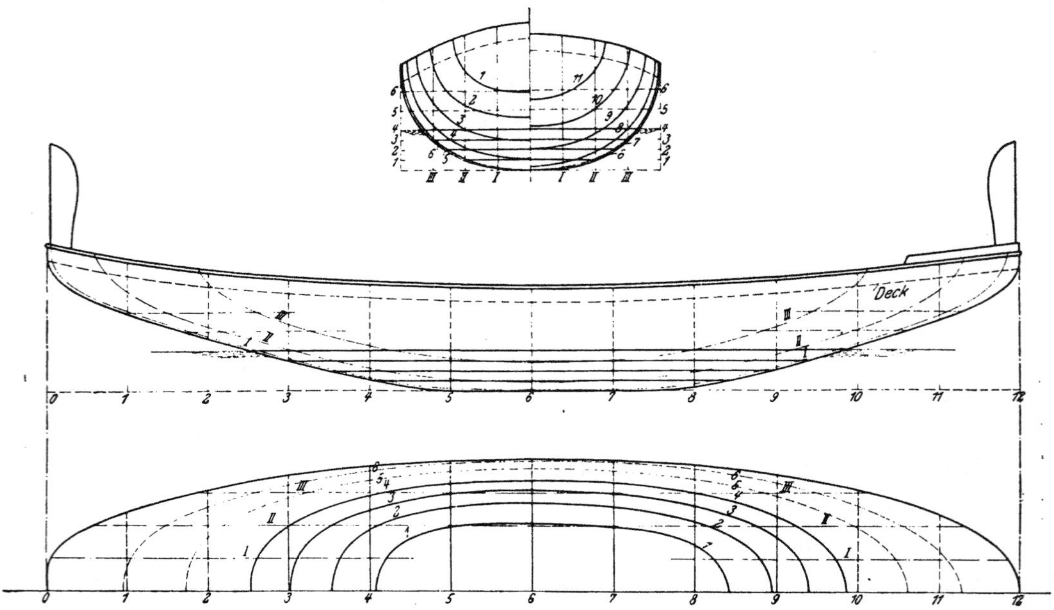

Abb. 15.

lich aus Zedern- oder Sykomorenholz verwendete, geht sehr deutlich aus den Abb. 16 und 17 hervor. Die Planken wurden wie beim Karwelbau stumpf aufeinander gelegt. Die Befestigung der verhältnismäßig sehr dicken Planken untereinander hat Herodot[1]) beschrieben. Sie ist etwa 3000 Jahre lang dieselbe geblieben, insofern als die attischen Trieren in den letzten Jahrhunderten v. Chr. noch in ähnlicher Weise hergestellt wurden. In die hohen Kanten jeder Planke (Abb. 18) wurden rechteckige Löcher eingestemmt, in die gegenseitig passenden Löcher des unteren und des darüberliegenden Plankenganges Dübel eingetrieben und nun, wie Abb. 16 und 17 zeigen, die Planken zusammengerammt. Es ist dieselbe Ausführung, wie sie bei ägyptischen Sargbrettern ganz allgemein vorkommt. Die beiden

Anpassen der Plankengänge.

Abb. 16.

letzten Abbildungen stammen aus dem Grabe des Ti, der als hoher Beamter in der ersten Hälfte der V. Dynastie, also in der hier behandelten Zeit, gelebt hat, und die von Steindorf[2]) wiedergegeben sind. Um die oberen

[1]) Herodot II, 96.

[2]) Georg Steindorf. Veröffentlichungen der Ernst von Sieglin-Expedition in Ägypten. II. Bd. Das Grab des Ti, Tafel 120. Leipzig 1913.

Abb. 16 und 17 deutlicher zu machen, sind darunter noch einmal die Umrisse gezeichnet.

Spanten hatten die alten Schiffe nicht, wie Herodot ausdrücklich anführt und wie dies nahezu drei Jahrtausende später bei den Trieren auch noch nicht der Fall war. Dagegen waren Deckbalken vorhanden, von denen aber nicht bekannt ist, wie sie im Schiffskörper befestigt wurden. In den kleinen Schiffsmodellen, welche in Gräbern als Totenbeigaben gefunden wurden, sind die Deckbalken einfach in die oberen Plankengänge eingelassen

Festrammen der Plankengänge.

Abb. 17.

und in ihnen mittels Holzpflöcken festgenagelt, was selbstverständlich in der wirklichen Ausführung der Schiffe kaum der Fall gewesen sein konnte. Wahrscheinlich wird wohl eine Art von Schandeckel vorhanden gewesen sein, an dem die Deckbalken in irgend einer Weise befestigt waren.

Zwischen den Deckbalken lagen in der Längsschiffrichtung nebeneinander gereiht kurze Deckplanken, die einzeln herausgenommen werden konnten und so den Zugang in den unteren Schiffs- oder Laderaum zuließen. Die Deckplanken mußten sich leicht entfernen lassen, weil die Ruderer (nicht Paddler) die Deckbalken vielfach als Sitze benutzten und ihre Beine in den Schiffsraum streckten, wo sie sich gegen die Ladung oder sonstwie stützten. Saßen doch noch in den attischen Trieren die Ruderer der mittleren Ruderreihe, die Zygiten, auf den Deckbalken. Für die Befestigung dieser kurzen Deckplanken gibt Herr Geheimer Regierungsrat Professor Dr. Borchardt nach dem Beispiel ausgeführter ägyptischer Kastendeckel die Möglichkeit der in Abb. 19 dargestellten Art an. Diesem Herrn, der die Ausgrabungen der Deutschen Orient-Gesellschaft in Ägypten geleitet hat und Direktor des kaiserl. deutschen Instituts für ägyptische Altertumskunde in Kairo ist, verdanke ich auch eine Reihe von Angaben über Einzelteile des Modells, welche aus dem Relief nicht ohne weiteres ersichtlich und auch in einem Werk von Reisner[1]) nicht beschrieben sind, das

Verbindung der Plankengänge.

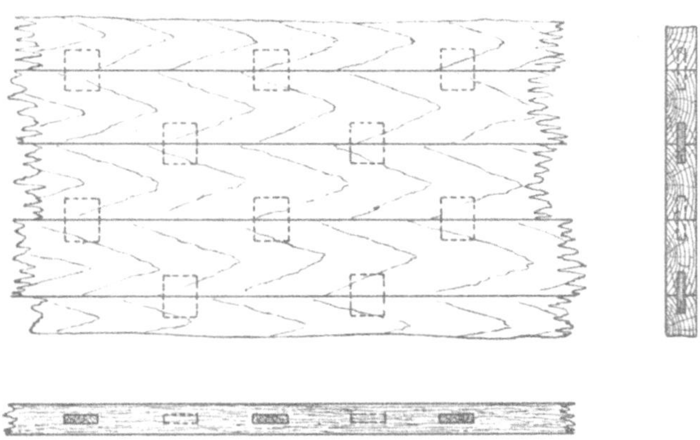

Abb. 18.

die Fundstücke im Museum von Kairo schildert. Ihre Kenntnis hat Herr Geheimrat Borchardt aus Totenschiffen und aus den noch heute auf ägyptischen Nilschiffen gebräuchlichen Einrichtungen geschöpft. Ohne seine freundliche Unterstützung würde es mir nicht möglich gewesen sein, das Modell bis in die kleinsten Einzelheiten zutreffend herzustellen.

Um dem Versacken der langen Überhänge vorzubeugen, sind um diese vorn und hinten kräftige Taue geschlungen, die in Deckhöhe in ein starkes

---

1) G. A. Reisner, Models of ships and boats. Catalogue général des antiquités égyptiennes du musée du Caire. Caire 1913.

über die Bordwand hinausreichendes Querholz greifen. Von der Mitte des vorderen bis zur Mitte des hinteren Querholzes ist ein Sprengtau gespannt, das über drei Stützen laufend, wie die Abb. 9 und 10 erkennen lassen, durch eine Spannvorrichtung steif gesetzt werden kann. Wir finden ein ähnliches Sprengwerk nach ungefähr 5000 Jahren z. B. auf den großen amerikanischen Flußdampfern im 19. Jahrhundert wieder, wo es unter der Bezeichnung „hogbeam", wie Abb. 20 darstellt, vom vorderen zum hinteren Schiffsende reicht.

Deckplanken-Befestigung.

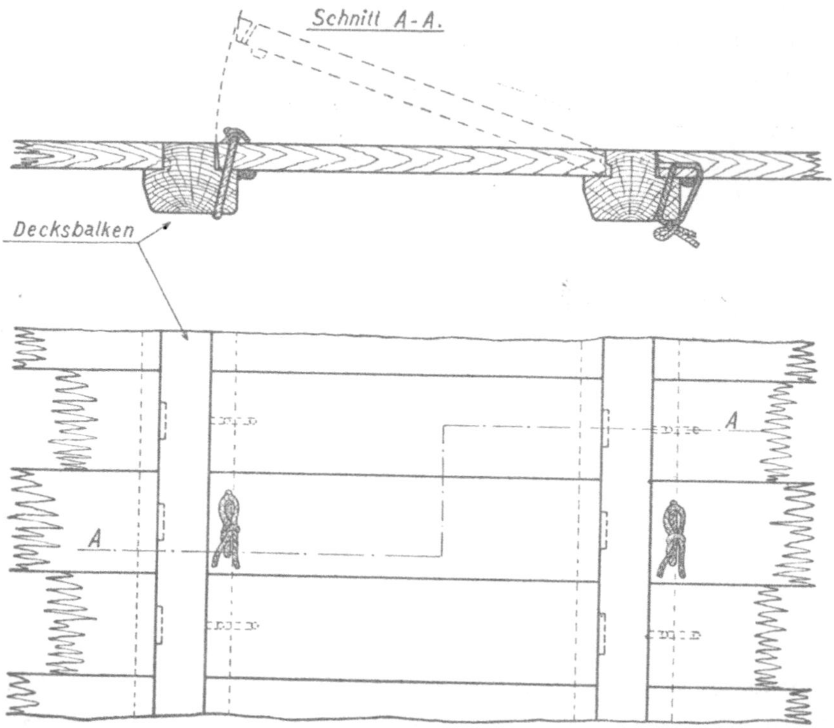

Abb. 19.

Der an sich nur schwächliche Bau des Schiffes erhielt, wie ich mir das Tauwerk (Abb. 7, 8 und 9) an der Schiffsseite erkläre, dadurch eine größere Längsfestigkeit, daß um den ganzen Schiffskörper von vorn nach hinten zwei starke Gurttaue geschlungen, hinten in den Schiffskörper eingezogen, dort steif gesetzt und belegt wurden. Diese Gurttaue, welche die Griechen Hypozomen nannten, benutzten sie auch bei ihren Schiffen, wovon dort noch die

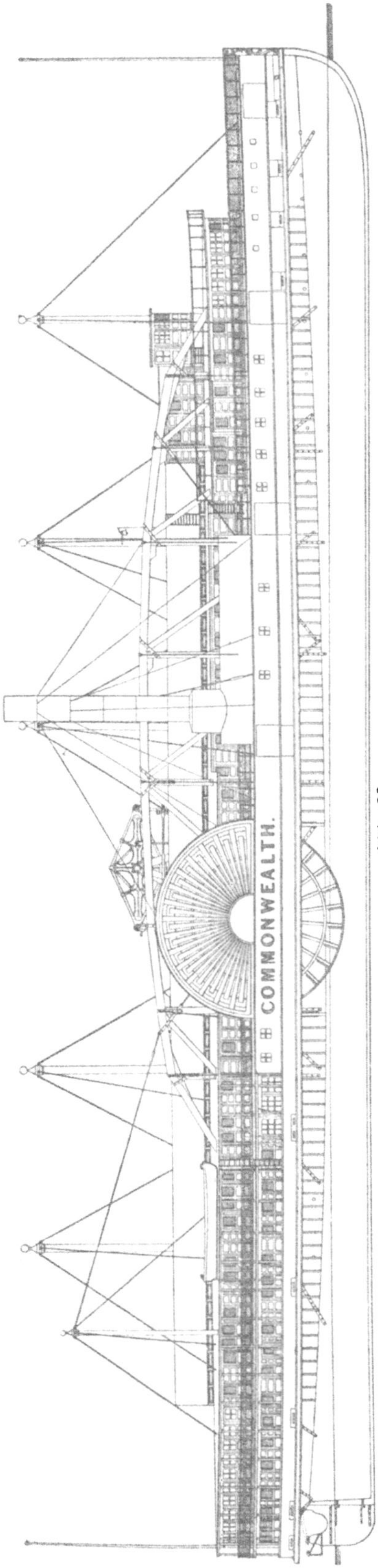

Abb. 20. Amerikanischer Fluß-Raddampfer.

Rede sein wird. Die beiden um das Schiff herumlaufenden Gurttaue waren, um das Verrutschen zu vermeiden, wie Abb. 9 zeigt, durch ein wellenförmiges Quertau miteinander verbunden. Ein solches Verrutschen konnte beim Anziehen der Gurttaue eintreten, wenn das Schiff in der Höhe der Gurttaue seine größte Breite besaß und wie unter Wasser so auch nach Deck zu an Breite abnahm. Außerdem trug das Vor- und Hinterschiff noch ein Netzwerk, welches wohl das Schamfielen der Gurttaue beim Aufziehen der Schiffe aus dem Wasser verhindern sollte. Die Gurttaue wurden trocken um das Schiff herumgelegt und stramm angespannt. Sie umschlossen, wenn sie im Wasser naß wurden, infolge der hierdurch eintretenden Verkürzung den Schiffskörper mit einer starken Spannung.

Der am Bug und Heck aufragende Pfosten (Abb. 9 u. 22) ist wohl als das Ende des Vor- und Hinterstevens anzusehen. Der vordere trug als Ausschmückung auf jeder Seite ein Auge, der hintere eine schleifenförmige, das Leben darstellende Hieroglyphe. Auch die attischen Trieren hatten am Vorderteil ein Auge, dessen Zweck bei ihrer Beschreibung auseinandergesetzt ist. Der vordere Teil des Schiffes war vertieft und enthielt, wie noch heute bei den ägyptischen Nilschiffen, den Kochraum, worauf besonders die auf dem zweiten unteren Schiff in Abb. 7 und 8 aufgestellten Gefäße hindeuten.

Herrn Geheimrat Borchardt und mir ist es nicht gelungen, für die im Vorderteil des Schiffes angebrachten beiden Gabeln, wie sie aus Abb. 7,

Hintere Galerie sowie Befestigung des Sprengtaues und der Gurttaue.

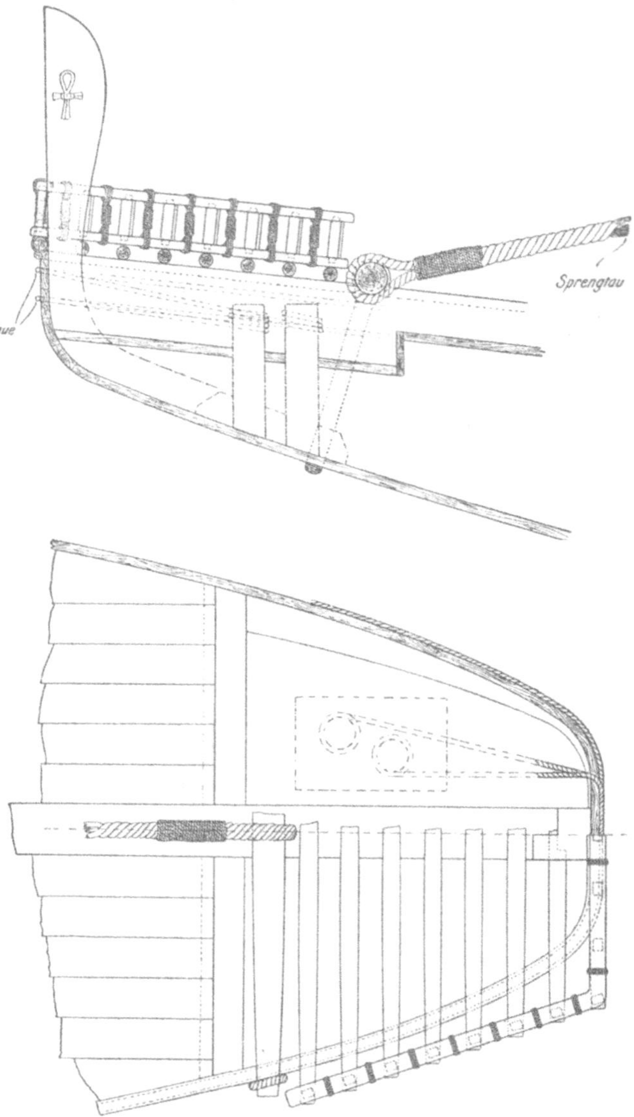

Abb. 21.

8 und 9 hervorgehen, eine stichhaltige Deutung zu finden. Möglich ist es, daß die Gabel an B. B. gewissermaßen als Kranbalken gedient hat, worüber der

auf den einzelnen Schiffen deutlich erkennbare A n k e r s t e i n an Bord gezogen wurde. H e r o d o t erwähnt Ankersteine, die als Treibanker beim Stromabwärtsfahren auf den Nilschiffen benutzt wurden und nach seiner Angabe zwei attische Talente wogen, oder da ein attisches Talent = 26,196 kg ist, etwa 1 Zentner schwer waren. Eiserne Anker, wie wir sie heute haben, waren damals noch nicht bekannt. In dem Modelle ist die Gabel auf B. B. als Kranbalken ausgenützt. (Abb. 10 u. 12.) Die Gabel an St. B. mit dem daran gebundenen längeren Rundholz hat Herr K a r l, der Verfertiger des Modells, als einen Hebebaum gedeutet, dessen Drehpunkt die Gabel ist, und hiernach ausgeführt.

Um das Heck des Schiffes lief eine Galerie zum Schutz der dort stehenden Steuerer. (Abb. 21.) Diese Galerie bestand aus zwei Längsleisten, die durch eingezapfte senkrechte Stäbe auseinander gehalten und durch zwischen diese Stäbe eingefügte, um die beiden Längsleisten geschlungene und zusammengeschnürte Seile miteinander verbunden waren. Die Verschnürung war nötig, weil eine Verkeilung der Stäbe in den Längsleisten in der trockenen ägyptischen Luft nicht gehalten hätte, vielmehr schon nach kurzer Zeit auseinandergefallen wäre. Die Galerie ruhte auf runden Planken, die quer über das Schiff gelegt waren und über die Bordseiten hervorstanden. In den hierdurch entstehenden Zwischenräumen der Planken an den Schiffsseiten ließen sich die Schäfte für die als Steuerruder dienenden Riemen durchführen. Auf den Planken selbst, vielleicht auch auf zwischen ihnen liegenden Brettern standen die Steuerer. Wie die Galerie auf den Planken und diese am Schiffskörper befestigt waren, läßt sich nicht angeben. Wahrscheinlich war der unter den Planken liegende Teil des Schiffskörpers vertieft und in ihm die Gurttaue belegt, wie es in Abb. 21 punktiert angedeutet ist. Rund um das Schiff lief ein niedriges Schanzkleid, das am Bug durch ein Setzbord erhöht wurde. Das Setzbord ist an das Schanzkleid mittels dünner Lederstreifen angebunden (Abb. 9 u. 10), eine Technik, die bei alten ägyptischen Holzarbeiten sehr gebräuchlich war.

B e m a s t u n g.

Der Mast mußte wegen des Sprengtaues als Bockmast ausgeführt werden. Die beiden Schenkel des Mastes waren oben miteinander verbunden und endigten in einer nach vorn gebogenen Spitze, die mit Kuhhaut überzogen war und um welche das Stropp gelegt wurde, das die Ra trug. Oberhalb der Ra führte ein Stag nach vorn (Abb. 22). Unter sich waren die beiden Mastschenkel durch mehrere Querhölzer abgesteift (Abb. 13) und besaßen an ihren Seiten Augen, von denen die Pardunen nach hinten liefen. Die große Anzahl der Pardunen, in der Regel 6—8, erklärt sich daraus, daß die beiden Mastschenkel verhältnismäßig dünn waren und sich deshalb bei stärkerem Winddruck durchbiegen konnten. Die Masten bestanden nicht aus Akazien- oder Sykomorenholz, wie einzelne Schriftsteller behaupten, weil dieses in so großen Längen überhaupt nicht wuchs; es wird vielmehr Zedernholz gewesen

Segelriß. 1 : 200.

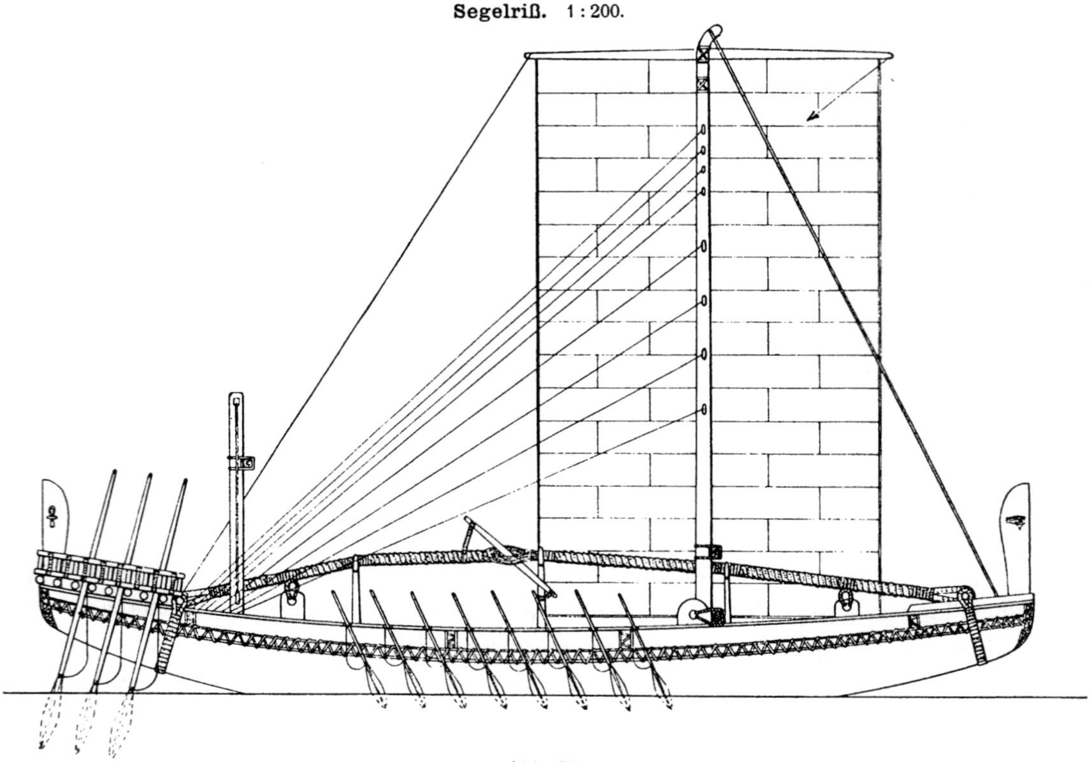

Abb. 22.

sein. Die Anordnung der Pardunen ist aus den Schiffsabbildungen 23 und 24 zu ersehen, die einer etwas früheren Zeit als die hier behandelten Schiffe angehören. Abb. 23 entstammt dem Grabe 45 bei Gise[1]), Abb. 24 einem Flachrelief, das sich in der ägyptischen Abteilung des königl. Museums in Berlin befindet.

Der Mast war zum Umlegen eingerichtet, weswegen das Deck vor dem

[1]) Lepsius, Denkmäler 2, 28.

Mast fehlte und eine Vertiefung in dem Schiffsraum angebracht war. Der umklappbare Mast ist von den Nilschiffen auf die Seeschiffe übernommen

Schiff der IV. Dynastie.

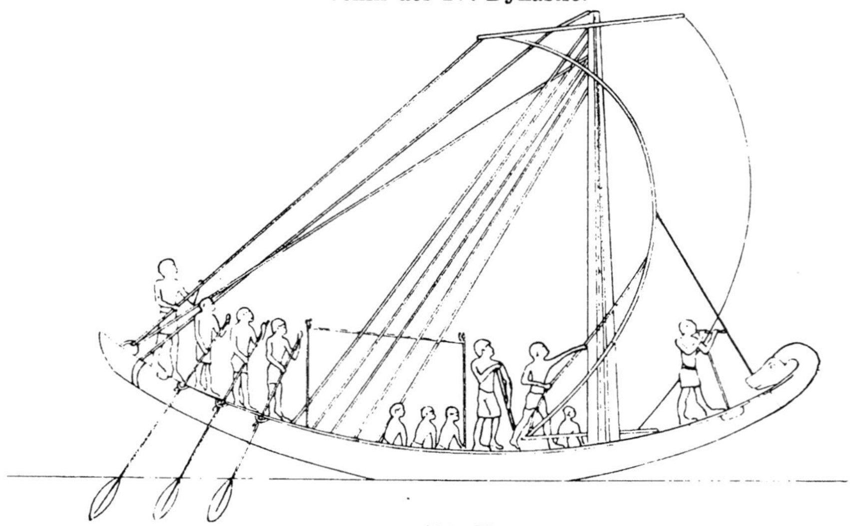

Abb. 23.

Schiff des Merib. (IV. Dynastie.)

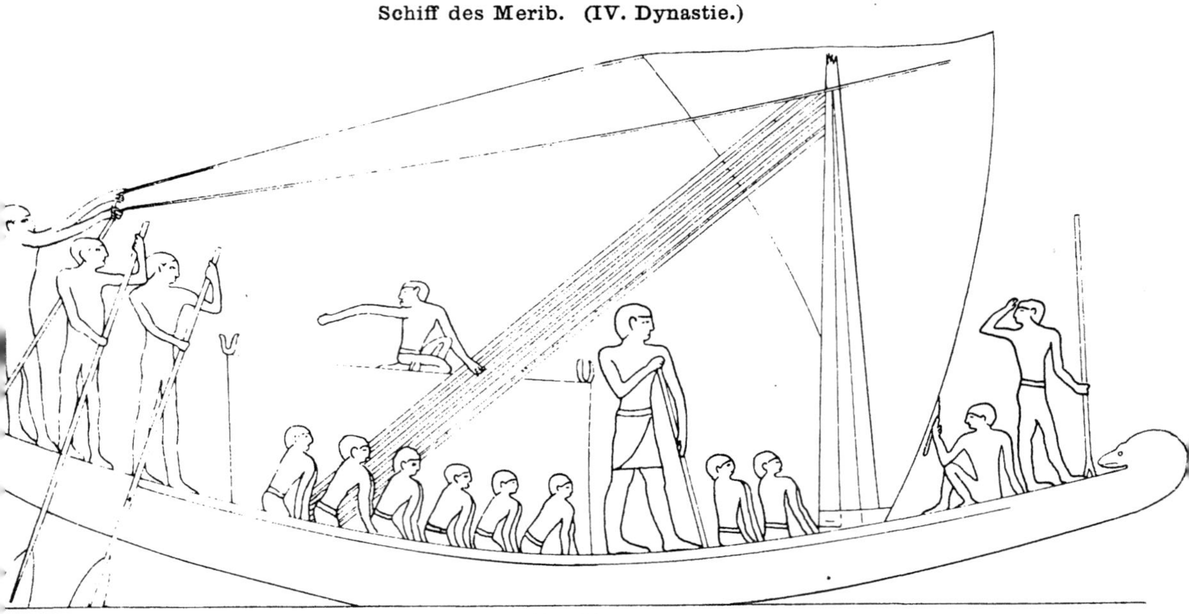

Abb. 24.

worden. Bei den ersteren erklärte er sich dadurch, daß die Schiffe mit den in Ägypten meistens wehenden nördlichen Winden den Nil aufwärts segelten und sich bei der Rückfahrt nilabwärts durch die Strömung treiben ließen, wobei der Mast niedergelegt wurde. Auf schnellen Reisen wurde in beiden

Befestigung des Mastes.

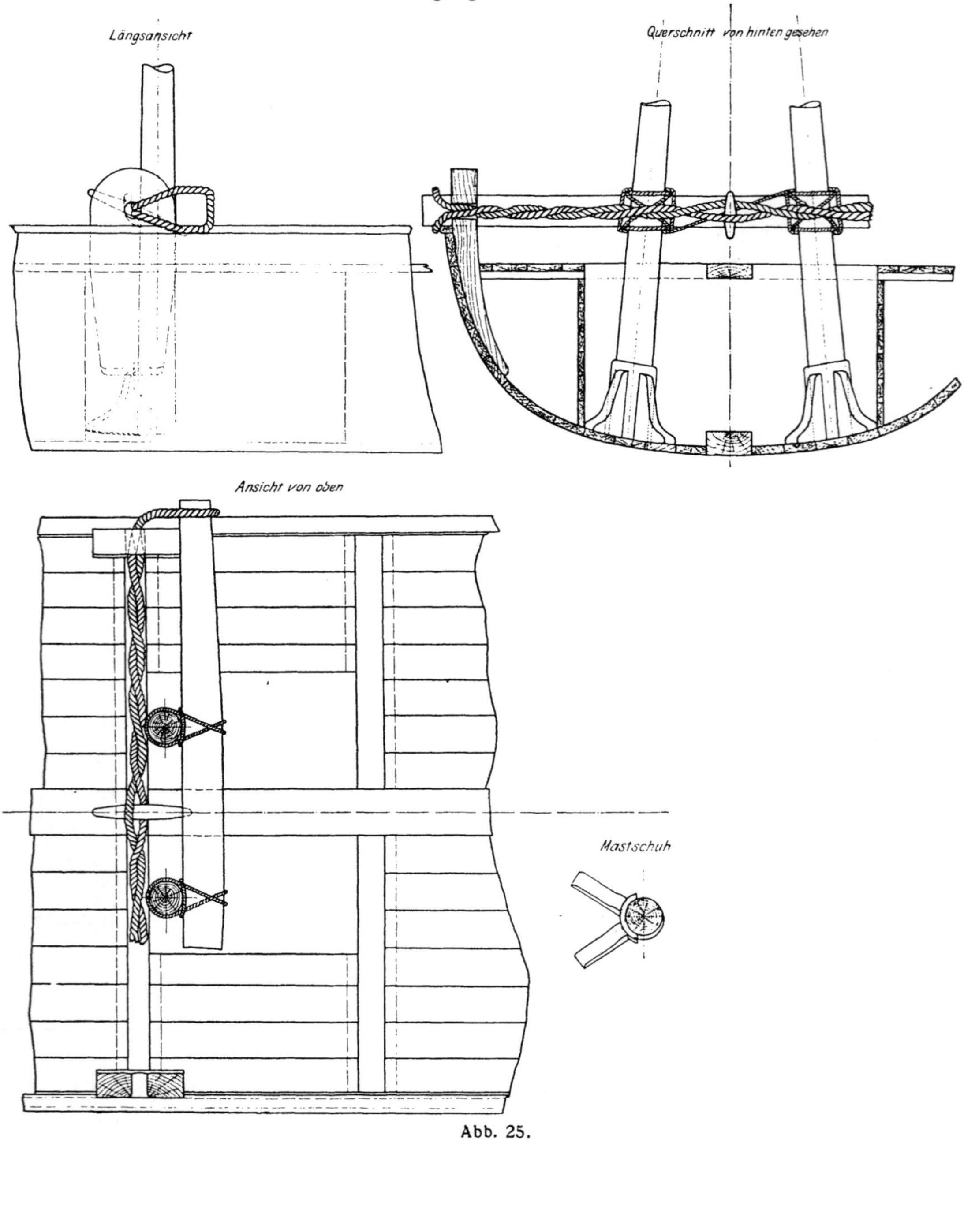

Abb. 25.

Fällen auch noch gerudert, weswegen eine mehr oder minder große Anzahl von Ruderern an Bord war. Für die Seeschiffe ist der umlegbare Mast wahrscheinlich beibehalten worden, weil die Ra oben an ihm fest war und nicht heruntergelassen werden konnte. Die beiden Mastenfüße standen in Spuren, deren Formen uns aus Totenschiffen bekannt geblieben sind. Vorn wurde der Bockmast durch ein starkes Querholz in seiner Lage festgehalten. Dieses Querholz war um zwei Böcke drehbar, die an den Bordseiten befestigt waren, und an ihnen mittels eines angespannten Seiles, wie aus Abb. 25 hervorgeht, festgehalten wurde. Legte man den Mast um, so ruhte er in einem Tau, welches zwischen 2 Pfosten gespannt war, die auf dem hinteren Deck des Schiffes ihren Platz hatten, was die Abb. 7, 8 u. 9 erkennen lassen.

Segelschiff aus dem Grabe des Ti.

Abb. 26.

Besegelung.

Wie aus allen Abbildungen hervorgeht, war das Segel an einer geraden oder doch nur wenig gekrümmten Ra mittels Bändseln befestigt. Die Ra besaß kein Fall, sondern wurde durch ein Stropp, wie schon gesagt ist, an der Mastspitze befestigt. Sie mußte also mit dem Mast aufgerichtet und niedergelegt werden. An den Ranocken (Abb. 23, 24 und 26) befanden sich Brassen, wie deutlich aus den alten Abbildungen (23 und 26) zu ersehen ist.

Das Segel bestand aus einem leinenen, indessen stärkeren Stoff, als ihn die Bewicklung der Mumien jener Zeit aufweist; es war verhältnismäßig hoch und schmal, wie am besten Abb. 26[1]) zeigt. Die einzelnen Kleider des Segels verliefen nicht senkrecht, wie es später der Fall war, sondern wagerecht. Dies läßt sich am deutlichsten an einem Prachtschiff des Königs Sahu-re erkennen, von dem in seinem Grabdenkmal ein nicht besonders guterhaltenes Relief gefunden wurde. Am unteren Ende besaß das Segel auf jeder Seite eine Schot, die ebenso wie die Pardunen an den an der hinteren inneren Wand des Schanzkleides sitzenden Belegklampen festgemacht werden konnten. Derartige Belegklampen sind in dem schon erwähnten Buche von Reisner abgebildet und in dem Modell zur Ausführung gelangt. Gordinge und Reffvorrichtungen besaß das Segel nicht.

Falls die Fahrzeuge nicht unter Segel waren, konnten sie auch durch Rudern bewegt werden. An jeder Seite der Schiffe sind auf den Reliefs deutlich 7 oder 8 Riemen erkennbar. Sie fahren an den Bordseiten durch ein Stropp, hatten Sorgleinen und wurden von den auf Deck stehenden oder sitzenden Mannschaften bewegt, wie in Abb. 7 und 14 zu sehen ist.

Auf dem hinteren Teil des Schiffes sind in Abb. 23 drei Steuerer sichtbar, auf dem Schiff des Pehenuka stehen sogar 5 Steuerer. Ob nun auf jeder Schiffsseite stets diese Anzahl von Steuerern in Tätigkeit war oder ob beim Segeln nur die in Lee stehenden allein steuerten, läßt sich nicht sagen.

Unter der Annahme von 16 Ruderern, 6 Steuerleuten, einem Befehlshaber und höchstwahrscheinlich noch einem Koch, kann die Mannschaft des Schiffes nicht unter 24 Personen betragen haben. Auf größeren Schiffen, wie das des Pehenuka (Abb. 14), war die Mannschaft natürlich sehr viel zahlreicher.

---

[1]) Steindorf, Grab des Ti. Tafel 81.

2. Ägypterschiff des neuen Reiches.

XVIII. und XIX. Dynastie im siebenzehnten bis vierzehnten Jahrhundert v. Chr.

Geschichtliche Unterlagen.

Dümichen bringt auf den drei ersten Tafeln seines Werkes „Die Flotte einer ägyptischen Königin“ Seeschiffe, die er von den Flachreliefs des Tempels in Der el bachri abgezeichnet hat, während die auf seinen Tafeln IV und V abgebildeten Schiffe Flußschiffe sind. Hiervon befindet sich das Original zu dem Schiff oben links auf seiner Tafel IV, in der ägyptischen Abteilung des königlichen Museums in Berlin.

Der Tempel in Der el bachri ist von Hat-schepsowet, einer Königin der XVIII. Dynastie im 15. Jahrhundert v. Chr. erbaut. Die auf den Tafeln I—III des Werkes von Dümichen dargestellten Seeschiffe sind Handelsschiffe, welche eine Reise nach Punt unternommen hatten. Die von Dümichen auf seinen Tafeln IV und V abgebildeten Schiffe sind dagegen Nilfahrzeuge, welche die beiden großen Obelisken, die Hat-schepsowet in Karnak errichten ließ, von Assuan den Nil hinunterschleppten, worauf später noch zurückgekommen wird.

Modelle von Schiffen dieser Zeit aus dem Grabe von Amenophis II, eines Königs der XVIII. Dynastie, besitzt das Museum ägyptischer Altertümer in Kairo, die von Daressy abgebildet und beschrieben sind[1]). Auch Reisner[2]) bringt eine große Zahl von Abbildungen ägyptischer Totenschiffe und ihrer Einzelteile, die sind aber mit Vorsicht zu

[1]) G. Daressy. Fouilles de la vallée des rois. Caire 1902, Tafel XXVIII und XXIX. Catalogue général des antiquités égyptiennes du musée du Caire.

[2]) G. A. Reisner. Models of ships and boats. Cairo 1913.

Aegyptische Seeschiffe des neuen Reiches.

Abb. 27.

benutzen, weil manche Totenschiffe zerbrochen den Gräbern entnommen und dann von nicht ganz Sachverständigen wieder hergestellt wurden, wobei Fehler begangen sind. Das Modell habe ich nach den in Abb. 27 enthaltenen, auf Dümichens Tafel I gezeichneten Schiffen entworfen. Es stellt nicht mehr ein so ausgesprochenes Segelschiff vor, wie das des alten Reiches, vielmehr weist die größere Zahl der Ruderer und die schlankere Schiffsform darauf hin. daß die Seeschiffe des neuen Reiches wahrscheinlich häufiger gerudert wurden, als dies im alten Reiche der Fall war.

Hauptabmessungen.

Die längsten Schiffe der Flachreliefs in Der el bachri messen in der Länge etwa $4^2/_7$ ägyptische Ellen = 2,25 m. Nimmt man nun an, daß auch sie wahrscheinlich nach einem gewissen Maßstab ausgeführt wurden, und berücksichtigt die wirklichen Verhältnisse, so kommt man zu der Vermutung, daß in der Darstellung zwei Fingerbreiten eine Elle wiedergeben, d. h. daß die Schiffe in etwa $^1/_{14}$ n. G. gezeichnet sind. Die Länge über alles stellt sich dann auf $4^2/_7 . 14 = 60$ Ellen oder = 31,50 m und würde sich somit in einem durchaus glaubwürdigen Rahmen halten. Die Länge in der Wasserlinie mißt unter dieser Annahme bei dem noch wenig beladenen Schiff (Abb. 28) 34 Ellen = 18 m.

Die ägyptischen Totenschiffe zeigen größtenteils ein Verhältnis der Breite zur Länge in der Wasserlinie von ungefähr 1 : 3; wird nun die Breite = 12 Ellen oder 6,30 m gesetzt, so wird das genannte Verhältnis erreicht, sobald das Schiff etwas mehr beladen ist und die Wasserlinie sich verlängert.

Der Tiefgang mußte aus denselben Gründen wie bei den Schiffen des alten Reiches ein verhältnismäßig geringer sein. Er ist durch Ver-

Ägypterschiff des neuen Reiches.

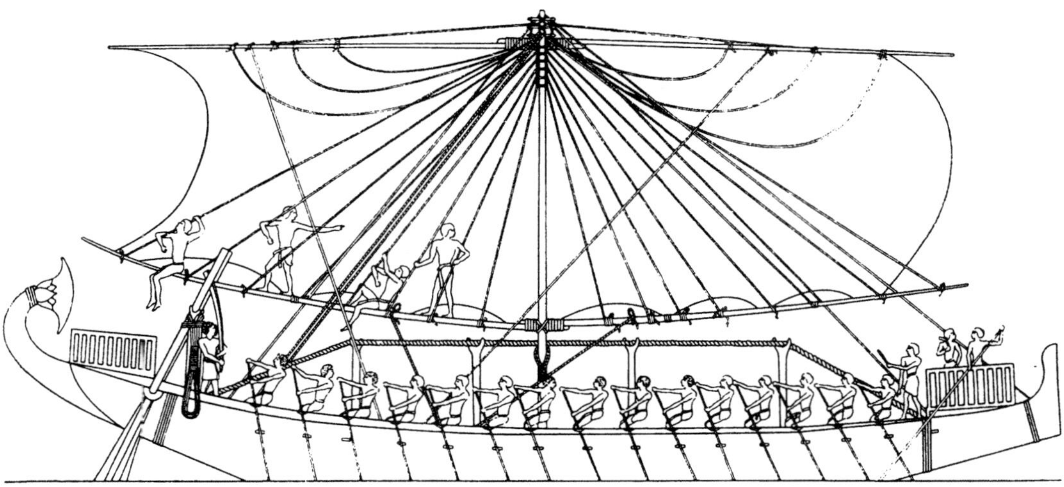

Abb. 28.

längerung der Überhangslinien nach unten unschwer zu ermitteln und kann unter Festhaltung eines flachen Bodens ungefähr nur $2^{2}/_{7}$ Ellen = 1,2 m betragen haben.

Die Verdrängung erreicht dann nach dem mit diesen Abmessungen entworfenen Linienriß (Abb. 29) rund 80 t.

Bauart.

Die Schiffe wurden noch, wie die des alten Reiches, meistens aus Akazien- und Sykomorenholz hergestellt, die im Lande zur Verfügung standen, aber auch Zedernholz, welches eingeführt wurde, benutzte man.

Ihre Bauart war die gleiche geblieben, wie sie schon fast zweitausend Jahre früher bestanden hatte und bei dem Schiff der V. Dynastie beschrieben ist. Die Überhänge sind etwas größer geworden, als sie bei den älteren Schiffen waren. Sie erhielten aber vorn und hinten statt der löffelartigen eine schärfer zulaufende Form, um sie bequemer rudern zu können. Der Vor- und Hintersteven ragten ein Stück über die Sponung hinaus, wie

Linienriß. 1 : 200.

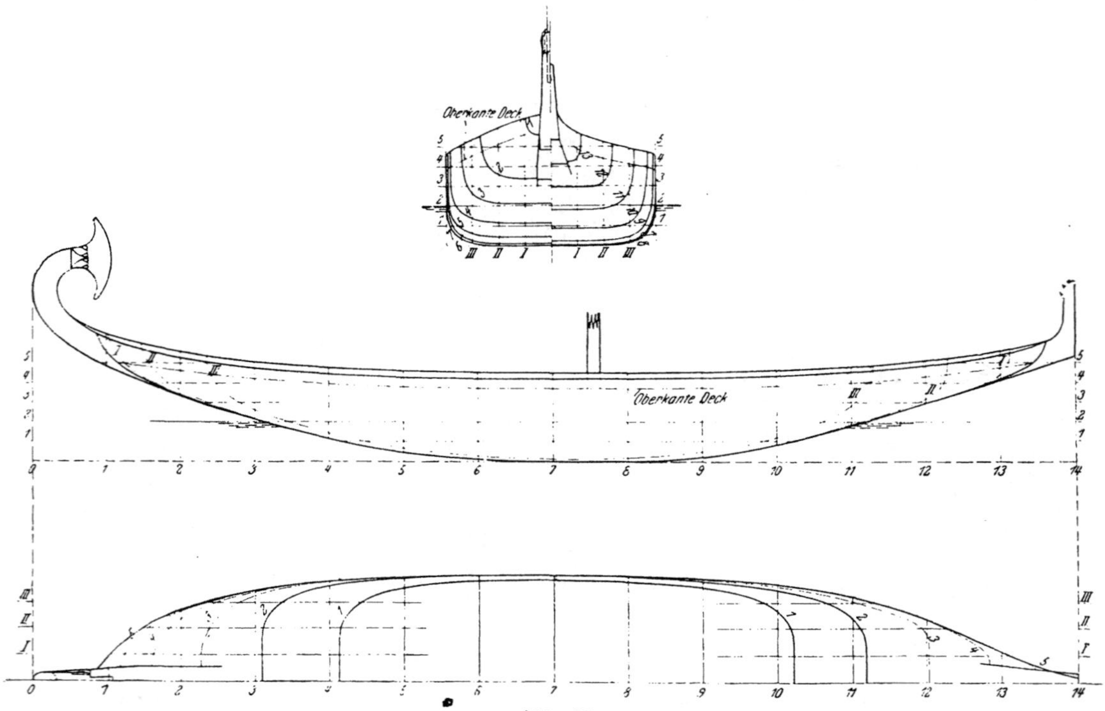

Abb. 29.

dies in den 2 bis 3 m langen Totenschiffen aus dem Grabe von Amenophis II. (Abb. 34) deutlich zu erkennen ist und auch in dem Modell zur Ausführung kam. Der Vordersteven endigt, wie Abb. 28 zeigt, in einem geraden senkrechten Pfosten von ungefähr derselben Form wie bei den älteren Schiffen, ohne indessen das dort vorkommende Auge zu besitzen. Die Fortführung des Hinterstevens ist nach vorn gebogen und läuft in eine Verzierung aus, die den Blütenschopf einer Papyrusstaude vorstellen soll.

Längsansicht. 1 : 200.

Abb. 30.

Deckansicht. 1 : 200.

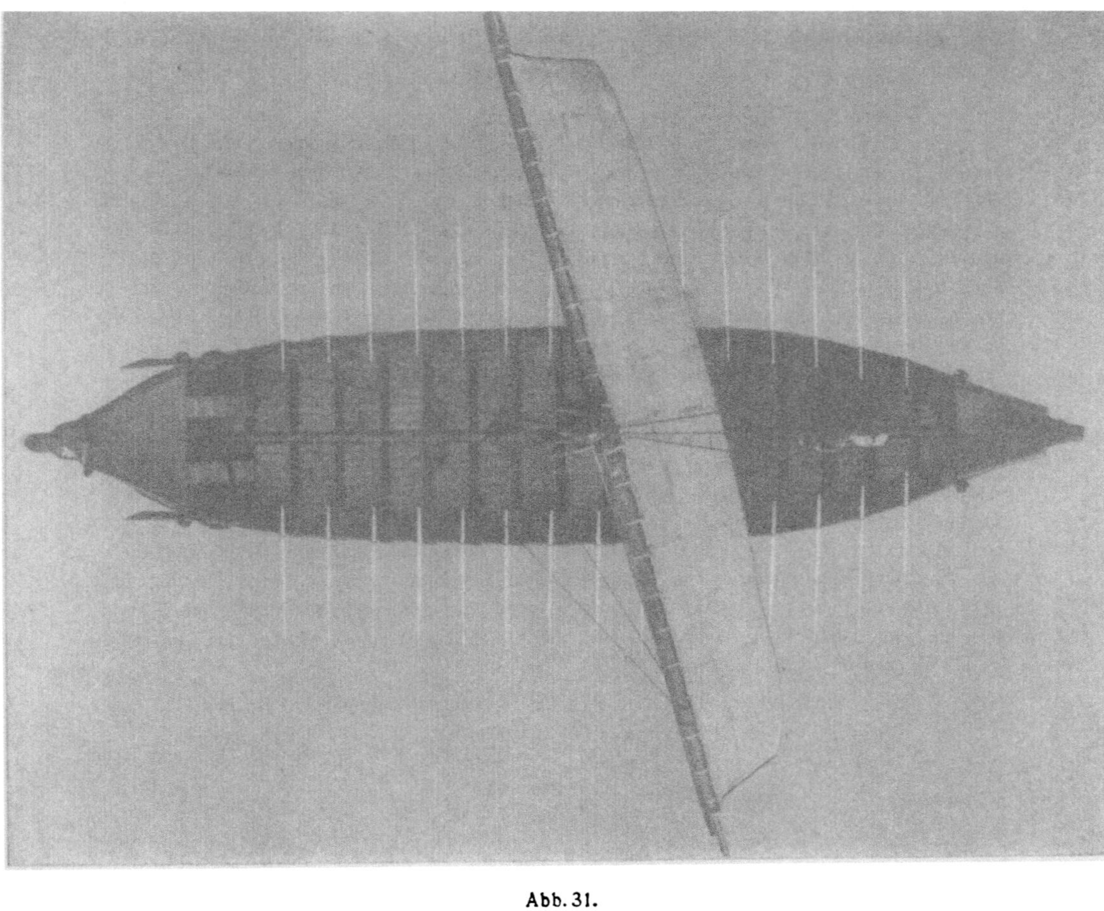

Abb. 31.

Die kleinen Rechtecke, die in den Reliefs sowie auch in den Totenschiffen (Abb. 35 u. 36) an den Schiffswänden unterhalb der Decks vorkommen, sind die Stirnflächen der Deckbalken, welche die Schiffshaut durchdringen und außen vorstehen. Die Deckbalken sind im Schiffsinnern stärker, in der Außenhaut ein wenig schwalbenschwanzförmig und außen etwas abgesetzt. In Abb. 37 ist diese Ausführungsart besonders herausgezeichnet und außerdem tritt sie anschaulich an dem in Abb. 38 wiedergegebenen großen Lastschiff[1]) hervor, das die beiden schon erwähnten Obelisken der Hat-schepsowet nach Theben beförderte[2]).

Das Relief dieses Schiffes weist 3 untereinander liegende Reihen der in Frage stehenden Rechtecke auf. Bei seiner verstärkten Bauart wird es 3 Reihen gegen den Schiffsboden und unter sich abgestützter Deckbalken besessen haben, um die Last der Obelisken tragen zu können. Unverständlich ist es, weswegen die Ägypter diese schwächliche Bauart gewählt haben, da ihnen die Technik der Knieverbindungen zu jener Zeit schon geläufig gewesen ist, wie der Kajütenaufbau in dem Totenschiffe (Abb. 36) zeigt, sie hätten also die Deckbalken mit Knieen an der inneren Seite der Außenhautplanken befestigen können. Vielleicht war es ihnen nicht mög-

---

[1]) In dem Tempel von Karnak sind Inschriften gefunden worden, die von Jneni*), einem sehr hohen Beamten der XVIII. Dynastie stammen und Angaben über ein Lastschiff enthalten, das die beiden Obelisken von 22,86 m Höhe beförderte, die Thutmosis I. in Karnak errichten ließ. Das Schiff war 120 Ellen = 63 m lang und 40 Ellen = 21 m breit. Nun waren die Obelisken der Hat-schepsowet 31,18 m hoch und wenn man die Schiffsmaße in dem Verhältnis vergrößert, wie sich die 22,86 m hohen Obelisken des Thutmosis I. zu den 31,18 m hohen der Hat-schepsowet verhalten, so kommt man für das hier vorliegende Lastschiff (Abb. 38) der letzteren auf eine Länge von 81,83 m und eine Breite von 27,27 m. Dieses große Schiff wurde von 3 Schleppzügen den Nil hinunter befördert, von denen sich jeder aus 10 Ruderschiffen zusammensetzte. Das vorderste Schiff jedes Schleppzuges war etwas größer als die übrigen und diente als Führerschiff. Jedes Ruderboot war mit 30 Ruderern besetzt. Außerdem begleiteten das Lastschiff 3 andere Ruderboote, die zu religiösen Zwecken gebraucht wurden, auch wohl die hohen Staatsbeamten an Bord hatten, welche den Zug von Assuan aus geleiteten. Endlich war noch ein kleineres Ruderboot dabei, das zur Befehlsübermittlung zwischen den einzelnen Führerschiffen usw. benutzt wurde. Diese Überführung der Obelisken mit mehr als 1000 Ruderern ist im Tempel von Der el bachri in Flachreliefs dargestellt, wo sie Dümichen abzeichnete und in seinen Tafeln IV und V veröffentlichte.

*) Edouard Naville. The temple of Deir el Baheri. London 1908. Part. VI.

[2]) J. H. Breasted. Ancient records of Egypt. Vol. II. S. 43. Chicago 1906.

Vorderansicht. 1 : 200.

Abb. 32.

Hinteransicht. 1 : 200.

Abb. 33.

lich, gewachsene Kniee in der erforderlichen Stärke und Anzahl aus anderen Ländern einzuführen.

Die Deckplanken bestanden wie im alten Reich aus einzelnen zwischen die Deckbalken gelegten kurzen Stücken, wie dasselbe Totenschiff (Abb. 36) in seinem hinteren Teil ersehen läßt.

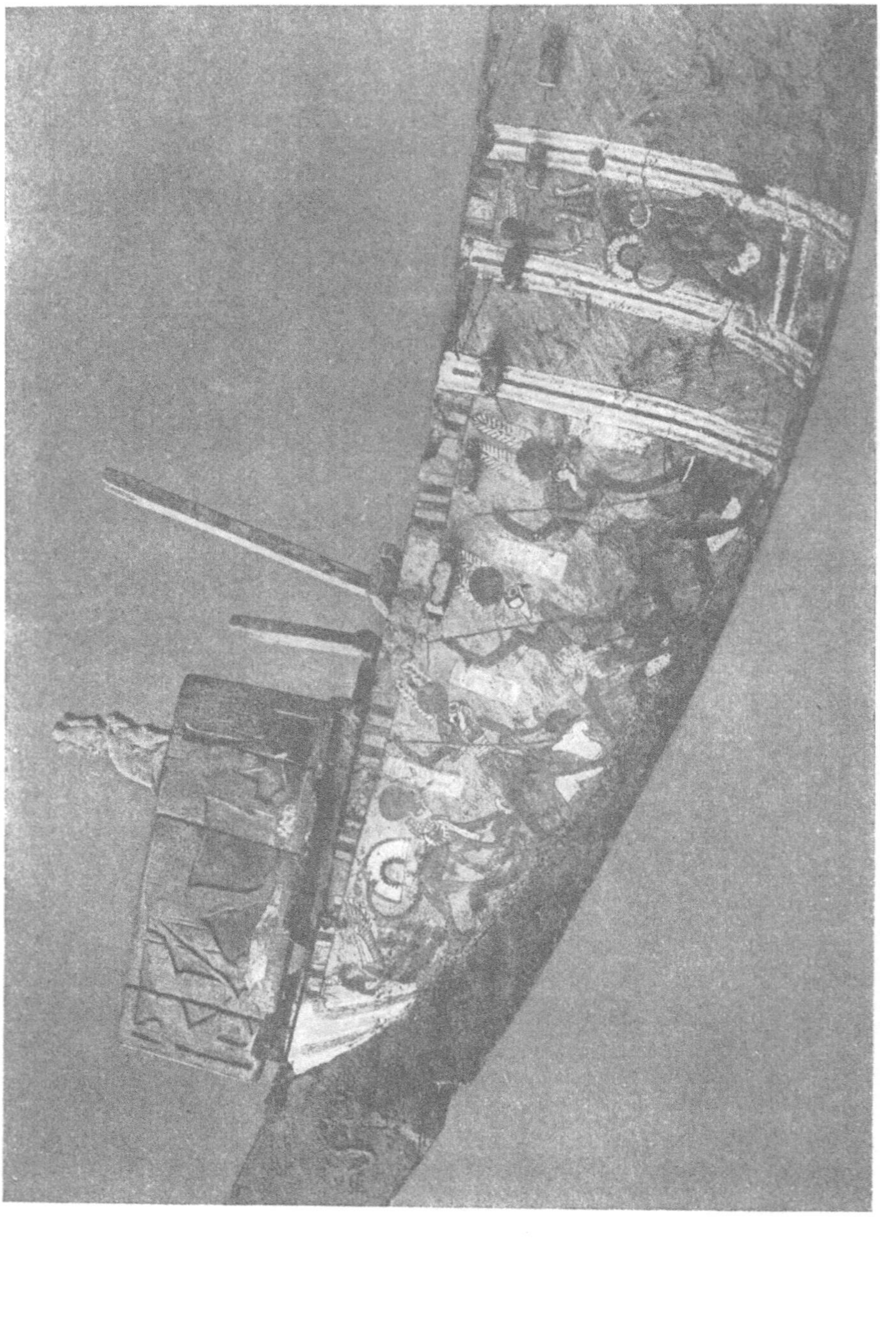

Hinterteil eines Schiffes aus dem Grabe von Amenophis II.

Abb. 34.

Totenschiff aus dem mittleren Reich.

Abb. 35.

Totenschiff aus dem mittleren Reich.

Abb. 36.

Jedes Schiff hatte an Deck 2 kleine durch eine Brüstung abgeschlossene Plätze (Abb. 28), deren vorderer wahrscheinlich für den Ausguckmann oder Lotsen und deren hinterer für den Kapitän bestimmt war.

Gurttaue haben die Schiffe der XVIII. Dynastie nicht besessen, wohl aber hatten sie noch ein Sprengtau, das, wie die Reliefs deutlich erkennen lassen, auf vier Stützen über Deck lief. Wie aus Abb. 34 hervorgeht, waren einzelne Schiffe teilweise sehr hübsch bemalt.

Takelung.

Wahrscheinlich haben die Ägypter während des mittleren Reiches mit den hohen schmalen Segeln und den deshalb durch viele Pardunen

Befestigung der Deckbalken.

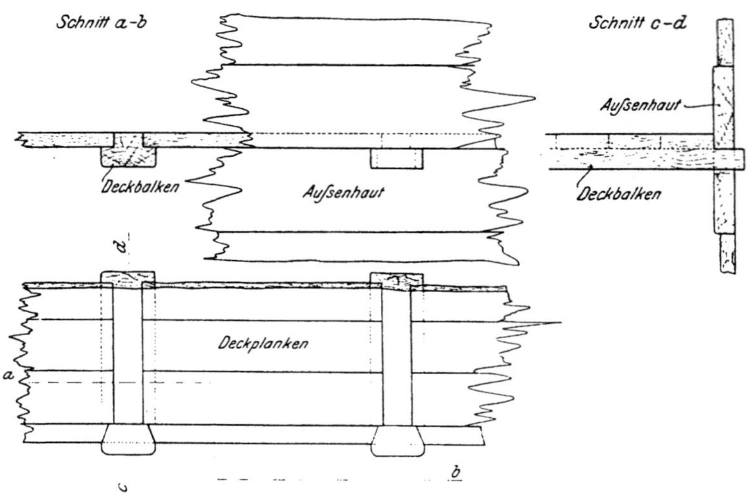

Abb. 37.

abgesteiften hohen Masten ihrer Schiffe aus dem alten Reich schlechte Erfahrungen gemacht, insofern als bei sehr steifer Brise wohl häufiger Mastbrüche eingetreten sind. Sie waren deshalb im neuen Reich dahin gekommen, den Mast immer mehr zu verkürzen und das Segel dementsprechend zu verbreitern, um nicht an Segelfläche zu verlieren.

Der Mast mußte des Sprengtaues wegen um die halbe Mast- und Sprengtau-Dicke aus der Mittschiffsebene des Schiffes gerückt werden. Er stand auf Backbord, denn die Reliefs, welche die Backbordseite wiedergeben,

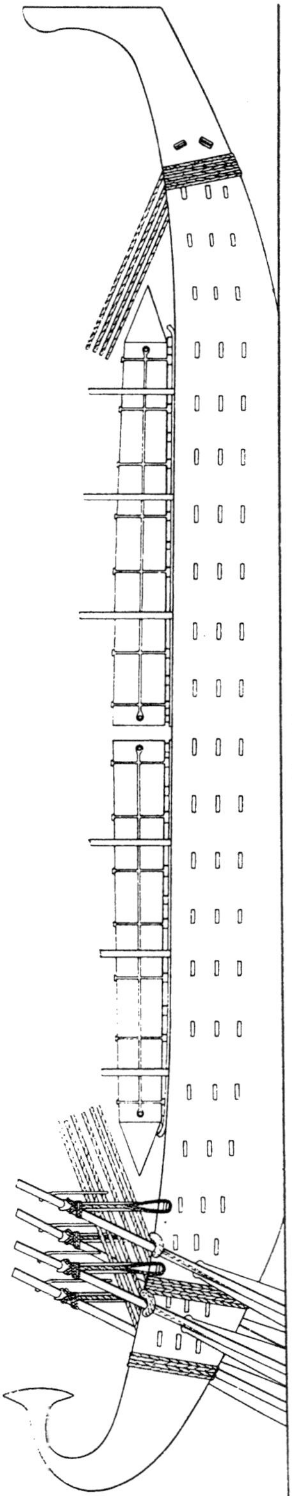

Abb. 38. Lastschiff der Hat-schepsowet.

zeigen die Ansicht des Mastes und hinter ihm vorbeigehend das Sprengtau. Zum Umlegen scheint der Mast nicht eingerichtet gewesen zu sein, wenigstens fehlen die Ständer mit dem zwischen ihnen gespannten Tau auf dem Hinterteil des Schiffes, in das sich der umgeklappte Mast legte, wie es die älteren Schiffe besitzen. Da die Masten viel niedriger waren als die der älteren Schiffe, so weisen sie auch nicht mehr so viele Pardunen auf, als es bei diesen nötig war. Der Mast stand unten in einer Spur und wurde über Deck noch durch besondere Zurrings (Abb. 39) festgehalten.

Das Segel war aus dem gleichen Stoff wie auf den älteren Schiffen, ebenso hatte es noch die Querkleider. (Abb. 40.) Das Segel hing in zwei Raen, die untere Ra wurde erforderlich, um bei dem sehr breiten Segel die Schoten so anbringen zu können, daß das Segel zum Stehen kam. An Totenschiffen ist zu ersehen, wie das Segel an der unteren Ra angereiht war. Das sehr breite Segel ist wohl wegen seiner Unhandigkeit bald wieder außer Anwendung gekommen, denn die Phönizier und Griechen haben es nicht gefahren. Die beiden Raen sind in der Mitte gelascht; die obere ist weniger stark gebogen, als die untere. War die obere Ra geheißt, so erschien sie konvex, während sie beim Einnehmen des Segels umgekantet wurde und sich dann mit dem Segel in die untere konkave Ra einfügte, was sich bei den vor Anker liegenden Schiffen (Abb. 27) erkennen läßt. Ein Rack hat die obere Ra nicht besessen.

Da die Ägypter die Rolle noch nicht kannten, so mußten sie sich zum Heissen der großen und schweren oberen Raa eine besondere

Vorrichtung ersinnen. Sie zurrten am Masttopp drei kurze Rundhölzer (Abb. 41) fest, führten um das untere Rundholz zwei die Ra in ihrer Mitte fassende Falle und um das mittlere zwei Toppnanten, um dünneres laufendes Gut

Befestigung des Mastes.

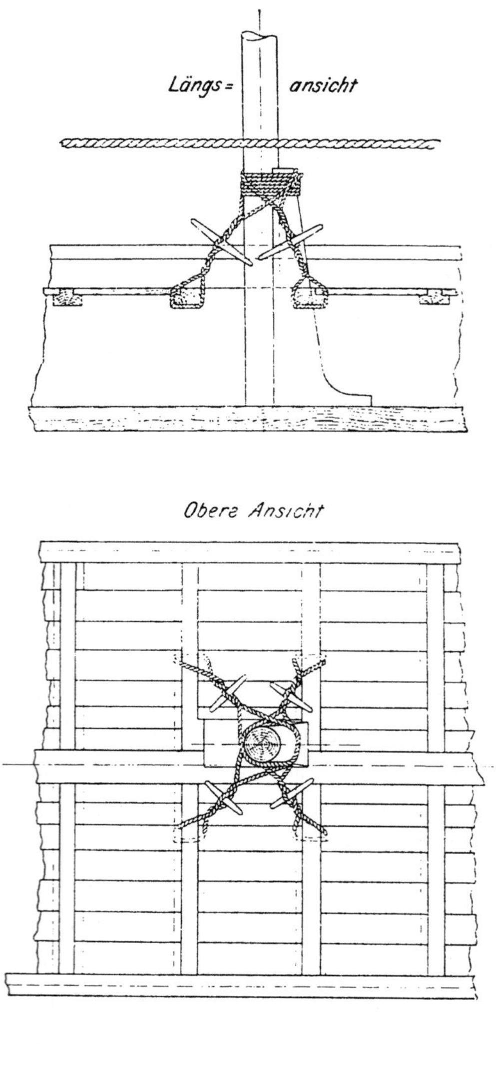

Abb. 39.

verwenden zu können. Möglicherweise sind die drei auf jeder Seite des Segels (Abb. 28) in Buchten herunterhängenden Enden Hilfsfalle, die zur Erleichterung des Heissens der oberen Ra in Tätigkeit traten. Man ließ sie lose durchhängen, wenn die Ra vorgeheißt war und die Falle sowie die Toppnanten

Segelriß. 1 : 200.

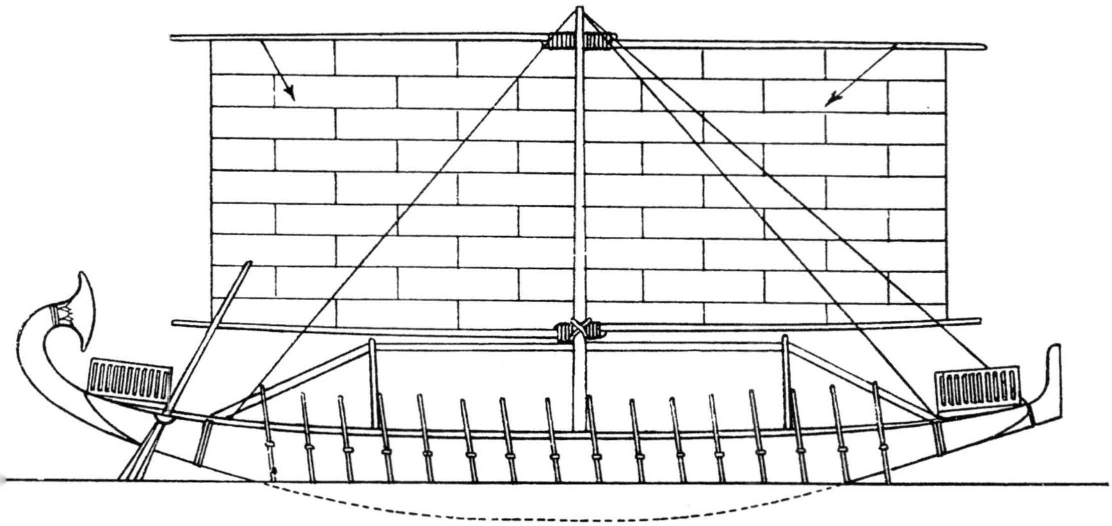

Abb. 40.

Heißvorrichtung der oberen Ra.

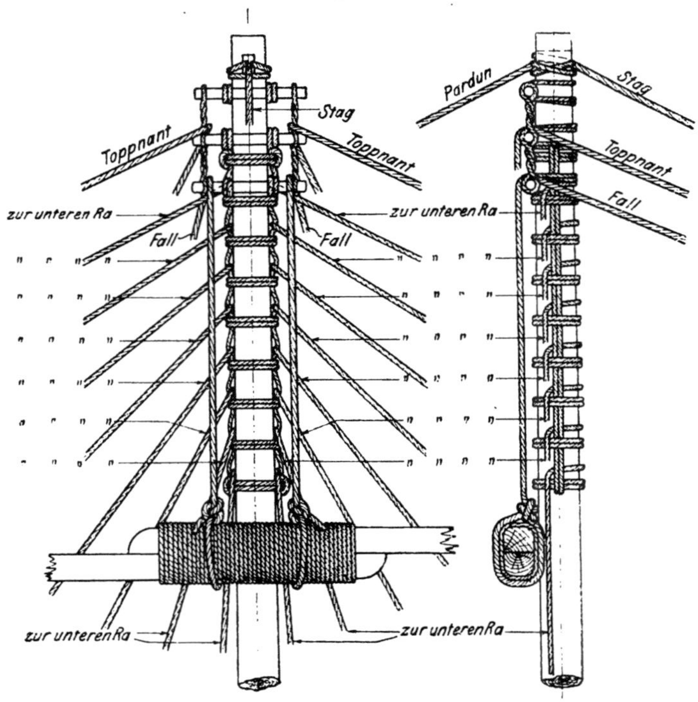

Abb. 41.

Befestigung des Ruders.

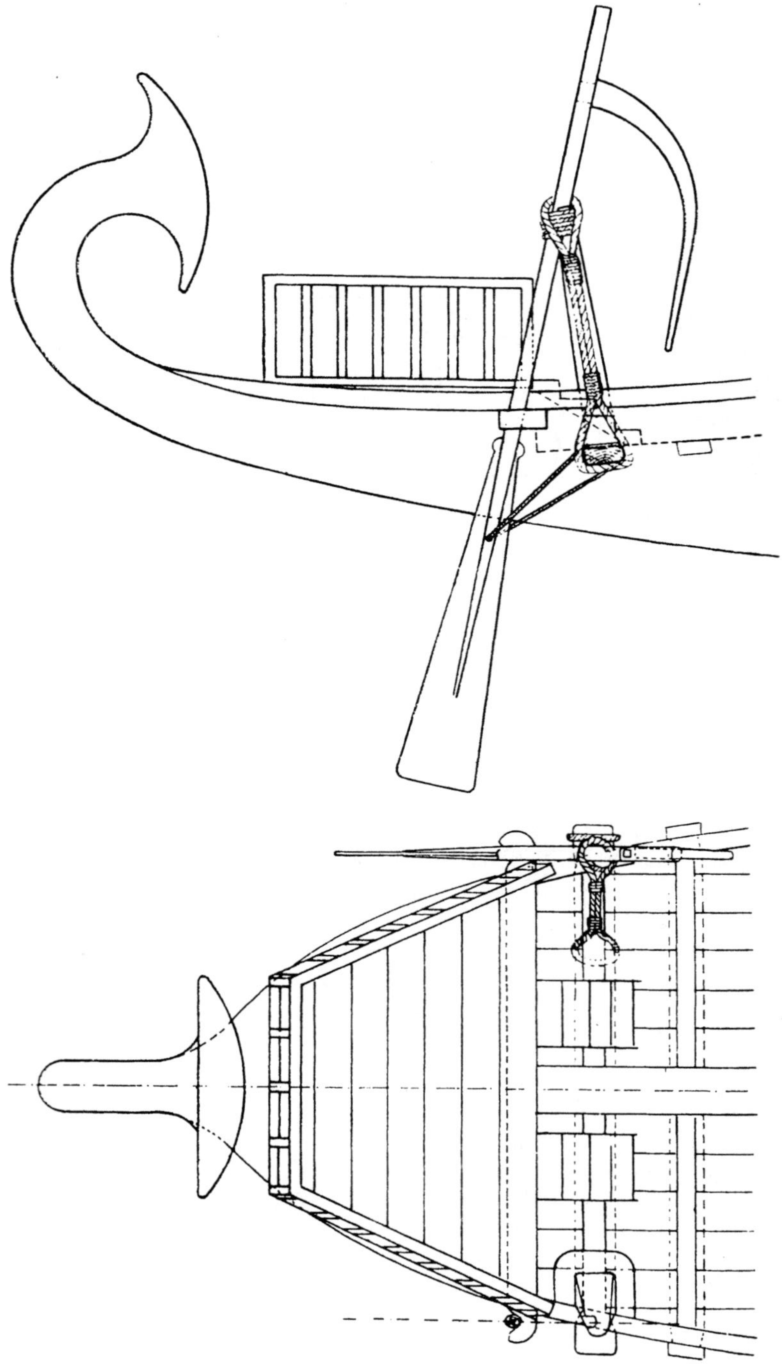

Abb. 42.

Zu Abb. 42.

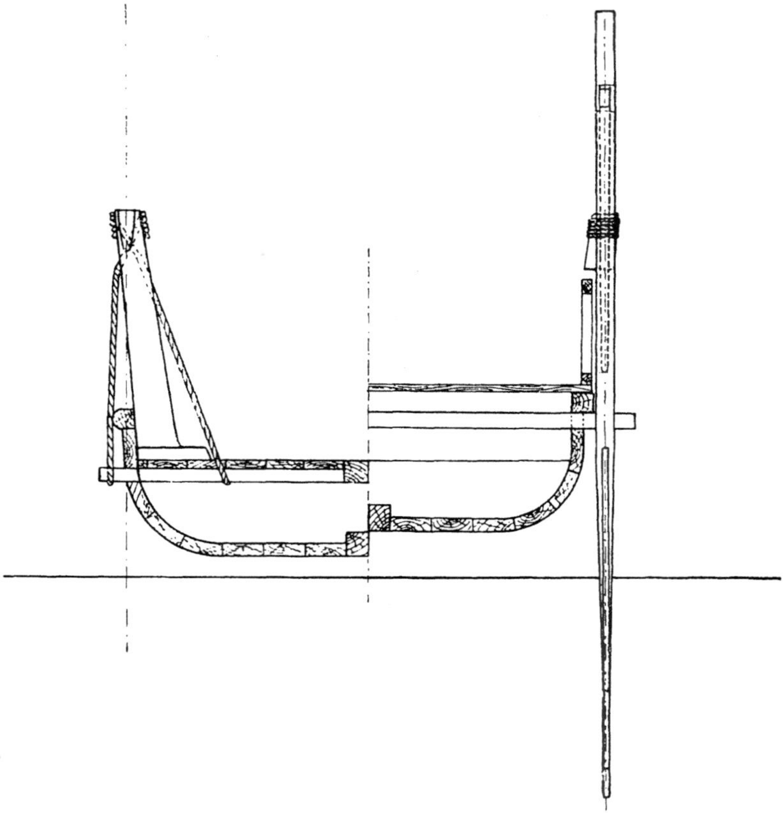

belegt waren. Unter den Rundhölzern waren Ösen aus Tauwerk an dem oberen Teil des Mastes angebracht, in welchen die Enden befestigt wurden, die die untere Ra trugen und an dieser belegt waren (Abb. 28). Die untere Ra wurde durch eine besondere Zurring am Mast drehbar festgehalten. Falle, Brassen und Schoten fuhren nach Deck, wo sie an Klampen belegt wurden.

Ausrüstung.

Die Schiffe wurden nicht mehr durch Riemen oder Paddeln gesteuert, sondern besaßen auf jeder Seite ein festes Steuerruder, dessen Ausführung Abb. 42 zeigt.

Wie aus den Reliefs ersichtlich, sind die Schiffe gerudert worden, denn daß es sich hier um Ruderer und nicht um Paddler handelt, geht daraus hervor, daß die Leute an den Riemen dem Vorderteil den Rücken zukehren und ihre Riemen sämtlich in Stroppen an der Reling ruhen. Sichtbar sind an der einen Schiffseite 15 Ruderer, so daß im ganzen 30 Ruderer an Bord gewesen sein müssen, für die an beiden Bordseiten Sitzgelegenheiten vorgesehen waren. Kommen zu den Ruderern noch Ausguckleute, Steuerer, Koch und Kapitän, so ist die Mindestzahl der Besatzung auf etwa 36 Köpfe zu schätzen.

Über die Ankervorrichtungen läßt sich nichts sagen, da aus den Reliefs nichts darüber hervorgeht. Wahrscheinlich wurden noch Ankersteine an Bord geführt.

3. Phönizierschiff

des elften bis achten Jahrhunderts v. Chr.

Geschichtliche Unterlagen.

Von den Phöniziern sind nur verhältnismäßig wenig Schriften auf uns gekommen und auch diese nur in griechischer Übersetzung oder Überarbeitung. Über die phönizischen Schiffe enthalten sie nichts, so daß wir, um uns davon eine Vorstellung machen zu können, auf Mutmaßungen oder von den uns bekannten Schiffen der Ägypter und der Griechen ausgehend auf Rückschlüsse angewiesen sind. Die einzigen auf uns gekommenen bildlichen Darstellungen von höchstwahrscheinlich phönizischen Schiffen haben Botta und Flandin[1]) in den Jahren 1843—45 in den Ruinen des Palastes von Sargon II. in Khorsabad ausgegraben. Es sind Flachreliefs, welche eine Wand des Palastes schmückten und in Abb. 43 und 44 wiedergegeben sind. Die Darstellungen stammen aus den letzten Jahren des 8. Jahrhunderts v. Chr. Leider ist ihnen kein Text beigegeben. Assyrische Flußschiffe können es nicht sein, denn die Schiffe schleppen Baumstämme und haben auch Baumstämme geladen. Um dies kenntlich zu machen, hat der Künstler in seiner naiven Art die Baumstämme über dem Schiff angebracht, die entweder im Schiffsraume ruhten, dort aber nicht erkennbar waren, oder als Decklast gefahren wurden und dann die Darstellung der Paddler beeinträchtigt haben würden. Auf Flußschiffen hat man auch im Altertum keine Baumstämme befördert, sondern diese zu Flößen vereinigt, und den Fluß hinunter schwimmen lassen. Auch der auf dem Mast angebrachte Ausguck, der für Flußschiffe unnötig gewesen wäre, deutet darauf hin, daß wir es mit Seeschiffen zu tun haben.

Die Assyrer hatten zu jener Zeit die Phönizier unterjocht und so haben wir uns unter den dargestellten Fahrzeugen mit größter Wahrscheinlichkeit phönizische Seeschiffe vorzustellen, welche Zedern des Libanons

[1]) S. E. Botta et E. Flandin. Monuments de Ninivé. Paris 1849. Tome I.

Flachrelief vom Palast in Khorsabad.

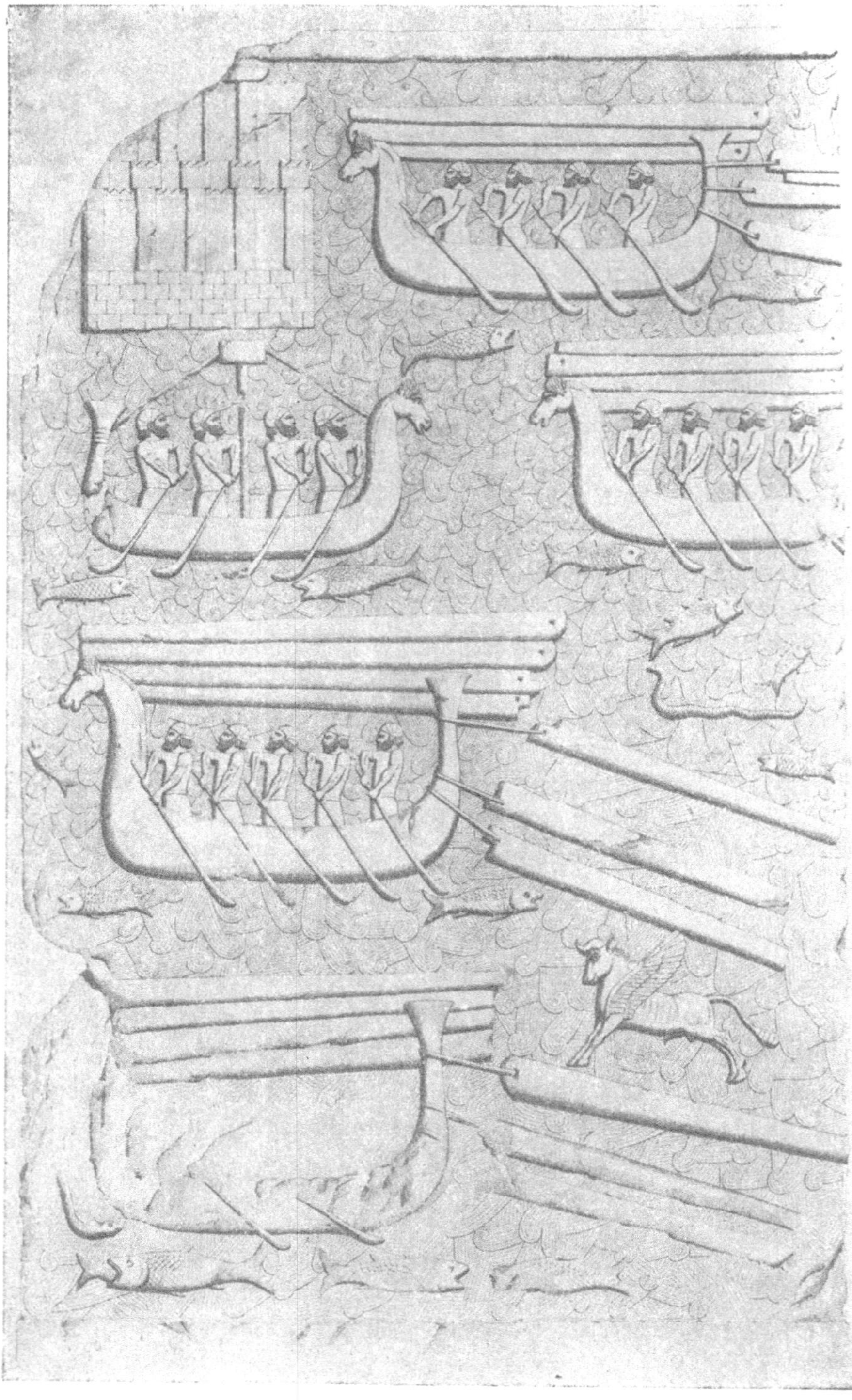

Abb. 43.

Flachrelief vom Palast in Khorsabad.

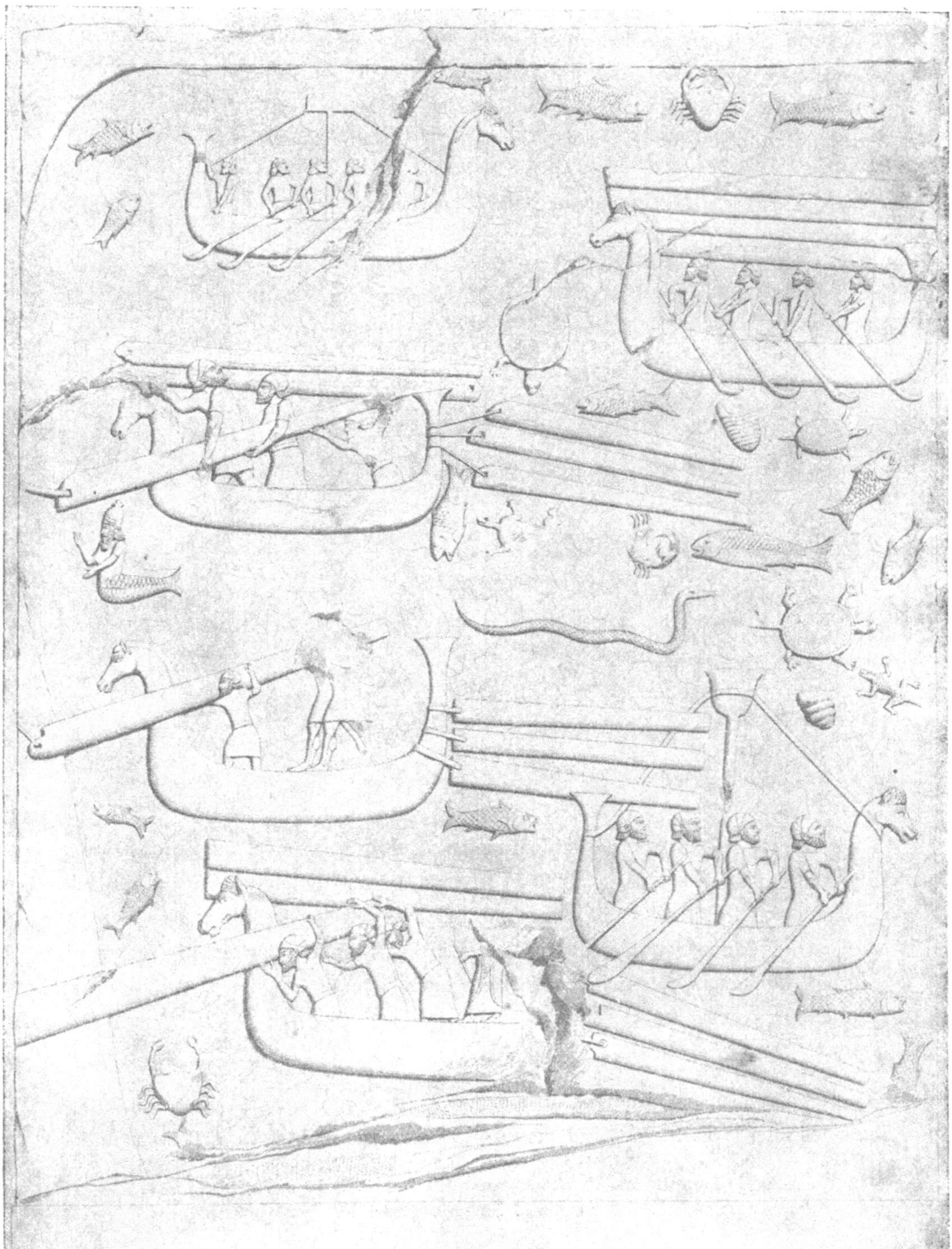

Abb. 44.

über See bringen und sie an einem Küstenplatze entladen. Dafür, daß sich die Bilder auf die See beziehen, geben die beiden französischen Forscher eine Reihe von Gründen an, die eingehender zu entwickeln, hier zu weit führen würde.

Andere Abbildungen assyrischer Schiffe gibt Layard in seinem Werk „Monuments of Nineveh“, London 1853, Tafel 25. 27 und 28 wieder.

Schiffe vom Tempel zu Kujunschik.

Abb. 45.

Die Abb. 45, die am Tempel zu Kujunschik gefunden sind, zeigen Flußboote, die Abb. 46, die vom Kaiserpalast in Nimrud[1]) stammen, sollen Kriegsschiffe vorstellen. Alle diese Abbildungen sind so ohne jedes Verhältnis gezeichnet, daß daraus keine Schlüsse über das wirkliche Aussehen der Schiffe gezogen werden können. Es lohnt sich deshalb auch nicht, auf diese Darstellungen näher einzugehen.

Hauptabmessungen.

Soweit sich aus der betreffenden von Flandin im Maßstabe von 1:100 gezeichneten Fassade des Palastes in Khorsabad entnehmen läßt, müssen die

[1]) A. H. Layard. Monuments of Nineveh. Tafel 71. London 1899.

in Abb. 43 und 44 dargestellten Schiffe auf den Flachreliefs gut 1 m lang sein. Nun hatte der zu jener Zeit geltende assyrische Fuß bei einer Unterteilung in 16 Zoll eine Länge von 26,45 cm. Die Länge der einzelnen Schiffsbilder kann also von vier assyrischen Fußen nicht viel abgewichen sein, und so würde sich daraus unter Zugrundelegung eines Maßstabes von $\frac{1}{8}'' = 1'$ oder $^1/_{32}$ n. Gr. eine wirkliche Länge der Schiffe über alles von $4.32 = 128'$ oder rund 33 m ergeben. Ich stelle nicht in Abrede, daß diese Ableitung der Schiffslänge etwas weit hergeholt ist, aber in Ermangelung von irgendwelchen anderen Anhaltspunkten, als vielleicht die Länge der von den Schiffen geladenen Baumstämme, führt sie doch zu einem immerhin annehmbaren Ergebnis, das ich für das Modell benutzt habe. Die Länge des Schiffes in der Wasserlinie ergibt sich dann zu 30 m. — Ist es richtig,

Schiffe vom Palast in Nimrud.

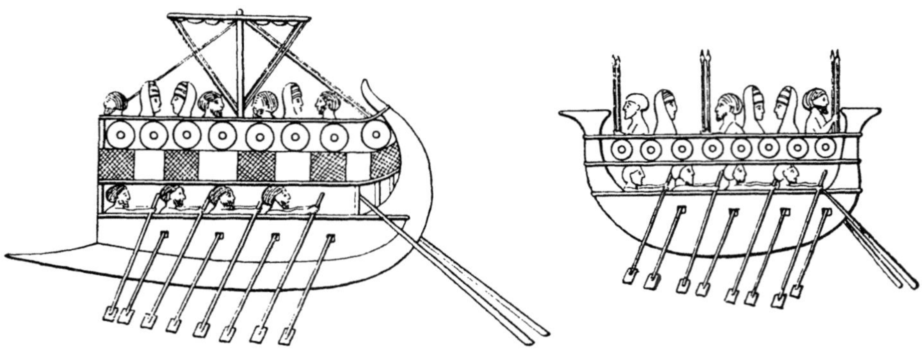

Abb. 46.

daß die Baumstämme Libanonzedern darstellen, deren Höhe zwischen 20 bis höchstens 30 m zu veranschlagen ist, dann würde die angenommene Schiffslänge sehr gut passen.

Der Tiefgang mußte bei den phönizischen Schiffen schon der größeren Seetüchtigkeit wegen den der ägyptischen beträchtlich übersteigen. So ist denn auch die Ansicht ausgesprochen worden, daß die Phönizier mit ihren großen Schiffen nicht mehr überall landen konnten und sich an flachen Küstenplätzen der Leichterboote bedienen mußten, um sie zu be- und entladen. Hiervon ausgehend habe ich einen Tiefgang von 2 m angenommen.

Die Breite der Schiffe ist dem zur damaligen Zeit allgemein gebräuchlichen Verhältnis von Breite zur Länge in der Wasserlinie entsprechend auf 1 : 3 und demnach auf 10 m festgehalten.

Die Verdrängung stellt sich dann auf rund 200 t, eine Größe, die nach Abzug des Eigengewichts des Schiffes eine Tragfähigkeit gewährleistet, mit der sich beispielsweise die weite Reise von Gades bis Tyrus lohnte. Man könnte gegen die angenommene Größe des Phönizierschiffes einwenden, daß die fast zweitausend Jahre jüngeren Wikinger-Schiffe und selbst noch die ältesten Hansa-Koggen kleiner waren, aber dagegen läßt sich sagen, daß die

Linienriß. 1 : 200.

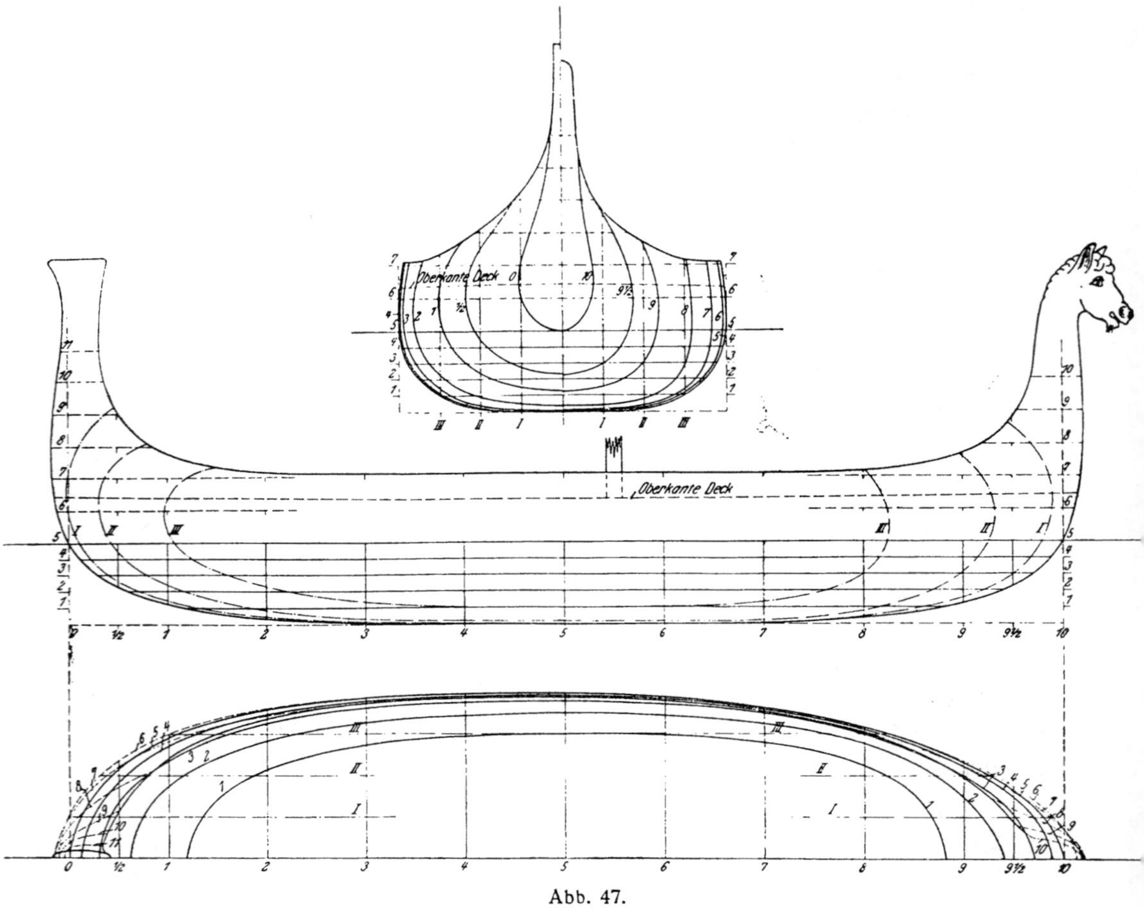

Abb. 47.

Wikinger ihre Schiffe nur zu Raub- und Plünderungszügen benutzten, sie also nicht als Handelsschiffe zum Güterverkehr gebrauchten, und die Hansa-Koggen nur in der Nord- und Ostsee segelten, mithin in beiden Fällen eine geringere Tragfähigkeit erforderlich war, als die Phönizier für ihre weiten Reisen nötig hatten.

Bekannt ist ferner, daß auch die Römer in den letzten Jahrhunderten v. Chr. Corbitae genannte große Getreideschiffe besaßen, die wegen ihrer Schwerfälligkeit und langsamen Fahrt berüchtigt waren und die sicherlich eine größere Verdrängung als 200 t hatten.

Bauart.

Nach diesen Hauptabmessungen ist der Linienriß (Abb. 47) entworfen und hiernach das in den Abb. 48—51 dargestellte Modell angefertigt.

Wie die Abbildungen 43 und 44 deutlich zeigen, haben die phönizischen Schiffe Vor- und Hinter-Steven besessen und zwischen beiden wird ein innerer Kiel gelegen haben. Merkwürdig ist es, daß die Vorsteven einen Pferdekopf tragen, der etwa 1½ Jahrtausende später auf den Schiffen der „Wikinger" durch einen Drachenkopf ersetzt ist, während bei beiden die Hintersteven in einem Fischschwanz ähnlichen Gebilde endigen. Vielleicht haben die Gelehrten recht, welche behaupten, die Phönizier seien mit ihren Schiffen bis nach Skandinavien vorgedrungen, so daß sich dort ihre Schiffsverzierungen durch eine Jahrhunderte lange Überlieferung bis zur Wikingerzeit erhalten hätten. Möglicherweise ist aber eine andere Ansicht richtig, wie sie Hahn[1]) vertritt, wonach in vorgeschichtlicher Zeit Nordeuropäer mit ihren Fahrzeugen bis in das östliche Mittelmeer vorgedrungen sind und die phönizische Schiffbauart auf uralte nordische Vorbilder zurückzuführen wäre.

Die Frage, ob die phönizischen Schiffe auch Spanten besaßen, läßt sich nicht bestimmt beantworten. Herodot, der im 5. Jahrhundert v. Chr. lebte, muß Schiffe mit Spanten gekannt haben, trotzdem die zu seiner Zeit gebauten Trieren solche nicht hatten. In seiner Beschreibung des ägyptischen Schiffbaues sagt er. II, 96 wörtlich: *νομεῦσι δὲ οὐδὲν χρέονται.* „Schiffsrippen, d. h. Spanten, aber wenden sie dabei gar nicht an", denn unter „Schiffsrippen" können doch nur Spanten verstanden werden.

Die Griechen werden ihre ursprünglichen Schiffe wohl nach denen der Phönizier verbessert haben, die schon lange erfahrene Seefahrer waren, als die Griechen ihnen etwa von 1100 v. Chr. ab auf Kreta, Cypern, Rhodos usw. entgegentraten und sie von dort vertrieben. Es ist daher nicht unwahrscheinlich, daß die phönizischen Schiffe Spanten enthielten und sich dadurch viel seefester erbauen ließen, als die Schiffe der alten Ägypter, welche die Phö-

---

[1]) Eduard Hahn. Über Entstehung und Bau der ältesten Seeschiffe. Zeitschr. f. Ethnologie Berlin 1907. S. 54.

nizier gekannt haben müssen, weil sie ersteren während der XVIII. und XIX. Dynastie, d. h. ungefähr von 1700—1400 v. Chr. untertänig waren.

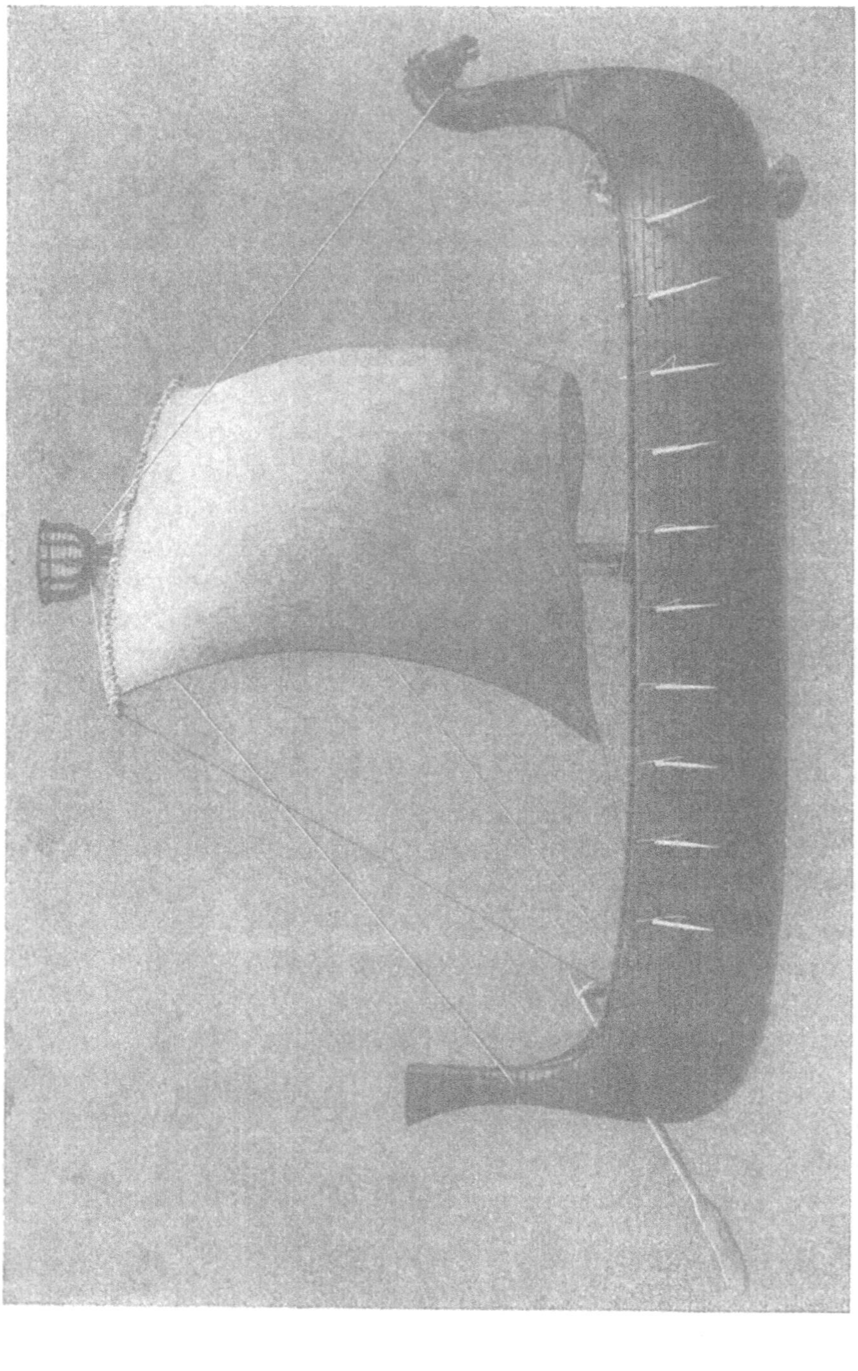

Längsansicht. 1 : 200.

Abb. 48.

Sollte meine Vermutung betreffend der Spanten zutreffen, so ist es leicht erklärlich, daß sich die Phönizier mit ihren stärkeren Schiffen von etwa

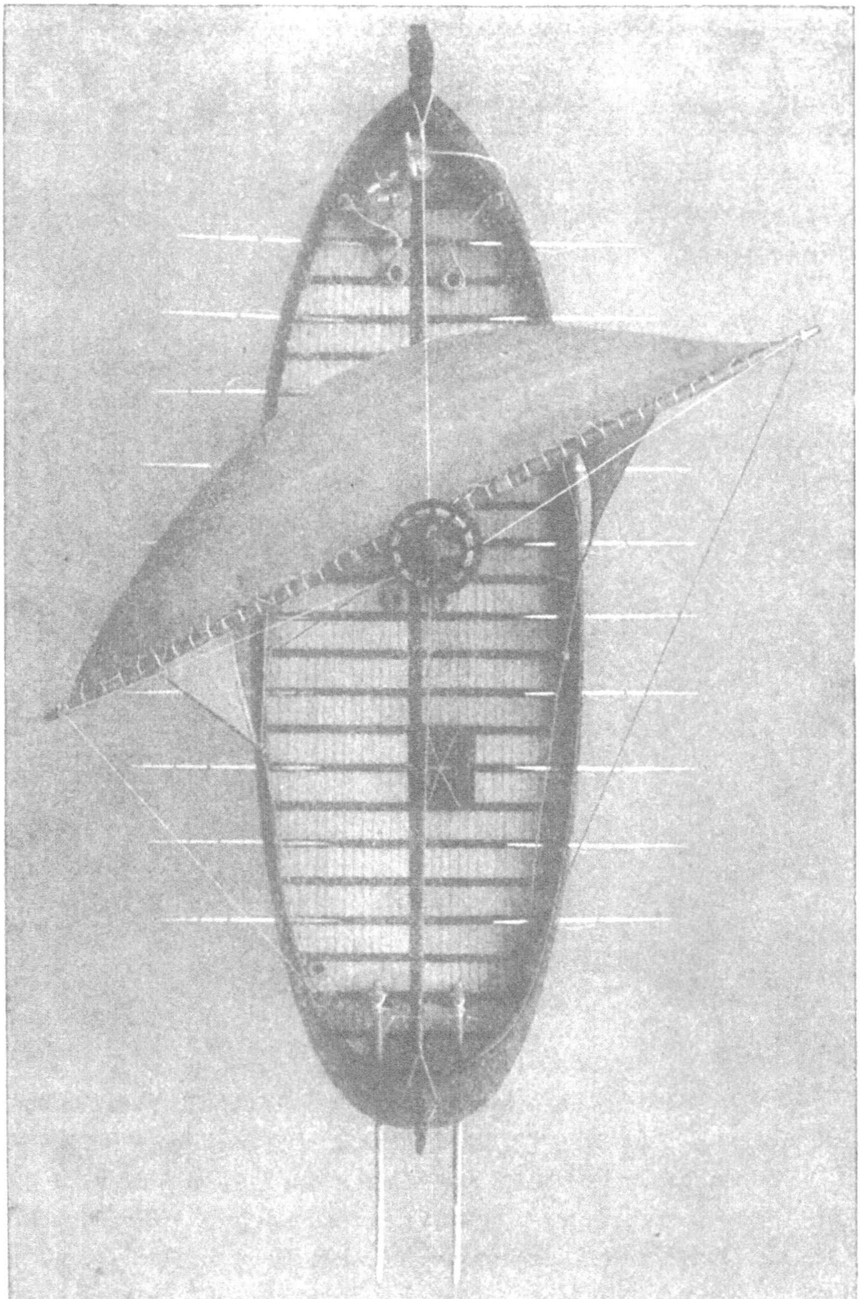

Deckansicht. 1 : 200.

Abb. 49.

1200 v. Chr. ab weiter in das westliche Mittelmeer und bis über die Straße von Gibraltar hinaus wagen konnten. Sicher ist, daß sie von ihrer Kolonie Gades, dem heutigen Cadiz, bis nach England und weiter segelten. Vielfach wird sogar behauptet, daß ihnen der Vulkan von Teneriffa und auch die Kapverdischen Inseln bekannt waren, ja manche gehen so weit, ihnen die Umschiffung von ganz Afrika zuzuschreiben.

Vorderansicht. 1 : 200.

Abb. 50.

Eine andere nicht zu beantwortende Frage bleibt die Verwendung von Gurttauen — Hypozomen — auf den phönizischen Schiffen. Die Griechen nannten ihre langen und schmalen Kriegsschiffe, die Trieren, auch wohl „Langschiffe" im Gegensatz zu ihren breiteren und auch kürzeren Handelsschiffen, die sie als „Rundschiffe" bezeichneten und mit denen sie mehr segelten als ruderten. Während die griechischen Langschiffe immer gegürtet wurden, scheint dies bei ihren Rundschiffen nur ausnahmsweise der Fall gewesen zu sein, denn es bestehen einzelne griechische Schriftstellen, in denen besonders darauf hingewiesen wird, daß bei einer bestimmten Gelegenheit auch Rundschiffe Gurttaue erhielten. Ich habe deswegen davon abgesehen, das Modell des phönizischen Schiffes mit Gurttauen ausführen zu lassen.

Bei den von mir als vorhanden angenommenen Spanten müssen nun

Hinteransicht. 1 : 200.

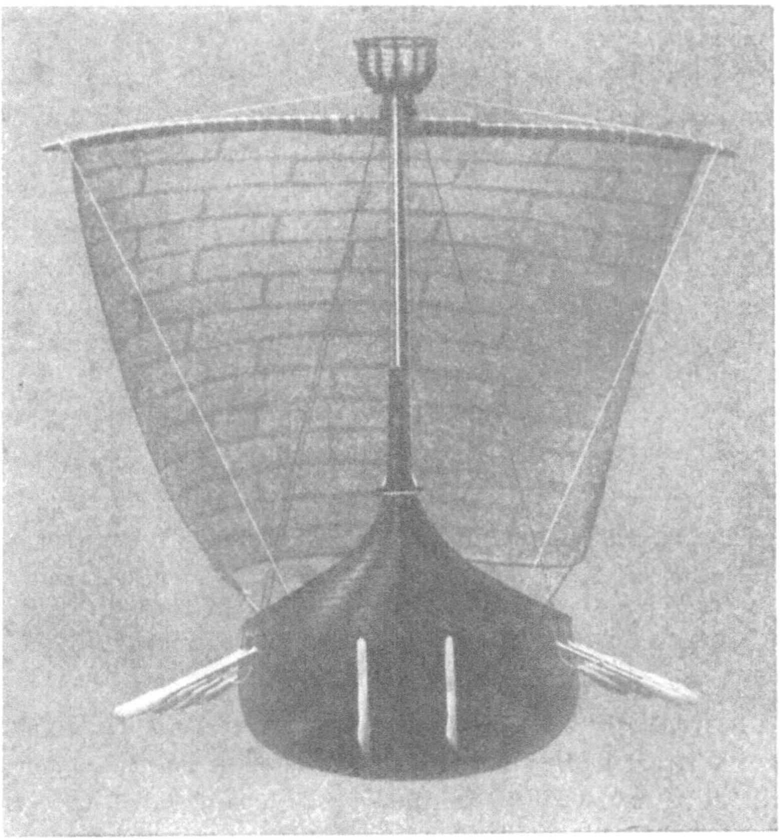

Abb. 51.

die Deckbalken mit diesen und dem Schandeckel durch Kniee verbunden gewesen sein; eine Technik, die ich schon bei dem jüngeren Ägypterschiff als bekannt erwähnte. Die zwischen den Deckbalken liegenden Deckplanken konnten bei den weiten Reisen der Phönizier nicht mehr so lose eingefügt und so leicht befestigt werden, wie auf den ägyptischen Schiffen, die sich im allgemeinen auf kurze Seereisen beschränkten, wie sie die Durchquerung des Roten Meeres und der Besuch der phönizischen Küstenstädte nur erforderten. Um die Ladung im stürmischen Wetter, dem man durch Anlaufen von Land nicht immer aus dem Wege gehen konnte, vor Nässe zu bewahren, mußten die Deckplanken auf den phönizischen Schiffen dicht und fest eingebaut werden, wie das Modell zeigt.

Entsprechend der in allen Teilen durchgeführten festeren Bauweise und der nicht mehr vorhandenen Überhänge, hatten die phönizischen Schiffe kein Sprengtau nötig, das auch bei den noch jüngeren griechischen Schiffen nicht angewendet wurde.

Ein um das ganze Schiff herumlaufendes mit Stützen versehenes Schanzkleid, wie es die Abb. 48—51 erkennen lassen, erhöhte die Seetüchtigkeit. Die hierin eingeschnittenen Öffnungen für die Riemen der Ruderer konnten gleichzeitig als Speigatten dienen. Nach der Stellung der Leute in den Abbildungen 43 und 44 müßten die Phönizier nicht gerudert, sondern wie vielfach auch die alten Ägypter gepaddelt haben. Flandin macht aber schon darauf aufmerksam, daß die Haltung der Arme seitens der Leute und die Form der Riemen anzuzeigen scheinen, daß man es mit Ruderern zu tun hat, die der Künstler irrtümlich nur verkehrt aufstellte.

Da die ägyptischen Schiffe des 15. Jahrhunderts v. Chr. schon ein festes Steuer auf jeder Schiffsseite besaßen und die griechischen Schiffe des 5. Jahrhunderts v. Chr. ebenfalls, so kann kein Zweifel bestehen, daß die phönizischen Schiffe der Zwischenzeit auch ein festes Steuer an jeder Schiffsseite trugen und nicht mehr mit Riemen oder Paddeln von mehreren Leuten gesteuert wurden.

Takelung.

Die phönizischen Schiffe führten einen Mast, der aller Wahrscheinlichkeit nach zum Umlegen eingerichtet war, wie es bei den älteren ägyptischen Schiffen und auch bei den jüngeren Trieren der Fall war. Bemerkenswert ist auch der Umstand, daß auf den Reliefs (Abb. 43 und 44) alle beladenen Schiffe nach rechts fahren und keinen Mast tragen, während nur die leeren Schiffe den Mast führen und nach links gerichtet sind, als wenn sie sich von ihrem früheren Ziele entfernen, nachdem sie entladen wurden. Man könnte daraus schließen, daß sie beladen gerudert wurden, vielleicht weil die Decklast das Hantieren mit dem Segel nicht zuließ, und erst nach deren Löschen der Mast wieder aufgerichtet und gesegelt werden konnte. Da uns über die Umlegevorrichtung des Mastes nichts überliefert ist, habe ich ihn

Segelriß. 1 : 200.

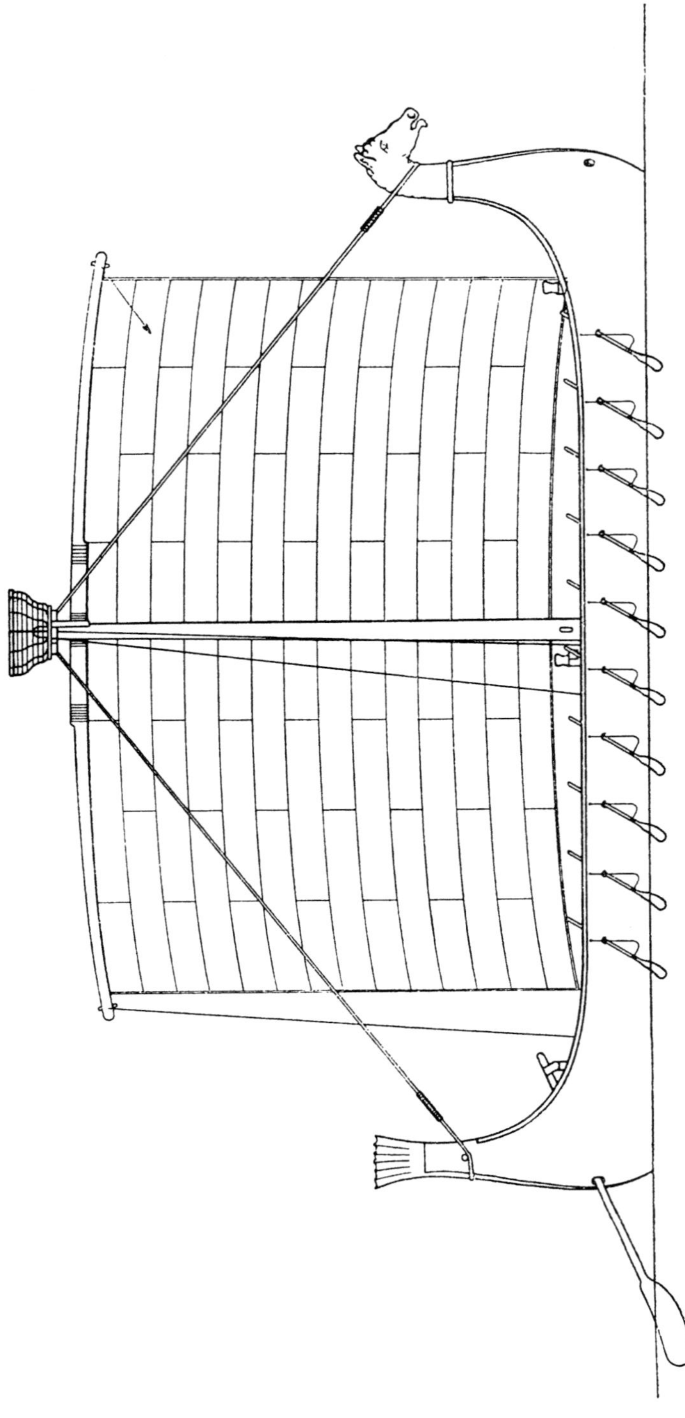

Abb. 52.

in dem Modell, um allen Irrtümern zu entgehen, fest eingesetzt. Der Mast wurde nach vorn durch ein Stag und nach hinten durch eine Pardun gehalten und endete oben in einem Ausguck — Krähennest —, wie wir heute sagen. Der Mast war verhältnismäßig niedrig, vielleicht weil man noch keine Wanten kannte und ihn deshalb seitlich nicht genügend abzusteifen vermochte.

An dem Mast war das Rasegel (Abb. 52) wohl in derselben Weise befestigt, wie dies bei den Trieren der Fall war und dort besprochen wird. Darnach war die Ra mit einem Rack, mit Toppnanten und einem Fall versehen. Das Segel bestand aus demselben Stoff wie auf den ägyptischen Schiffen und war wahrscheinlich auch noch wie bei diesen aus Querkleidern zusammengesetzt. Für das laufende Gut, wie Brassen und Schoten, müssen hinten an den inneren Seiten des Schanzkleides Belegklampen vorhanden gewesen sein, wie sie schon die ägyptischen Schiffe aufweisen.

Um bei eintretenden Windstillen, besonders während schneller Reisen, noch ein Vorwärtskommen zu ermöglichen, besaßen die Schiffe die schon angeführten Rudereinrichtungen. Die Zahl der Ruderer wird aber wohl immer nur eine beschränkte gewesen sein, da kaum anzunehmen ist, daß die Phönizier mehr als höchstens 30 Mann an Bord gehabt haben. Für die Segelbedienung allein wären sie mit einer weit geringeren Zahl ausgekommen, wenn sie daher mehr Leute an Bord nahmen, so geschah dies wohl nur, um sich der Seeräuber oder der wilden Bewohner an fremden Küsten besser erwehren zu können. Wegen der Verpflegungsschwierigkeiten werden sie die eingeschifften Personen auf das knappste bemessen haben, um nicht ihren ohnehin schon beschränkten Laderaum durch die Mitnahme von Trinkwasser und Proviant für eine große Mannschaft zu schmälern.

Über das Ankergeschirr der Phönizier fehlen uns auch alle Angaben. Ob sie sich in ihrer ältesten Zeit, wie die Ägypter, noch der Ankersteine bedienten, und in ihrer jüngsten Zeit, wie die Griechen, schon eiserne Anker hatten, muß dahingestellt bleiben.

Auch über die Art ihrer Navigierung ist uns nur sehr wenig überliefert. Wenn sie nicht an den Küsten entlang segelten, sondern die See durchquerten, was von ihren Schiffen erwiesen ist, so haben sie sich nach dem Stand der Gestirne gerichtet, wie geschichtlich feststeht und auch von den auf einer weit niedrigeren Kulturstufe stehenden Polynesiern bekannt ist, die mit ihren Kanus über weite Strecken des Großen Ozeans fahren und mit bewunderswerter Sicherheit ihr Ziel erreichen.

4. Attische Triere

des fünften und vierten Jahrhunderts v. Chr.

Geschichtliche Unterlagen.

Die auf uns gekommenen bekanntesten und für die Darstellung von Trieren wichtigsten Abbildungen bestehen aus einem im Jahre 1852 von Lenormant an den Stufen des Erechtheions auf der Athener Akropolis entdeckten Flachrelief einer Triere (Abb. 53) und dem im Louvre in Paris befindlichen, das Vorderteil einer Diere enthaltenden Nike-Standbild von Samothrake. (Abb. 54.) Dieses Siegesdenkmal, welches wahrscheinlich Demetrius Polyorketes als Erinnerung seines im Jahre 306 v. Chr. über Menelaos in Cypern errungenen Erfolges errichten ließ, kann, wenn es auch noch ungefähr aus der Zeit der attischen Trieren stammt, doch nicht als vollgültiges Zeugnis für deren Bau gelten, da es ein Schiff mit nur 2 Ruderreihen darstellt.

Das Flachrelief im Fortunatempel zu Präneste (Abb. 55), welches das Admiralschiff des Antonius — auch eine Diere oder lateinisch — Bireme — wiedergeben soll, mithin einige Jahrhunderte jünger ist als die hier besprochenen attischen Trieren, kann für die Beurteilung ihres Baues ebenfalls nur bedingungsweise herangezogen werden, insofern als es ein festes Schanzkleid und ein darüber gelegtes zweites festes Deck besitzt, also kataphrakt und katastrom gebaut ist, während die Trieren des 5. und 4. Jahrhunderts v. Chr. aphrakte, d. h. an den Seiten offene und nur mit einem Deck versehene Fahrzeuge waren. Es gibt noch eine Anzahl ungenaue oder wegen ihrer Kleinheit undeutliche Darstellungen, die wie einige griechische (Themistokles) und römische (Hadrian) Münzen (Abb. 56) die Trieren ihrer Zeit zeigen.

Zu diesen Abbildungen gesellen sich die im Jahre 1834 im Piräus ausgegrabenen marmornen Inschriftplatten, welche in den Überresten eines attischen Boothauses gefunden wurden und wertvolle Aufschlüsse über die Größe und die Ausrüstung der attischen Trieren ergaben. Diese Inschriftplatten hat August Boeckh übersetzt und in seinen „Urkunden über das Seewesen des attischen Staates" 1840 in Berlin veröffentlicht.

Flachrelief von der Akropolis in Athen.

Abb. 53.

Als weitere tatsächliche Unterlagen kommen Beschreibungen klassischer Schriftsteller in Betracht, die aber leider größtenteils mit dem Seewesen nicht vertraute Laien waren. In den späteren Jahrhunderten sind ihre Aufzeichnungen durch die Scholiasten, die noch weniger davon verstanden, oft derartig umgestaltet worden, daß viele an sich schon unbestimmte Ausführungen ganz verschiedene Deutungen zulassen, woraus sich die auseinandergehenden Ansichten neuerer, besonders französischer — Cartault,

Nike-Standbild von Samothrake.

Abb. 54.

Römische Bireme aus dem Fortunatempel zu Präneste.

Abb. 55.

Jal, Jurien de la Gravière, Lemaitre, Serre — und deutscher Bearbeiter der Trierenfrage — Graser, Breusing, Kopecky, Haack, Tenne — usw. erklären.

Aus dem vorliegenden sehr umfangreichen Stoff habe ich nun das nach meiner Überzeugung wahrscheinlich Richtige herausgeschält und hiernach das Modell (Abb. 57—60) anfertigen lassen.

Ich bemerke noch, daß die Meinungen über die Abmessungen, die Bauart, die Besegelung und die Ausrüstung der Trieren sich so ziemlich geklärt haben, daß sie aber über die Unterbringung der Ruderer und damit verbunden über die Riemenanordnung noch auseinandergehen.

Hauptabmessungen.

Die Hauptabmessungen der attischen Trieren lassen sich mit ziemlicher Bestimmtheit feststellen, weil eine Reihe von Anhaltspunkten hierfür vorliegen.

Hadrian-Münze mit einem nur das Vorsegel führenden Schiff.

Abb. 56.

Die Länge der Triere setzt sich zusammen aus dem Raume, welchen die Ruderer einnehmen — dem Enkopon — und dem hierüber hinausragenden Vorder- und Hinterteil des Schiffes — den Parexeiresiai. Die Länge des Enkopon ist durch die Anzahl der hintereinander sitzenden Ruderer der oberen Reihe einer Schiffsseite gegeben. Nach Boeckh beträgt die größte Anzahl derselben 31, wahrscheinlich war diese Zahl aber keine durchaus feststehende, wie auch die Anzahl der für sie aus den staatlichen Vorrathäusern gelieferten Riemen eine schwankende ist, worauf später noch zurückgekommen wird. Ich habe das Modell mit 31 oberen Ruderern entworfen. Der nötige Zwischenraum zwischen zwei Ruderern konnte auch im Altertum kein anderer sein, wie er es heute noch ist. Es mußte soviel Platz für jeden Ruderer vorhanden sein, daß er seinen Riemen zu sich frei durchziehen und dann selbst wieder vorschwingen konnte. Dieser Zwischenraum — das Interscalmium — betrug nach den Angaben von Vitruv 0,925 m, so daß die Länge des Enkopon auf etwa 28—29 m anzunehmen ist. Der davor und dahinter liegende Schiffsteil war je nach der stumpferen oder schärferen Bauart der Triere verschieden lang. Das Deck des Vorschiffes sowohl wie das des Hinterschiffes diente als Standort für die Epibaten — die damaligen Seesoldaten — und das letztere mußte noch den Befehlshaber der Triere und die Steuerleute aufnehmen. Um diesen Zweck zu erfüllen, sind Vor- und Hinterschiff zusammen etwa 6—8 m lang gewesen und in einzelnen Fällen kann ihre Gesamtlänge bis auf 10 m gestiegen sein. Hiernach läßt sich annehmen, daß die geringste Länge einer Triere etwa 34 m und die größte Länge etwa 38 m betrug. Diese Maße waren veränderlich, je nach dem Geschmack des Schiffbaumeisters, von denen Boeckh eine ganze Reihe als Erbauer der einzelnen Trieren anführt.

Die attischen Trieren wurden, sobald sie außer Dienst gestellt waren, aufgeschleppt und in Boothäusern reihenweise nebeneinander untergebracht. Im Piräus sind, wie schon erwähnt, die Fundamente solcher Boothäuser (Abb. 61) im Oktober 1834 aufgedeckt worden. Ihre für die einzelnen Trieren bestimmten Stände hatten nach Dörpfeld eine Länge von 35—38 m, wodurch die vorstehend errechnete Länge der Triere bestätigt wird.

Die Breite der Triere läßt sich mit gleicher Sicherheit wie die Länge ebenfalls aus den aufgedeckten Resten der Boothäuser bestimmen. Die lichte Weite zwischen den das Dach tragenden Säulen der Boothäuser betrug nach den Aufmessungen von Dörpfeld an der Säulenbasis 5,92 m. Die Säulen verjüngten sich nach oben hin, wodurch der freie Zwischenraum zwischen ihnen auf 6 bis 6,25 m stieg. Die größte Breite der in den Boothäusern aufbewahrten Schiffe muß demnach unter 6 m betragen und wird sich aller Wahrscheinlichkeit nach in den Grenzen 5,5 bis 5,8 m gehalten haben. Das Deck der Triere ragte an beiden Seiten über die Schiffswände hinaus und trug hier einen etwa mannsbreiten, d. h. etwa 0,6 m breiten Umgang — Parodos. Die Breite in der Wasserlinie muß hiernach zwischen 4,3 bis 4,6 m gelegen haben.

Der Tiefgang der Triere ist nirgends bestimmt angegeben. Man kann ihn nur mutmaßen. Er muß gering gewesen sein, weil die Trieren während ihrer Fahrten häufig auf den flachen Strand gezogen wurden. Es liegen auch geschichtlich verbürgte Tatsachen vor, daß Reiter, ja selbst gewöhnliche Fußsoldaten bei verschiedenen Gelegenheiten die am Meeresstrande im flachen Wasser schwimmenden Trieren bekämpften und eroberten. Der Tiefgang kann daher höchstens 1 m betragen haben und ist auch wohl kaum unter 0,9 m gegangen.

Die Verdrängung der Triere läßt sich nun aus dem durch Länge, Breite und Tiefgang gebildeten Parallelepipedon unter Zugrundelegung eines

Seitenansicht. 1 : 200.

Abb. 57.

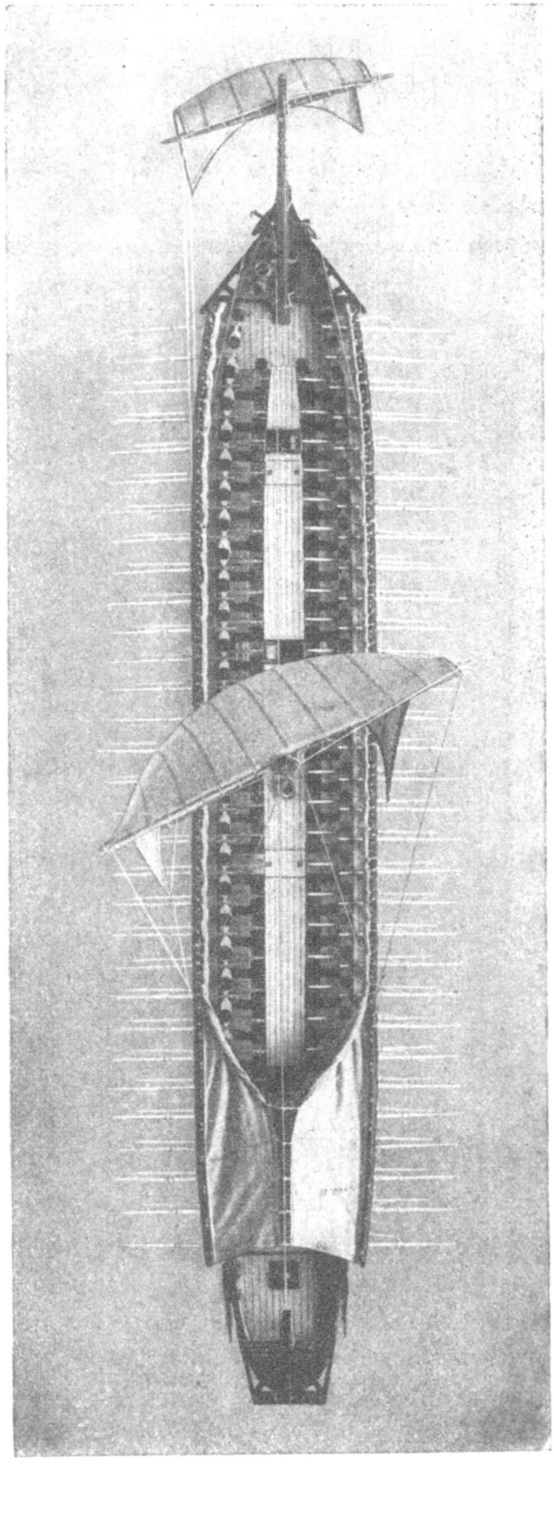

Abb. 58. Deckansicht. 1 : 200.

entsprechenden Völligkeitskoeffizienten berechnen. Der kleinste Völligkeitskoeffizient kann nicht unter 0,55 gewesen und dürfte höchstens bis auf 0,7 gestiegen sein. Es ergibt sich dann, daß die Verdrängung etwa zwischen 80 bis äußersten Falles 130 t betragen hat.

In der nachstehenden Tabelle sind die von den einzelnen Autoren angegebenen Hauptabmessungen zusammengefaßt, wobei sich herausstellt. daß sie, abgesehen von den Angaben Grasers, nicht sehr weit auseinander-

Vorderansicht. 1 : 200

Abb. 59.

liegen. Hierbei ist zu bemerken, daß Graser sich zwar vielfach geirrt hat. aber doch durch seine Arbeit die Aufmerksamkeit der neueren Schriftsteller auf die Trieren lenkte, und die im königlichen Museum in Berlin aufgestellten Modelle von zwei Penteren, einer aphrakten und einer kataphrakten und gleichzeitig katastromen, anfertigen ließ. — Dupuy de Lôme hat die Triere (Abb. 70) konstruiert, die Kaiser Napoleon III. im Jahre 1860 zu

Studienzwecken für das von ihm geschriebene Werk „Geschichte Julius Caesars" erbauen ließ und die Jal in seinem 1861 erschienenen Werk „La flotte de César" näher beschreibt. Es war eine kataphrakte Triere römischer Bauart, die also zum Vergleich mit den mehrere Jahrhunderte älteren attischen Trieren nur mittelbar benutzt werden kann. — Belamy hat das im Marine-Museum des Louvre in Paris befindliche Trierenmodell berechnet und konstruiert, und zwar nach den Forschungen und Feststellungen von

Hinteransicht. 1 : 200.

Abb. 60.

Admiral Serre. — Tenne gibt keine Angabe über den Völligkeitskoeffizienten. Ich habe ihn zu 0,6 angenommen und erhalte dann für seine Triere eine Verdrängung von 110 t. — Graser stellt für seine Hauptabmessungen die Verdrängung auf 232 t fest, woraus sich ein Völligkeitskoeffizient von 0,45 errechnet, also eine viel zu kleine und demnach unwahrscheinliche Größe.

	Haack[1]	Alexanderson[2]	Kopecky[3]	Tenne[4]	Dupuy de Lôme[5]	Belamy[6]	Graser[7]
Länge über alles	36,50 m	36,00 m	38,00 m	36,00 m	39,25 m	40,00 m	50,00 m
Länge in der Wasserlinie . .	35,00 m	—	36,00 m	34,00 m	37,00 m	37,94 m	46,75 m
Größte Breite . .	5,50 m	5,80 m	6,50 m	5,80 m	5,50 m	5,66 m	6,60 m
Breite in der Wasserlinie . .	4,27 m	4,00 m	4,50 m	3,57 m	4,30 m	4,40 m	4,40 m
Tiefgang	0,93 m	1,00 m	0,90 m	1,50 m	1,00 m	1,10 m	2,50 m
Völligkeitskoeffizient	0,58	—	0,65	0,60	0,59	0,70	0,45
Verdrängung . .	82,00 t	96,00 t	100,00 t	110,00 t	121,50 t	129,00 t	232,00 t

Meinem Modell habe ich die von Haack entworfene Form des Schiffskörpers (Abb. 62) zugrunde gelegt, weil Haack ein überall anerkannter und wohlerfahrener Schiffbauer war und auch sein Plan mit den schlanken Linien einem ausgesprochenen Ruderschiff durchaus entspricht. Leider hat Haack die Takelung des Schiffes nur ganz kurz gestreift und eine Riemenanordnung angenommen, die kaum als richtig gelten kann. Die Einzelabmessungen seines Linienrisses hat er nach dem Flachrelief der Akropolis bestimmt, von dem er feststellte, daß es, wie schon bei dem älteren Ägypterschiff erwähnt, in $^1/_{16}$ natürlicher Größe ausgeführt worden ist, womit er wohl das richtige getroffen hat, insofern als der attische Fuß in 16 Teile — Daktylos — geteilt wurde. Der von Haack angenommene Maßstab würde also dem noch heute vielfach angewandten sehr einfachen Verhältnis „1 Zoll = 1 Fuß" entsprechen. Er hat indessen nicht beachtet, daß das Relief die Triere nicht genau von der Seite darstellt, sondern etwas von vorn gesehen, was der Künstler nötig hatte, um die drei Reihen der Riemen deutlich zur Ansicht bringen zu

---

1) Haack: Zeitschrift des Vereins deutscher Ingenieure 1895, Seite 165.

2) Alexanderson: Den Grekiska Trieren, Lund 1914, Seite 54.

3) Kopecky: Die attischen Trieren, Leipzig 1890, Seite 60.

4) Tenne: Kriegsschiffe zu den Zeiten der alten Griechen und Römer, Oldenburg 1915, Seite 60.

5) Paris: Le musée de marine du Louvre, Paris 1883, Seite 10.

6) Belamy: Catalogue raisonné du musée de marine, Paris 1909, Seite 216.

7) Graser: De Veterum re navali, Berlin 1864, Seite 41.

können. Durch die Vernachlässigung dieses Umstandes ist Haack auch zu den von ihm schiefgestellten Unterstützungsknieen des Parodos verleitet worden, wovon später noch die Rede sein wird.

Das Louvre Trieren-Modell und die beiden Penteren-Modelle im königlichen Museum zu Berlin sind meines Wissens die einzigen Modelle, welche es bisher von diesen alten Fahrzeugen gegeben hat, denn weder in den englischen Museen in Kensington, Whitehall (United service Institute) und Greenwich (Naval Academy), in den an alten Schiffsmodellen reichen Marinemuseen in Madrid und Lissabon, noch in dem holländischen Rijksmuseum in Amster-

Grundriß eines attischen Boothauses. 1:500.

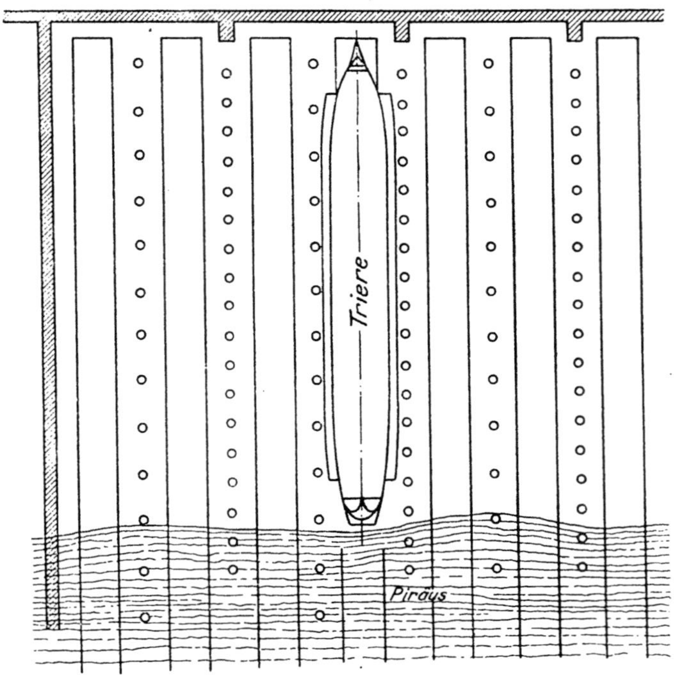

Abb. 61.

dam und in dem viele Galeerenmodelle aufweisenden Arsenalmuseum in Venedig habe ich ein Trierenmodell gesehen.

Bauart.

Die Trieren besaßen wie die alten Ägypterschiffe keine Spanten und wurden in der Art gebaut, wie jetzt noch Boote hergestellt werden, indem man eine Reihe von Mallen oder Leerspanten benutzte, in welche die wie beim

Linienriß der Triere. 1 : 200.

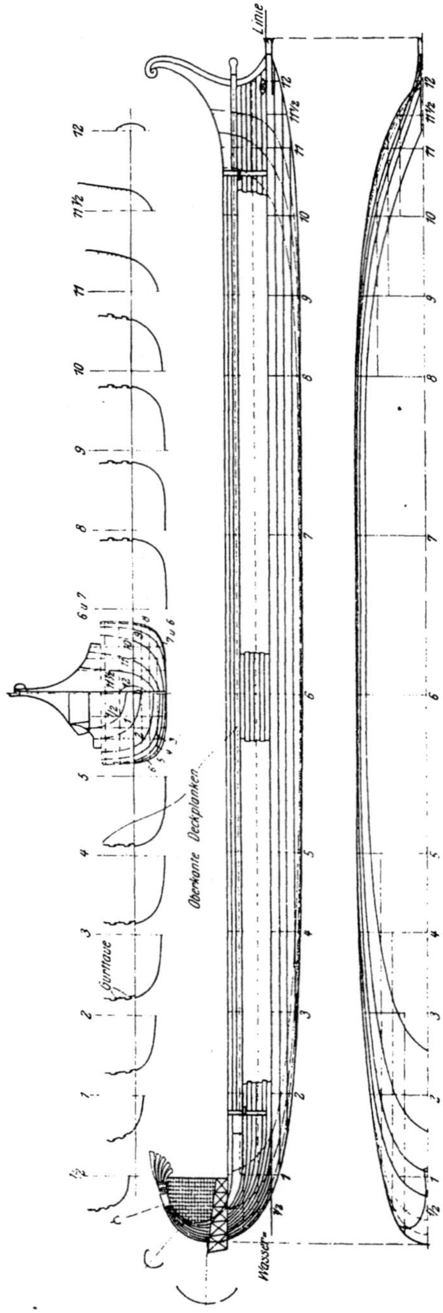

Abb. 62.

Karwelbau stumpf aufeinander stoßenden Schiffsplanken eingebogen und zunächst vorläufig an den Mallen angeheftet wurden. Das Biegen der Hölzer wurde über offenem Feuer vorgenommen. Die Befestigung der Planken untereinander geschah in derselben Weise, wie sie nach der Beschreibung von Herodot schon 2500 Jahre früher bei den alten ägyptischen Schiffen ausgeführt wurde und wie die dortige Abb. 18 zeigt, nur waren an Stelle der Dübel inzwischen Holznägel getreten, für welche zunächst in die hohen Kanten jeder Planke Löcher von etwa 25 mm Durchmesser gebohrt wurden. In die gegenseitig passenden Löcher des unteren und des darüber liegenden Plankenganges trieb man dann die Holznägel und verkeilte sie. (Abb. 63.) Die Verkeilung wurde hergestellt, indem man die Holznägel an ihren Enden aufspaltete. In diese Spalten steckte man Keile aus hartem Holz (Akazie, Schwarzdorn usw.) lose ein, welche sich später beim Zusammenpressen der Plankengänge auf den Boden der Bohrlöcher setzten und die Holznägel auftrieben. Damit die Keile die Planken selbst nicht auseinanderspalteten, wurden sie quer zur Längsfaser der letzteren eingesetzt.

Verbindung der Plankengänge.

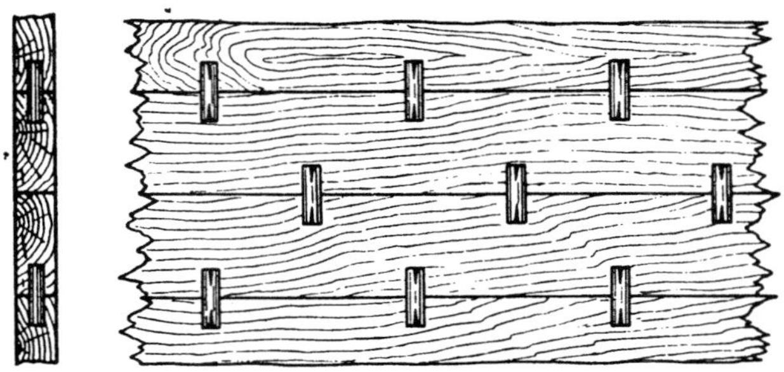

Abb. 63.

Im unteren Teil des Fahrzeuges (Abb. 73) waren Bodenstücke und als Abschluß des Schiffsraumes nach oben Deckbalken — Zyga — eingebaut. Der zwischen dem hierauf gelegten Deck und den ebenfalls eingedeckten Bodenstücken entstehende Raum hieß — Thalamos —. Die Deckbalken reichten über den eigentlichen Schiffskörper nach beiden Seiten hinaus und trugen auf ihren überstehenden Enden einen etwa mannsbreiten Umgang — Parodos —, der nach außen hin durch eine niedrige Reling abgeschlossen wurde. Die Stützen der Reling — Pyrguchoi — besaßen als oberen Abschluß eine breite Leiste — Pyrgidion —, woran nach außen Presenninge — Pararrymata — aus Haaren, also wohl wollene Stoffe, wie Tuch oder Filz, nach innen solche aus Leinewand befestigt waren. Nach Boeckh lieferten die Staatsmagazine für jede Triere vier Pararrymata, für jede Schiffsseite ein wollenes und ein leinenes, die so lang waren, daß sie sich über den von den Ruderern besetzten Schiffsteil — dem Enkopon — erstreckten. Gewöhnlich wurden die Pararrymata an dem Pyrgidion aufgerollt gefahren, während eines Gefechtes ließ man die äußeren wollenen herunter, um die oberen Ruderer gegen feindliche Geschosse, wie Schleuderbleie, Pfeile usw., zu schützen. Die inneren leinenen Pararrymata dienten zum Schutze gegen die Sonne, Regen usw. Sie wurden nach innen ausgespannt und mit Leinen an einem durchlaufenden Strecktau befestigt. In späterer Zeit trat bei den Trieren an die Stelle der äußeren Pararrymata ein festes Schanzkleid, sie wurden — kataphrakt — gebaut, während die attischen Trieren des 5. und 4. Jahrhunderts v. Chr. sämtlich — aphrakt — d. h. an den Seiten offen ausgeführt wurden. Die inneren Pararrymata ersetzte man bei den kataphrakten Trieren durch ein festes Deck — Katastroma —, welches dann wohl der eigentliche Kampfplatz wurde, während er bei den aphrakten Trieren durch den Raum vor und hinter dem Enkopon gebildet wurde. Haack irrt sich, wenn er die von ihm gezeichnete Triere eine kataphrakte nennt, während sie tatsächlich eine aphrakte ist.

Wie die alten Ägypter verwandten auch noch die Griechen bei ihren Trieren Gurttaue — Hypozomen —, die sie bei jeder Indienststellung um den Schiffskörper von vorn nach hinten herumlegten. Die Staatsmagazine lieferten für jede Triere nach Boeckh bei der Indienststellung bis zu 4 solcher Hypozomen. Die Hypozomen waren vorn im Schiffskörper befestigt, traten durch besondere Öffnungen aus dem Vorderteil heraus, wurden an den Schiffsseiten bis hinten herumgeführt, dort ebenfalls durch besondere Öffnungen in das Hinterteil gezogen, im Innern möglichst angespannt und dann belegt. Kam nun die Triere zu Wasser und durchfeuchteten sich die trockenen Gurttaue, so umschlossen sie durch die eintretende Verkürzung den Trierenkörper mit einer starken Spannung und erhöhten dadurch seine Festigkeit.

Äußerer Ausbau.

Das Vorschiff war so stark und widerstandsfähig gebaut, daß es Rammstöße aushalten konnte. Dieser ganze stärkere Teil des Vorschiffes hieß —

Steira. Aus ihm ragte (Abb. 62) unten ein Sporn — Embolon — hervor, der entweder mit Bronze oder Eisen beschlagen war. Vielfach hatte dieser Beschlag die Form eines wagerechten Dreizacks, von denen die eine Seitenzacke nach oben, die andere nach unten gebogen war, um beim Rammen ein recht großes Loch in die feindliche Schiffswand zu reißen. Über dem Embolon befand sich ein zweiter Sporn — Proembolon —, welcher beim Vorbeischeren einer Triere an einer anderen deren Riemen zerstören sollte. Trotz dieser von allen alten Schriftstellern angegebenen Erklärung für das Vorhandensein des Proembolons scheint mir dessen Hauptzweck doch ein anderer gewesen zu sein. Ich glaube, daß das Proembolon eines rammenden Schiffes verhindern sollte, sein Embolon zu tief in das gerammte Fahrzeug eindringen zu lassen, damit es nachher ohne allzugroße Schwierigkeiten durch Rückwärtsrudern von seinem Gegner wieder freigemacht werden konnte. Auch das Proembolon war meistens mit einem bronzenen oder eisernen Beschlag versehen.

Zwischen beiden Sporen lag das Auge — Ophtalmos —, ein durch die festen Hölzer des Vorschiffes gebohrtes Loch von etwa 10 cm Durchmesser. Durch dieses Loch wurde ein starkes Tau gezogen, welches mehrere Trieren miteinander verband und dazu diente, das Durchfahren der Schlachtlinie seitens feindlicher Schiffe zu verhindern. Auch wurden auf diese Weise Hafeneinfahrten blockiert. Der über das Proembolon nach oben weiter laufende Vorsteven hieß — Stolos. Er endete oben in dem — Akrostolion —, das verschiedenartig ausgeführt wurde und als Verzierung des Vorschiffes diente.

Das Hinterschiff wurde ohne den heutigen Hintersteven gebaut. Der Schiffskörper lief vom Boden löffelartig bis zum Schandeckel hinauf. Eine Verlängerung davon erhob sich über diesen hinaus und endigte in einer nach vorn gerichteten — Aphlaston — genannten Verzierung. An das Aphlaston schloß sich gewöhnlich eine leichte Bedachung, unter der sich der Trierarch aufhielt. Das Hinterteil des Schiffes trug eine galerieartige Reling, welche wohl als Schutz für das Aphlaston bei Zusammenstößen zu denken ist.

An jeder Seite des Hinterschiffes war ein Steuerruder — Pedalion — mit seinem Schaft derartig angebracht, daß es durch eine Ruderpinne gedreht werden konnte. Es ist möglich, daß die beiden Ruderpinnen durch eine Verbindung von einem Rudergänger gleichzeitig bewegt werden konnten, dies wird indessen vielfach angezweifelt, so daß zwei Rudergänger vorhanden sein mußten. Auf dem Hinterdeck war auch der Platz

Segelriß der Triere.
1 : 200.

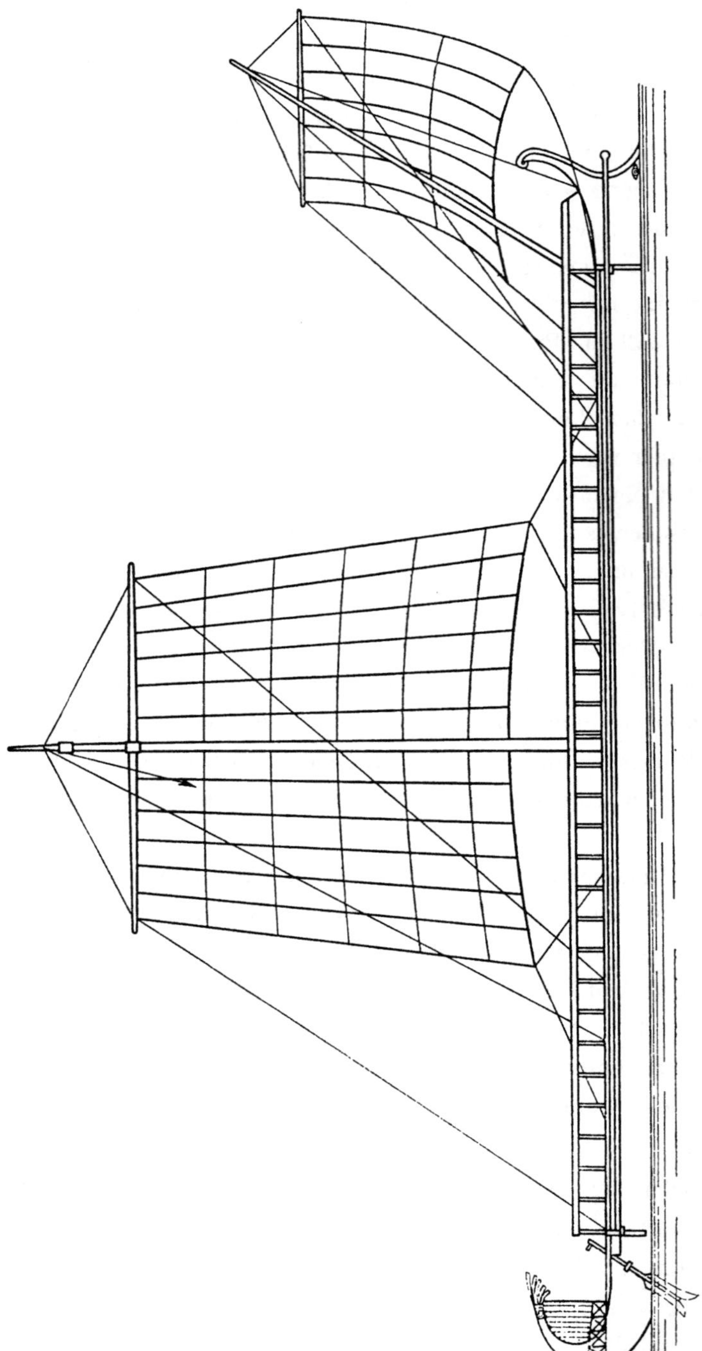

Abb. 64.

für den Befehlshaber der Triere — den Trierarchen. Er stand so hoch, daß er die Ruderer übersehen konnte und die Wasserfläche vor dem Schiff im Auge hatte.

Takelung.

Die Trieren hatten zwei Masten, einen Hauptmast — Histos megas —, der etwa in der Mitte der Triere stand, und einen kleineren Mast — Histos akateios —, der im Bug nach vorn geneigt, eingesetzt war. Es läßt sich annehmen, daß der Hauptmast ein größeres und schwereres Segel trug, während der Vormast ein ähnliches aber kleineres und leichteres Segel besaß, wie es heute noch der Fall ist, wo das Großsegel aus dichterem Stoff besteht als die Vorsegel. (Abb. 64.) Beide Segel wurden je an einer Ra gefahren. Über die Segel bestehen verschiedene Anschauungen, manche machen die vorstehende Anahme, der ich gefolgt bin, manche glauben, daß man für jeden Mast zwei Segel, ein gröberes für schwereres, und ein leichteres für gutes Wetter, an Bord hatte. Boeckh übersetzt aus den Urkunden, daß jede Triere ein gröberes und ein feineres Segel aus den Staatsmagazinen erhielt, daß aber das feinere nicht regelmäßig mitgeliefert wurde, so daß die Trieren dann nur ein Segel benutzen konnten, wenn nicht der Trierarch aus eigenen Mitteln das zweite Segel beschaffte.

Das Segeltuch stellten die Griechen aus Leinen her. Die Segel waren aus einzelnen, gegenüber den Ägypterschiffen aber schon senkrecht verlaufenden Kleidern gefertigt, und diese wagerecht aus mehreren Stücken zusammengenäht. Dadurch erscheinen die Segel auf den alten Abbildungen immer schachbrettartig gefeldert, wie Abb. 65 zeigt. Die Liecke der Segel waren mit Leder oder Häuten, am meisten Seehundsfell umnäht, auch die Stellen der Segel, die dem Schamfielen ausgesetzt waren, benähte man in ähnlicher Weise. Daß man aber alle Nähte der Segel mit Leder- oder Hautstreifen besetzt haben sollte, wie auch Breusing behauptet, halte ich nach den Ausführungen Kopeckys für unmöglich, weil ein solches naß gewordenes und nachher wieder getrocknetes Segel wegen der eintretenden Steifheit des Leders unhandlich sein würde. Viel wahrscheinlicher ist es, daß man die Kleider und ihre einzelnen Stücke mit übereinander liegenden Rändern, wie man heute sagt, „mit englischer Naht“ zusammengenäht hat.

Die Masten waren nach hinten durch Pardunen abgesteift. Die mittels eines Falles — Chalinon — an den Masten aufgeheißten Raen

— Keraiai — wurden durch ein sie umschlingendes aus zwei Tauen bestehendes Rack — Agkoina — an ihnen festgehalten. Die jetzt gebräuchlichen Holzkugeln soll dieses Rack auch schon besessen haben. Die Raen waren an ihren Nockenden mit Brassen — Yperai — versehen und hatten Toppnanten — Imantes —, wie B o e c k h aus den Urkunden folgert. An ihren oberen Enden trugen die Segel auf jeder Seite ein Nockohr zum Befestigen an der Ra, an den unteren ein Schothorn zum Einbinden der Schoten. Reffvorrichtungen, wie wir sie heute haben, kannten die Griechen nicht, dagegen soll es Taue — eine Art von Gordingen — gegeben haben, mittels deren man das Segel von unten aus in Falten legen konnte, um seine Fläche zu verkleinern.

Aus der Sammlung Borghese.

Abb. 65.

Für die Belegung des laufenden Gutes sollen nach B r e u s i n g schon an der Reling befestigte Nagelbänke mit den noch heute gebräuchlichen Kavielnägeln — Peronai — vorhanden gewesen sein. Sicher ist, daß es Belegklampen gab, wie sie schon die alten Ägypter benutzten, weshalb ich in dem Modelle die Brassen und Schoten zu solchen Klampen an der Reling führte, für die Falle und Toppnanten indessen an den Masten Belegklampen anordnete, weil anzunehmen ist, daß man die Ruderer durch Tauwerk nur so weit belästigt hat, als unumgänglich nötig war.

Der Großmast wurde meistens nicht an Bord genommen und mitunter vor der Schlacht als unnützer Ballast an Land gebracht. Er war zum Umlegen eingerichtet. Leider haben uns die alten Schriftsteller nicht genau mitgeteilt, wie dies ausgeführt war. Jedenfalls muß das Niederlegen und Aufrichten des Mastes, besonders auf See, Schwierigkeiten verursacht haben, wodurch es sich erklärt, daß, wie die Abb. 56 zeigt, der vordere Mast mit dem kleinen Segel fast nur allein benutzt wurde, behinderte doch auch sein Tauwerk die Ruderer viel weniger als das des großen Mastes. Da die Umlegevorrichtung des großen Mastes nirgends genauer beschrieben ist, habe ich eine Rekonstruktion nicht versucht, sondern den Mast feststehend in das Modell eingesetzt. Weil die Masten, wie bei den Ägypter-Schiffen, keine Wanten besaßen, also auch keine seitlichen Beanspruchungen vertrugen, konnten die Trieren nur mit achterlichen Winden segeln.

Besatzung.

Die Besatzung einer Triere zählte rund 200 Köpfe und bestand aus dem Befehlshaber mit seinen Offizieren, den Kriegern und den Ruderern.

Der Befehlshaber oder Trierarch war ein wohlhabender, mit dem Seewesen wohl vertrauter Athener, welchem der Staat das Schiff und einen Teil der Ausrüstung übergab, und dem er auch den Sold und die Kosten der Verpflegung für die Mannschaft ersetzte. Alle übrigen Unkosten, wie für kleinere Ausrüstungsstücke usw. hatte der Trierarch aus seiner Tasche zu bezahlen. Boeckh führt an, daß es mangels solcher wohlhabenden Leute vorgekommen ist, daß die Athener dem Trierarchen einen oder zwei, ja sogar drei — Syntrierarchen — an die Seite stellten, die sich dann in die Kosten der Indiensthaltung teilten. Der eigentliche Befehlshaber war aber stets der erste Trierarch.

Die an Bord eingeschifften Krieger, schwer bewaffnetes Fußvolk — Epibaten — genannt, sind wohl unseren heutigen Seesoldaten vergleichbar. Ihre Zahl betrug entsprechend dem geringen vor und hinter dem Enkopon auf Vor- und Hinterschiff verbleibenden Raum für jede Triere nach Plutarch nur 18 Mann, worunter vier Bogenschützen waren. Sie bildeten in den Seeschlachten, bei Landungsunternehmungen usw. den Kern der Kämpfenden und wurden je nach Umständen durch einen Teil der Ruderer verstärkt.

An Ruderern befanden sich rund 170 an Bord. Die Zahl der wirklich Tätigen kann keine feststehende gewesen sein, weil schon damals wie heute Ausfälle durch Kranke, Bestrafte, Beurlaubte, Ausreißer usw. vorkamen. Die Ruderer selbst zerfielen nach dem Platz, auf welchem sich ihr Sitz befand, in drei Klassen: Thraniten, Zygiten und Thalamiten.

Die Thraniten saßen auf dem Deck der Triere auf einer Bank — Thranos — dicht neben dem seitlichen Umgang — Parodos —. Unter den Ruderern erhielten sie den höchsten Sold und mußten dafür mit den Kriegern — den Epibaten — bei Landungsunternehmungen und den später anschließenden Landschlachten kämpfen. Sie bildeten den körperlich rüstigsten Teil der Rudermannschaft und genossen auch unter dieser eine bevorzugte Stellung. Breusing ist der Ansicht, daß die Thraniten die eigentlichen Seeleute der Triere gewesen sind. Geschichtlich steht hierüber nichts fest. Ich kann mich dieser Breusingschen Ansicht nicht anschließen, weil die Thraniten mit in den Kampf zogen und die in Häfen oder auf Reeden liegenden Trieren dann aller Seeleute beraubt gewesen wären, so daß sie unter Umständen nicht auf das freie Meer oder in Aufnahmehäfen hätten gerettet werden können, wenn die Landungsmannschaft geschlagen und eine rechtzeitige Flucht der Flotte nötig wurde.

Die Zygiten hatten ihre Sitze auf Deck zwischen den einzelnen Deckbalken und haben hiervon ihren Namen; denn der Deckbalken hieß — Zygon —. Aus welchen Leuten sich die Zygiten zusammensetzten, ist nirgends gesagt, während dies von den Thraniten und Thalamiten bekannt ist. Im Widerspruch zu Breusing bin ich der Meinung, daß unter den Zygiten viel eher die Seeleute zu suchen sind als unter den Thraniten, die, als zur kämpfenden Truppe gehörend, wahrscheinlich zu vornehm waren, um die eigentlichen Schiffsarbeiten, wie Segelbedienung, Ankermanöwer usw. auszuführen. Wenn die Not es erforderte, mußten übrigens auch die Zygiten mit in den Kampf ziehen.

Die Thalamiten waren in dem unter Deck liegenden Schiffsraum — Thalamos — untergebracht. Sie wurden am schlechtesten gelöhnt und bestanden aus Unfreien, die man in Lakedämon — Heloten — nannte. Es befanden sich unter ihnen auch nachweislich Kriegsgefangene, Sklaven usw., wie sie in späteren Jahrhunderten die Rudermannschaft der Galeeren bildeten. Es steht fest, daß die Thalamiten lediglich zum Rudern an Bord waren und auf diesen Umstand begründe ich deshalb meine Ansicht über die Verwendung der Zygiten als Seeleute.

Selbstverständlich mußten auf den Trieren bei einer Besatzung von 200 Mann, wovon 18 Soldaten und 170 Ruderer waren, außer dem Trierarchen noch Offiziere eingeschifft sein. Sie sind unter den 11 Leuten zu suchen, die nach Abzug der vorangeführten 189 Personen noch von den 200 Mann übrig bleiben.

Die Offiziere bestanden aus dem I. Offizier — Kybernetes —, der dieselbe Stelle inne hatte, wie sie jetzt noch von einem solchen bekleidet wird. außerdem hatte er aber auch die Obliegenheiten des heutigen Navigationsoffiziers zu erfüllen. Ihm folgte der auf dem Vordeck stehende II. Offizier — Proreus —, der die Segelbedienung, den Ausguck, das Loten usw. überwachte. Nun kamen drei Pentekontarchen, nach unseren Begriffen Zahl- oder Proviantmeister, die für die Verpflegung sorgen mußten. Hinzu trat noch der Keleustes, der durch ein kurzes Kommando oder durch einen Hammerschlag das gleichzeitige Einsetzen der Riemen beim Beginn jedes Schlages zu veranlassen hatte. Die gesamte Mannschaft war ferner aus disziplinarischen Gründen in zwei Hälften geteilt, einer Steuer- und einer Backbordhälfte, die jede einem besonderen Offizier — Toicharchos[1]) — unterstand. Mit unserer heutigen Steuer- und Backbordwache hatte diese Einteilung aber nichts zu tun.

Riemenanordnung nach dem Akropolis-Modell.

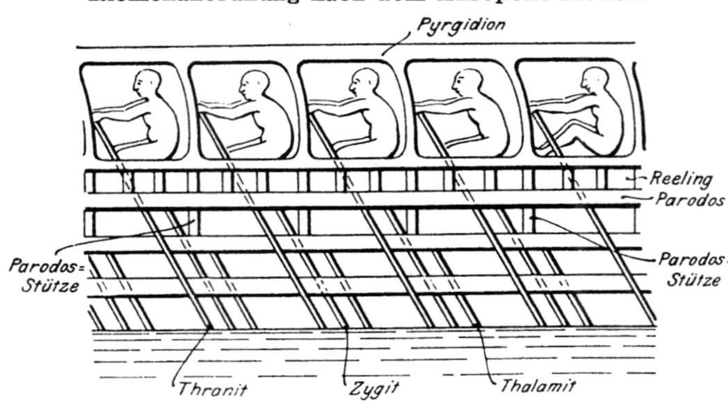

Abb. 66.

Anzunehmen ist, daß die aus altgedienten Mannschaften erwählten, das Steuern besorgenden Leute eine gehobene Stellung, etwa wie die heutigen Maaten, eingenommen haben. Endlich befand sich noch ein Koch an Bord, der aber ebenso wie der Flötenbläser — der Trieraules — zur Mannschaft gehörte. Der Flötenbläser mußte unablässig eine Melodie von ausgeprägtem Rhythmus spielen — das Trierikon —, dessen Klänge die Ruderarbeit taktmäßig begleiteten.

[1]) E. Luebeck, Das Seewesen der Griechen und Römer. Hamburg 1891, S. 26.

Riemenanordnung.

Breusing[1]) vertritt die Ansicht, daß die Ruderschiffe der Alten, abgesehen von den Moneren, wohl die Einrichtung, also auch die Sitze der Ruderer, für die Unterbringung mehrerer übereinander liegender Reihen von Riemen besaßen, bei den Trieren deren drei, Penteren fünf usw., daß aber nur jeweils eine Reihe von Riemen benutzt wurde, und zwar bei glatter See die unteren, bei hochgehender See die oberen. Dagegen sprechen aber nicht bloß das Trierenrelief der Akropolis, das in einzelne Linien aufgelöst, etwa wie Abb. 66 aussehen würde, sondern auch eine Reihe von gewichtigen anderen Gründen, und die neueren von mir aufgeführten Arbeiten über die Trieren kommen alle darin überein, daß man ganz bestimmt bei Wettfahrten, Paraden und Besichtigungen, mit größter Wahrscheinlichkeit auch in den Seeschlachten, mit drei Riemenreihen gerudert hat, schon weil die Trieren, um zu rammen, die denkbar größte Geschwindigkeit entwickeln mußten. Nachweislich hatte man an Land besondere Einrichtungen — Rudergerüste —, in denen die Zusammenarbeit der Ruderer geübt wurde. Es geht ferner aus verschiedenen Stellen der alten Schriftsteller hervor, daß gutes und geschicktes Zusammenrudern der Trierenmannschaft eine Kunst war, die nur durch längere Übung erreicht werden konnte.

Man neigt heute zu der Ansicht, daß nur bei beschleunigten Seereisen mit zwei Riemenreihen gerudert worden ist, mithin zwei Drittel der Mannschaft Dienst hatte und ein Drittel ruhte. Bei gewöhnlichen Reisen war nur eine Riemenreihe in Betrieb, und es ist wohl anzunehmen, daß nur die Thalamiten allein gerudert haben, vielleicht abwechselnd mit den Zygiten, denn die Thraniten hat man sicherlich geschont, um sie möglichst kampftüchtig zu erhalten.

Ob die Thranitenbänke aus einzelnen kurzen Querbänken oder auf jeder Schiffsseite aus einer Längsbank bestanden, ist nicht bekannt. Ich glaube, daß es eine Längsbank gewesen ist, weil diese den Bau des Fahrzeuges viel einfacher gestaltet als die vielen einzelnen Querbänke. Um ein glattes Deck herzustellen, konnte man auch die Längsbänke, die aus einzelnen Stücken zusammengesetzt sein mußten, leichter entfernen, als viele kleine Querbänke. Tenne ist der Ansicht, daß die Thraniten ebenso wie die Zygiten direkt auf Deck gesessen haben. (Abb. 71.) Widerspricht dies schon dem Namen Thranos, worunter eine Bank verstanden wurde, so führt die Annahme auch

[1]) A. Breusing, Die Lösung des Trierenrätsels. Bremen 1889.

zu einem unwahrscheinlich schmalen, dafür aber zur Erzielung der nötigen Verdrängung viel zu tief gehenden Schiffskörper.

Die Zygiten hatten ihre Sitze auf den Deckbalken (Zyga). Wie diese Sitze beschaffen waren, wissen wir nicht. Bekannt ist nur, daß die Zygitensitze aus dem Schiff entfernt wurden, wenn es nach der Außerdienststellung aufgeschleppt und in das Boothaus gestellt wurde. Sie wurden in den Magazinen getrennt aufbewahrt und erst bei der Indienststellung wieder an Bord gebracht. Wahrscheinlich geschah dies, um durch die vielen Unterbrechungen im Deck, die durch die herausgenommenen Zygitensitze entstanden, möglichst viel Luft in das Schiffsinnere gelangen zu lassen, was für die Erhaltung der Innenhölzer nötig war. Thukydides erzählt: Als der spartanische Heerführer Brasidas im peloponnesischen Kriege beschlossen hatte, athenische Trieren zu überfallen und zu erobern, befahl er seinen Leuten, ihre Zygitensitze mitzunehmen, für den Fall, daß die Athener die ihrigen noch im letzten Augenblick entfernt haben sollten. Wahrscheinlich bestanden die Zygitensitze aus leichten hölzernen Kästen, die sich zwischen den Deckbalken einhängen ließen.

Die Thalamiten waren auf Querbänken im Schiffsraume untergebracht. Dieser Raum war sehr niedrig und konnte von Oberkante Fußboden bis Unterkante Deck 1,20 m bis höchstens 1,50 m Höhe haben. Hiervon ging noch die Höhe der Deckbalken mit etwa 15—20 cm ab. Die Thalamiten saßen aber zwischen den Deckbalken, so daß sie über ihren Köpfen bei aufrechter Haltung etwa 30—40 cm Zwischenraum hatten. Die Thalamiten gelangten in den unteren Raum durch Niedergänge. Wie viele deren waren, wissen wir nicht. Boeckh führt in den Urkunden nur an, daß für jede Triere zwei hölzerne Leitern oder Treppen — Klimaxides — geliefert wurden, zweifellos wohl für die Niedergänge. Ich habe der ausgiebigeren Lüftung wegen vier Niedergänge angenommen, welche durch Kappen verschließbar sind. Nur durch die geöffneten Luken ließ sich das nötige Licht und vor allen Dingen die erforderliche Luft in den unteren Schiffsraum einführen. Um die Beleuchtung des Thalamos möglichst ausgiebig zu machen, konnte man in die Seitenwände der Zygiten-Sitzkästen, wie ich es angedeutet habe, auch noch Löcher einschneiden. Ein angenehmer Aufenthalt kann der Thalamos, in dem man gebückt gehen mußte, besonders bei den im Mittelmeer herrschenden Sommertemperaturen niemals gewesen sein.

Boeckh hat aus den Seeurkunden festgestellt, daß die Anzahl der dem Trierarchen bei der Indienststellung seiner Triere aus den Staatsmagazinen gelieferten Riemen eine schwankende gewesen ist, weil unter den auf Lager befindlichen Riemen immer eine Anzahl nicht „probehaltiger“ war. Als die regelmäßige Anzahl der Riemen nimmt Boeckh 62 thranitische, 54 zygitische und 54 thalamitische an, das ergibt zusammen die schon vorerwähnten 170 Ruderer. In dem Modell habe ich 62 thranitische, 56 zygitische und 58 thalamitische Riemen untergebracht. Die zwei Zygiten und vier Thalamiten, die gegen Boeckhs Angaben mehr vorhanden sind, habe ich nur deswegen angeordnet, um zu zeigen, daß sie sich noch bequem setzen lassen.

Außer den für den regelmäßigen Gebrauch bestimmten Riemen lieferte der Staat für jede Triere noch 30 — Perineo — Riemen, welche Boeckh als Ersatzriemen ansieht. Nur von diesen ist aus den Urkunden bekannt, daß sie 9 und 9½ attische Fuße lang waren, d. h. 4,123 bezw. 4,393 m. Von den anderen Riemen ist über die Länge nichts angegeben. Die einzelnen Schriftsteller nehmen sie deshalb je nach den Sitzen, die sie den Ruderern anweisen, verschieden lang an.

	Thraniten	Zygiten	Thalamiten
Graser	4,24 m (1:3)	3,30 m (1:3)	2,35 m (1:3)
Haack	4,39 m (1:3)	4,12 m (1:3)	2,55 m (1:3)
Modell	4,40 m (1:3)	4,40 m (1:3)	2,80 m (1:3)
Tenne	4,43 m (1:3)	4,43 m (1:3)	2,55 m (1:3)
Kopecky	6,00 m (1:3)	5,50 m (1:4)	4,00 m (1:4)
Dupuy de Lôme	7,00 m (1:4)	5,50 m (1:4)	4,20 m (1:4)
Breusing	7,31 m (1:4)	4,87 m (1:4)	2,43 m (1:4)

Zu der Tabelle sei bemerkt, daß im deutschen Ruderverband[1]) für Wanderruderboote, die sich, was die Höhe der Ruderdollen über der Wasserlinie anbelangt, mit den Thalamitenriemen vergleichen lassen, Riemen von 3,4 m bis 3,8 m Länge, mit einem Verhältnis des inneren Schaftes zur ganzen Riemenlänge von rund 1 : 3 im Gebrauch sind. Nach den Annahmen der Autoren ist dieses Verhältnis in der Tabelle den einzelnen Riemenlängen in Klammern zugefügt.

Aus welchen Holzarten die Riemen hergestellt wurden, ist nicht bekannt, ihre Form läßt sich aber aus den uns überlieferten Abbildungen ungefähr bestimmen.

[1]) Dr. Oscar Ruperti, Übungs- und Wanderboote, Berlin 1912, S. 64.

Die Dollen für die Thranitenriemen waren auf dem den Umlauf — Parodos — begrenzenden äußeren Balken angebracht. Die Dollen für die Zygitenriemen befanden sich auf dem Schandeckel und als Dollen für die Thalamitenriemen waren Öffnungen in die Schiffswand geschnitten. Da diese Öffnungen sich nur wenig über der Wasseroberfläche befanden, so mußten sie gegen das Eindringen von Wasser in das Schiffsinnere besonders bei bewegter See geschützt werden. Dies geschah dadurch, daß vor ihnen an der äußeren Schiffswand kurze lederne Schläuche oder Stulpen — Askomen — angenagelt waren, welche den Schaft der Riemen umfaßten. Alle Riemen waren mit Bändseln versehen, welche einerseits an ihrem Schaft, andererseits

Weg des Riemenblattes im Wasser.

e—s—a

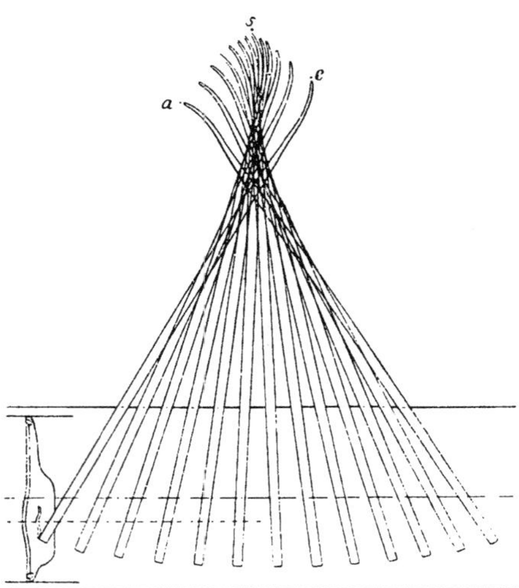

Abb. 67.

am Schiffskörper befestigt waren und es verhindern sollten, daß ein Riemen in das Wasser hinabgleiten konnte, falls er durch Zufall oder irgendeine Störung von dem Ruderer losgelassen wurde.

Ruderarbeit.

Für die Beurteilung der Arbeit der Ruderer ist zunächst daran festzuhalten, daß ein Riemen als einarmiger Hebel wirkt, der seinen Stützpunkt im Wasser hat. Er hat das Bestreben, um die Dolle als Mittelpunkt einen Kreisbogen zu beschreiben. Da dieser Mittelpunkt entsprechend der Geschwindigkeit des Bootes fortschreitet, müßte sich das Riemenblatt auf einer Ellipse bewegen, wenn sich nicht der Widerstand des Wassers und die Geschwindigkeit des Bootes in jedem Augenblick des Riemen-Durchzuges änderten. Abb. 67 stellt den Weg des Riemenblattes in einem Doppelgigvierer mit festen Sitzen dar, das als Wanderruderboot benutzt wird und auf den sich auch die Bemerkung unter der Tabelle über die Riemenlängen bezieht. Beim Eintritt e wird das Riemenblatt gegen das Wasser gepreßt und erteilt ihm eine bestimmte Bewegung. Dann geht das Blatt bis zu dem Punkte s, in dem es rechtwinklig zur Längsachse des Bootes steht, durch ruhendes Wasser. Von diesem Scheitelpunkte ab kehrt es in bereits bewegtes Wasser zurück, bis es im Punkte a ausgehoben wird. Die gradlinige Entfernung e—a stellt den Weg dar, den das Blatt nutzlos durch das Wasser gleitet, den Schlip.

Nach dieser allgemeinen Darstellung läßt sich beurteilen, ob es möglich ist, mit den auf drei Reihen verteilten und gleichzeitig benutzten verschieden langen Riemen Schlag zu halten. Dies ist zu bejahen, wenn bei allen Riemen das gleiche Verhältnis der inneren Schaftlänge zu der ganzen Riemenlänge vorhanden ist, wenn alle Riemen bei jedem Schlage gleichzeitig eingesetzt und mit ein und derselben Geschwindigkeit durchgezogen werden. Da nun die Ruderer mit den längsten inneren Riemenenden um die Dollen den größten Weg beschreiben und die mit den kürzesten den kleinsten, so folgt daraus, daß die letzteren gezwungen waren, wenn sie ihren Schlag ausgezogen hatten, eine Pause einzuhalten, um mit den anderen Ruderern wieder in Takt zu kommen. Wenn also die Thraniten und Thalamiten (die Zygiten sollen zunächst beiseite gelassen werden) ihren Schlag begannen, gleichzeitig einsetzten und mit gleicher Geschwindigkeit durchzogen, so mußten die Thalamiten am Ende ihres Schlages ihre Riemen aus dem Wasser heben und auf ihrem Platze still sitzen. Die Thraniten führten ihren Schlag zu Ende und fingen nun an, bei ausgehobenen Riemen mit ihrem Oberkörper nach vorn zu schwingen, d. h. von ihrem Körper aus gedacht, im Schiff schwingen sie tatsächlich nach hinten. Wenn hierbei ihre Riemen mit denen der ruhenden Thalamiten in eine Richtung kamen, mußten die Thalamiten auch anfangen nach vorn zu schwingen und zwar so lange, bis sie ihre äußerste Auslage erreicht hatten, darauf mußten sie nochmals still sitzen, bis die Thraniten ebenfalls ganz ausgeschwungen hatten. Dann setzten beide Ruderreihen wieder gleichzeitig zum neuen Schlage ein. Nur auf diese Weise konnte der unbedingt nötige Rhythmus erzielt werden.

Hatten nun die Zygitenriemen eine Länge, welche zwischen der des Thraniten- und Thalamiten-Riemens lag, so mußten auch diese, wie die Thala-

Trieren-Querschnitte

1 : 60

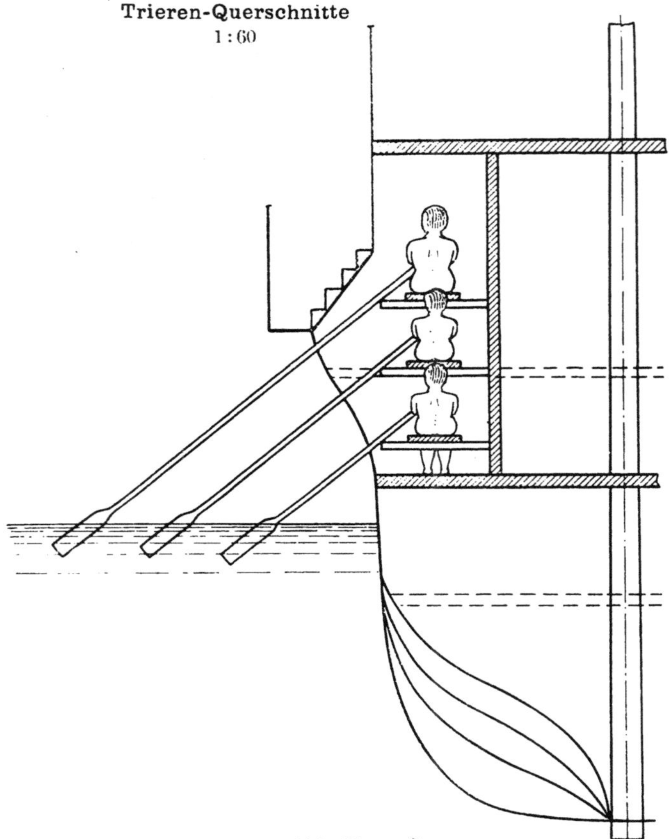

Abb. 68. Graser.

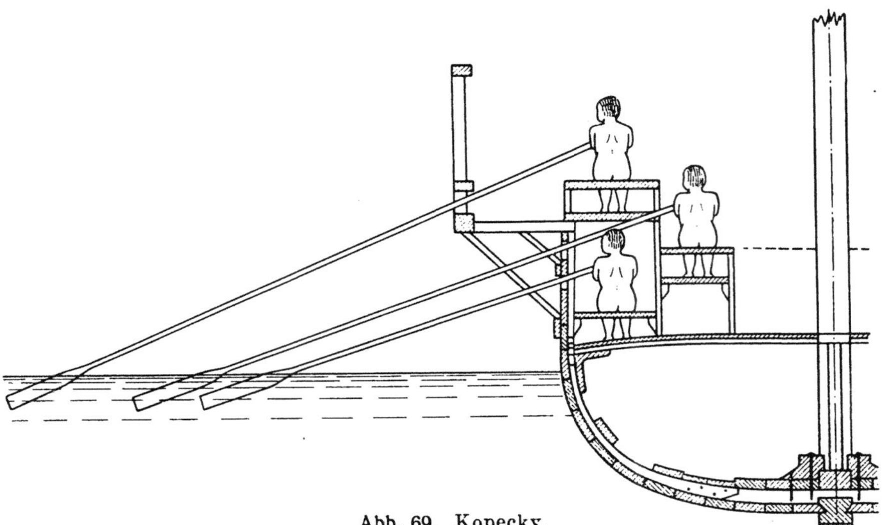

Abb. 69. Kopecky.

Quer- und Längsschnitte. 1 : 60

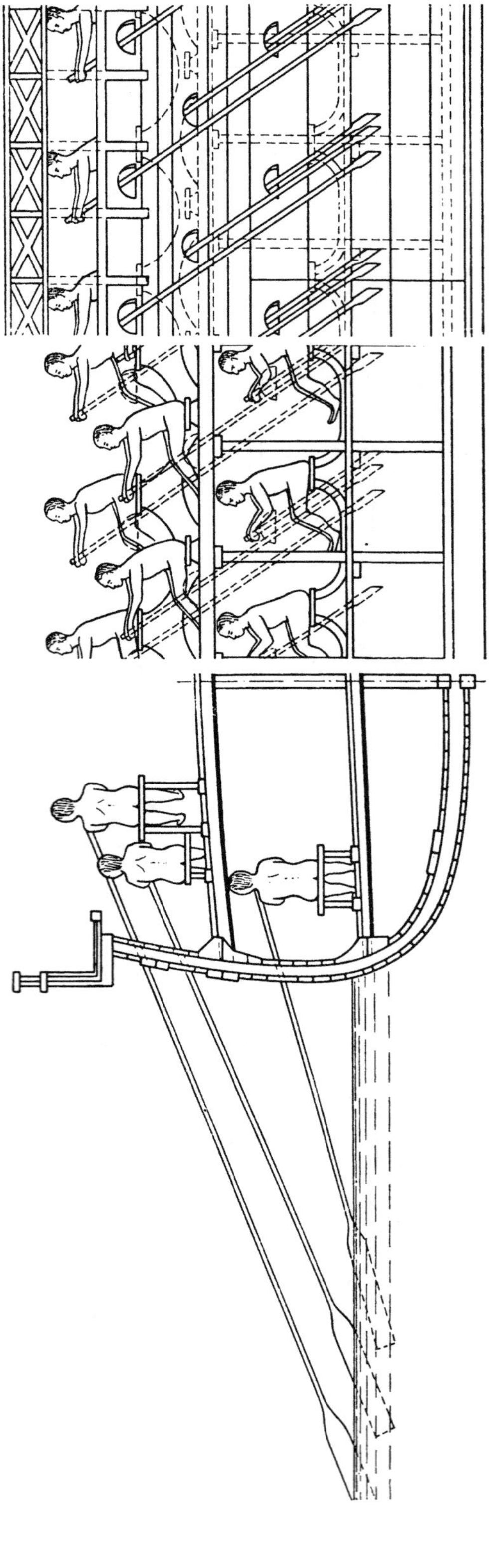

Abb. 70. Dupuy de Lôme.

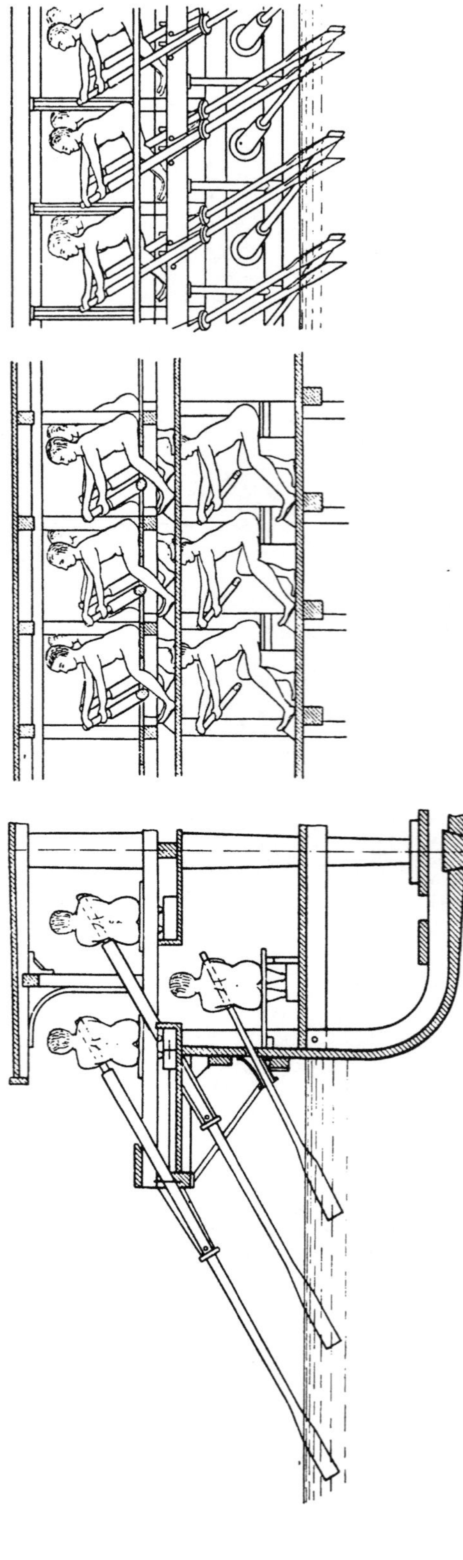

Abb. 71. Tenne.

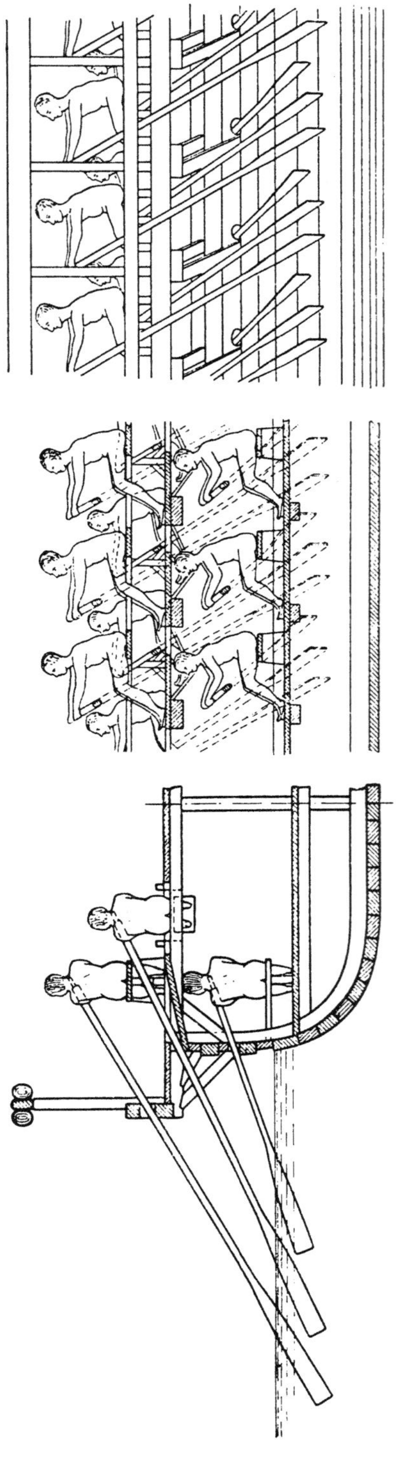

Abb. 72. Haack.

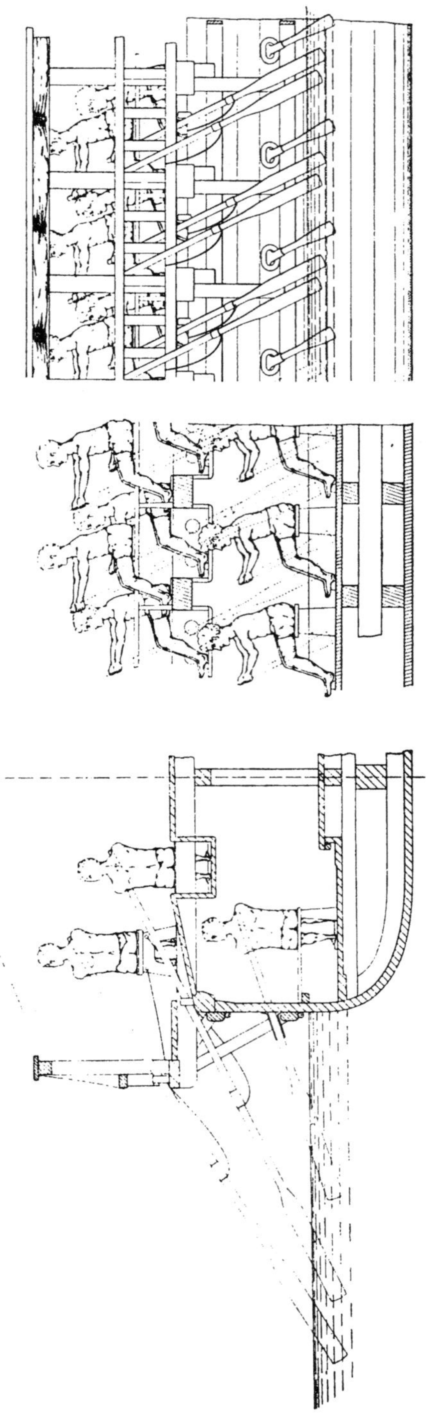

Abb. 73. Modell.

miten, bei jedem Schlage eine Zeit still sitzen, die allerdings um so viel kürzer ausfiel, als der innere Schaft des Zygiten-Riemens länger war, wie der des Thalamiten-Riemens. Diese verschiedene Riemenlänge machte selbstverständlich die unbedingt nötige Zusammenarbeit der Ruderer sehr schwierig, und es bedurfte ganz bestimmt einer langen Übung, ehe eine solche Trierenmannschaft so sicher eingerudert war, daß sie in der Seeschlacht erfolgreich Rammstöße ausführen konnte.

Wie die ganze Bauart der Triere zeigt, waren die Griechen praktisch wohlerfahrene und sehr überlegte Schiffbaumeister. Es ist nun nicht recht einzusehen, daß sie sich bei den 170 vorschriftsmäßigen Riemen, die zu jeder Triere gehörten und bei den oft mehr als 300 Trieren, die der attische Staat besaß, also bei weit über 50 000 in den Magazinen befindlichen Riemen andere als die unbedingt nötigen verschiedenen Riemenlängen geschaffen haben sollten. Da wir die richtige Länge der Thraniten- und Zygiten-Riemen nicht kennen, so läßt sich vermuten, daß beide gleich lang gewesen sind, so daß sie im Notfalle gegenseitig vertauschbar waren. Gegen diese von mir angenommene gleiche Riemenlänge (Abb. 73) spricht auch nicht der Umstand, daß es nach den Seeurkunden besondere Thraniten- und Zygiten-Riemen gegeben hat. Wahrscheinlich führten die Thraniten, die körperlich rüstigsten Ruderer, stärkere Riemen, d. h. solche mit breiteren Blättern, als die Zygiten. Wenn nun die Thraniten und die Zygiten, also die beiden oberen Ruderreihen mit gleich langen Riemen versehen waren, deren innere Längen von den Dollen an gerechnet, ebenfalls die gleichen waren, so konnten die Thraniten und Zygiten, wie mir von Autoritäten auf dem Gebiete der Ruderei versichert worden ist, unter allen Umständen miteinander Schlag halten. Bedenkt man nun, daß die Thalamiten, die lediglich als Ruderknechte benutzt wurden, jahraus jahrein auf ihrer Ruderbank saßen, so kann man sich vorstellen, daß es nicht so schwer gehalten haben kann, sie auf den Schlag der Thraniten und Zygiten einzuüben, und mit Hilfe des Keleustes und des Trieraules den nötigen Rhythmus zu erzielen.

Ganz die gleiche Ansicht von der übereinstimmenden Länge der Riemen in den beiden oberen Reihen vertritt auch T e n n e (Abb. 71), wenn er auch, wie ich schon ausführte, die Thraniten auf das Deck setzte. Als das Vorstehende schon abgesetzt war, wurde ich darauf aufmerksam gemacht, daß bereits 1863, wie das Buch von Jal über Caesars Flotte erschienen war, eine von Abb. 70 sehr stark abweichende Anordnung der Ruderer von Heller[1]) angegeben worden ist, bei der die Thraniten- und Zygiten-Riemen ebenfalls als gleich lang vorausgesetzt worden sind. Heller geht dabei so weit, daß er behauptet, Boeckh müßte sich hierin geirrt haben. Da es vollkommen ausgeschlossen ist, daß die Ruderer bei der Hellerschen Unterbringung Schlag halten können, so erübrigt sich wohl ein weiteres Eingehen auf seine Ausführungen.

Daß die Haacksche Anordnung der Zygiten (Abb. 72) nicht richtig sein kann, geht schon daraus hervor, daß er selbst die Annahme machen muß, die Kniee, die den Parodos stützen, seien nicht rechtwinklig, sondern schiefwinklig zur Mittelachse des Schiffes angebracht gewesen; (etwa um 30° nach hinten gerichtet), weil sonst die Zygiten mit ihren Riemen nicht genügend ausholen konnten und an die Kniee gestoßen hätten. Er stützt diese Annahme auf das Akropolis-Relief, wovon schon bei den Bemerkungen unter der Tabelle der allgemeinen Abmessungen der Triere gesagt wurde, daß es keine genaue Seitenansicht wiedergibt, sondern etwas von vorn gesehen ist, weswegen auch die Unterstützungskniee des Parodosträgers schiefstehend erscheinen. Es läßt sich schwer vorstellen, daß die aus dem Schiffskörper hervorragenden Enden der Deckbalken nicht durch senkrecht unter ihnen stehende Kniee abgestützt gewesen wären und der Riemenanordnung zu Liebe von dieser natürlichen Bauart abgewichen worden sei, da sich die Riemen durch eine andere Verteilung der Sitze für die Ruderer bequem unterbringen ließen.

Die Anordnung der Riemen, wie sie sich Kopecky (Abb. 69) denkt, ist ganz sicher falsch, denn seine Triere ist mit 6,50 m Breite so groß, daß sie nicht in die Boothäuser hineingegangen wäre. Auch die Schiffskonstruktion konnte nicht in der von ihm gedachten Art ausgeführt sein, weil kein oberes Deck mit durchlaufenden Balken vorhanden ist, wodurch das ganze Oberschiff einen festen Verband entbehrt. Ferner ist der Raum für die Unterbringung der Thalamiten viel zu knapp und endlich ist das Verhältnis des inneren Riemenschaftes zur ganzen Riemenlänge bei den Thraniten kleiner wie bei den Zygiten und Thalamiten, sie hätten also miteinander nicht Schlag halten können.

Endlich sei noch der Vollständigkeit wegen die einer viel späteren Zeit angehörige, völlig gedeckte Triere (Abb. 68) von Graser erwähnt. So zweifelhaft, wie die von ihm angenommene Anordnung der Ruder-

[1]) Philologus. Göttingen 1863. Tafel II.

sitze, ist auch die ganze Bauart dieser Triere, weswegen sich ein näheres Eingehen darauf erübrigt.

Geschwindigkeit.

Nach Haack errechnet sich die mit der ganzen Rudermannschaft zu erreichende Geschwindigkeit annähernd, wenn man die Leistung eines Menschen am Hebel bei achtstündiger Arbeitszeit nach dem Taschenbuch der Hütte zu $E = P v = 5{,}5$ mkg in der Sekunde, also gleich $\frac{5{,}5}{75}$ PS annimmt. Demnach sind zur Leistung von 1 PS 13,63 Mann erforderlich, und es beträgt die Kraft, welche eine Triere fortbewegte $\frac{170}{13{,}63} = 12{,}47$ oder rund 12,5 PS; wenn davon 10 % als Schlip der Riemen abgezogen werden, verbleiben 11,25 PSe für die Überwindung des Schiffswiderstandes. Die Nutzkraft einer Schiffsmaschine beträgt nach Froude 0,37 der PSi; demnach würde eine Triere einer Dampfmaschine von $\frac{11{,}25}{0{,}37} = 30$ PSi bedürfen, um mit derselben Geschwindigkeit fortbewegt zu werden, wie das die 170 Ruderer bewirken konnten. Nach der bekannten französischen Formel $v = C \sqrt[3]{\frac{PS}{\mathfrak{X}}}$ in welche Haack $C = 2{,}7$ und mit $\mathfrak{X} = 3{,}5$ qm die eingetauchte Fläche des Hauptspantes einsetzt, ist $v = 2{,}7 \sqrt[3]{\frac{30}{3{,}5}} = 5{,}5$ Sm. Dies soll die durchschnittliche Geschwindigkeit sein, die mit einer Triere während 8 Stunden zu erzielen war, wenn alle Ruderer arbeiteten. Haack gibt an, daß bei außergewöhnlicher Anstrengung gutgeübter Ruderer die Geschwindigkeit wohl noch gesteigert werden konnte, dies aber selbstverständlich nur für kurze Zeitdauer erreichbar war. Bei dem schnellen Anwachsen des Wasserwiderstandes kann die Geschwindigkeit nach seiner Ansicht höchstens auf 6,5 Knoten gebracht worden sein, weil hierzu schon fast doppelt soviel Kraft erforderlich wurde, wie für die um nur 1 Knoten geringere durchschnittliche Geschwindigkeit.

Kopecky rechnet ganz in derselben Weise wie Haack. Er nimmt 174 Ruderer an, von denen jeder in der Sekunde 6 mkg Arbeit leisten soll. Die zur Fortbewegung der Triere aufgewandte Arbeit stellt sich darauf auf $\frac{174 \cdot 6}{75} = 14$ PS. Nach der französischen Formel $v = C \sqrt[3]{\frac{PS}{\mathfrak{X}}}$ berechnet sich nun bei $C = 3{,}8$ und $\mathfrak{X} = 3{,}8$ qm die Geschwindigkeit

$v = 3{,}8 \sqrt[3]{\frac{14}{3{,}8}} = 6{,}2$ Sm. Kopecky glaubt, daß in außerordentlichen Fällen die Arbeitsleistung eines Ruderers bedeutend gesteigert werden konnte, die Schnelligkeit sich also erhöhte. Bei einer Arbeit der Ruderer von 10 smkg und gleichzeitiger Verwendung von Perineoriemen sollte sich die Geschwindigkeit auf 8 sm bringen lassen.

Geschwindigkeiten, wie sie Haack errechnet, sind noch denkbar, wie sie Kopecky angibt, indessen nicht. Die von ihm mit 6 smkg angenommene Arbeitsleistung des Ruderers ist zu hoch, ebenso der auf 3,8 festgestellte Koeffizient C, den der erfahrene Konstrukteur Haack nur mit 2,7 bewertet, und hierzu kommt noch die gänzliche Vernachlässigung des Schlips, so daß das Ergebnis der Rechnung die erreichbare Wirklichkeit weit hinter sich läßt, abgesehen davon, daß für die Unterbringung von Mannschaften mit Perineoriemen überhaupt kein Platz an Bord vorhanden war.

Tenne ermittelte die Geschwindigkeit, mit der ein Ruderer den Riemengriff bewegt, zu 0,87 m in der Sekunde, er wählte das Verhältnis der inneren zur äußeren Riemenlänge nach dem Akropolis-Relief wie 1 : 2 und nimmt einen Schlip von 10 v. H. an. Der Weg der Triere in der Sekunde betrug deshalb nach seiner Rechnung $0{,}9 \cdot 0{,}87 \cdot 2 = 1{,}56$ m oder in der Stunde 5,62 km = 3,06 sm. Tenne sagt ferner: Obgleich hierdurch nachgewiesen ist, daß die Trieren, wenn sie allein mit Riemen fortbewegt wurden, nur 3 Knoten liefen, so steht doch geschichtlich fest, daß sie mehr Fahrt machen konnten, wenn sie günstigen Wind zum Segeln hatten, wofür er selbst zwei Beispiele anführt.

Um die vorstehenden Geschwindigkeiten der Trieren nachzuprüfen, habe ich folgende Betrachtung angestellt: Beim Rudern kommt es darauf an, das Riemenblatt mit so großer Schnelligkeit gegen das Wasser zu pressen, daß der Schlip so klein wie möglich wird. Der Durchzug muß demnach mit größtem Kraftaufwande geführt werden, und da dieser von der Leistungsfähigkeit des Herzens und der Lunge der Ruderer abhängig ist, so ergibt sich die Notwendigkeit einer längeren Ruhepause zwischen den einzelnen Durchzügen. Im deutschen Ruderverband [1]) hält man ein Verhältnis von 1 : 2 — Durchzug zur Pause — für zweckmäßig. Nun rudert man im Wander-

[1]) R. Rauscher und M. Schroeder, Winke für den praktischen Ruderunterricht Berlin 1911.

ruderboot gewöhnlich mit 25 Schlägen in der Minute, so daß auf den Schlag eine Gesamtzeit von 2,4 Sekunden, auf den Durchzug 0,8 Sekunden und auf die Pause 1,6 Sekunden entfallen. In der Triere konnte man die Schlagzahl von 25 in der Minute nicht einhalten, man wird mit dem schweren Schiffskörper kaum mehr als 20 Schläge in der Minute gerudert haben, so daß jeder Schlag 3 Sekunden dauerte. Auch die Pause mußte man länger machen, um stunden- und tagelanges Rudern zu ermöglichen. Es läßt sich annehmen, daß man das Verhältnis von Durchzug zur Pause größer wie 1 : 2 genommen hat, also nicht ganz 1 Sekunde durchzog und dann über 2 Sekunden pausierte. Unsere Rennruderboote laufen bei jedem Schlag etwa 8,4 bis 8,8 m, wenn mit 34 bis 36 Schlag in der Minute gerudert wird. Da der Schlip mit dem langsameren Durchzug beträchtlich zunimmt, so kann der mit jedem Schlag zurückgelegte Weg bei der Triere nur etwa 6—7 m betragen haben. Die bei Dauerfahrten erreichbare Geschwindigkeit läßt sich demnach nur auf $\frac{6 \cdot 20 \cdot 60}{1852} = 3{,}9$ sm bis $\frac{7 \cdot 20 \cdot 60}{1852} = 4{,}5$ sm, im Durchschnitt 4,2 sm, annehmen.

Als Ergebnis der auf verschiedene Weise abgeleiteten Geschwindigkeit der Trieren erscheint daher eine mittlere nur durch Rudern erreichte Fahrt von 4 Knoten durchaus möglich. Unter Zuhilfenahme der Segel konnte auch bei günstigem, d. h. achterlichem Winde und nicht zu hoher See eine Durchschnittsfahrt von 5 Knoten innegehalten werden, was aber schon als eine besonders günstige Reisegeschwindigkeit galt. Als klassisches Beispiel hierfür läßt sich die Fahrt der Triere anführen, die 405 v. Chr. nach der den peloponnesischen Krieg entscheidenden Seeschlacht von Aegos-Potamos die Nachricht von der Niederlage nach Athen brachte. Diese Reise wird als hervorragend schnell bezeichnet, die Triere hat dabei etwa 5 Knoten gelaufen. Mehr wie höchstens 6 Knoten können nur für ganz kurze Zeit unter äußerster Anspannung der Kräfte aller Ruderer erreicht worden sein, z. B. bei Ausführung eines Rammanöwers während der Seeschlacht.

Zweiter Teil.

Schiffe des Mittelalters.

5. Wikinger-Schiff
des neunten bis elften Jahrhunderts n. Chr.

Geschichtliche Unterlagen.

Die alten nordischen Sagen enthalten manches über den Schiffbau, wie er im nördlichen Europa besonders in Skandinavien bei den dortigen Normannen bis in das frühe Mittelalter hinein betrieben wurde. Leider genügen die Überlieferungen aber nicht, um ein vollkommenes und lückenloses Bild von den damaligen Schiffen entwerfen zu können. Erst durch die Auffindung von drei Booten, die in der zweiten Hälfte des 19. Jahrhunderts in kurzer Folge ausgegraben wurden, ist Licht in das Dunkel gebracht worden. Die drei Schiffe sind Kriegsschiffe oder Wikingerschiffe, denn „Viking" bedeutete bei den Normannen „Krieger". Die Normannen selbst benannten ihre hauptsächlich zum Rudern, nebenbei aber auch zum Segeln eingerichteten Kriegsschiffe ebenso wie die Alten „Langschiffe" zum Unterschiede von den Handelsschiffen, die wahrscheinlich verhältnismäßig kürzer und nur zum Segeln eingerichtet waren, deshalb auch eine weit geringere Mannschaft besaßen.

Das erste Boot wurde im Jahre 1863 im Niedammer Moor[2]) im Sundewitt im Herzogtum Schleswig aufgefunden. Es war noch sehr gut erhalten und steht zurzeit im Vaterländischen Museum in Kiel. Das Boot ist etwa im 4. Jahrhundert n. Chr. erbaut worden und ein reines Ruderboot.

Das zweite Boot ist in der Pfarrei Tune[3]) bei Sarpsborg am Glommen,

1) Fortsetzung des Vortrags auf Seite 187 des Jahrbuches 1919.

2) C. Engelhardt. Nydam Mosefund. Kopenhagen 1865.

3) O. Rygh. Polytekn. Tidskr. for 1867.

nicht weit von der Küste des Kattegat, im Jahre 1867 aufgedeckt worden. Dieses Boot ist ein Segelboot, das aber auch zum Rudern eingerichtet war. Manche Teile des Bootes waren leider bereits verrottet, aber die noch erhaltenen Teile konnten nach Kristiania zur dortigen Universität verbracht und wieder zusammengesetzt werden. Die vollständigen Abmessungen lassen sich nicht mehr feststellen. Es ist nur der Kiel in ganzer Länge von 13,65 m erhalten und ein Teil des Mittelschiffes, aus dem hervorgeht, daß die Breite des Bootes etwa 4,3 m betrug. Wieviel Riemen das Boot im ganzen besaß, ist nicht mehr erkennbar, es lassen nur die auf beiden Seiten an der oberen Bordwand, soweit sie noch vorhanden ist, angebrachten Öffnungen darauf schließen, daß das Boot auch gerudert worden ist. Man nimmt an, daß dieses Boot etwa aus dem 7.—8. Jahrhundert n. Chr. stammt.

Das dritte Boot wurde im Jahre 1880 bei Gokstad am Sandefjord, der in die Bucht von Kristiania mündet, in einem alten Grabhügel ausgegraben, und dieses ist das Boot, welches ich dem Modell des Wikingerschiffes zugrunde gelegt habe, weil dessen Abmessungen sich bis auf die Länge genau feststellen lassen. Das letztere ist deswegen nicht möglich, weil das vorderste und hinterste Ende schon zerstört war, als das Boot aufgefunden wurde. Auch dieses Boot ist in Kristiania bei der dortigen Universität untergebracht. Erbaut wurde es etwa um das Jahr 900 n. Chr.

Hauptabmessungen.

Die besten Beschreibungen des Gokstader Schiffes sind von dem Archäologen Nicolaysen [1]) und dem bekannten Schiffbaumeister Colin Archer [2]) veröffentlicht, von denen der letztere als Erbauer der berühmten „Fram“ für Frithjof Nansens Nordpolfahrt als Fachmann mit seinen Angaben den Vorzug verdient, aus welchem Grunde ich diese mit dem von ihm angegebenen Riß (Abb. 78) dem Modell (Abb. 74—77) zugrunde legte. Die Angaben der beiden Autoren weichen etwas voneinander ab. Sie sind folgende:

	Nicolaysen:	Colin Archer:
Länge über alles	23.80 m	23,80 m
Länge der Wasserlinie	—	22,32 m
Breite	5.10 m	5,05 m

[1]) N. Nicolaysen. Langskibet fra Gokstad ved Sandefjord, Kristiania 1882.

[2]) Colin Archer. Shipbuilding a thousand years ago. Transactions of the Institution of Naval Architects, London 1881, S. 298. Taf. XXVIII.

Raumtiefe (von Oberkante Schandeckel bis Oberkante Kiel)	1,20 m	1,75 m
Tiefgang	—	1,1 m
Verdrängung	—	28,40 t

Längsansicht.

1 : 200.

Abb. 74.

Deckansicht.

1 : 200.

Abb. 75.

Bauart.

Das Schiff besteht aus Eichenholz und ist klinker gebaut. Der Kiel ist 17,37 m lang und 35,56 cm hoch, wovon 27,94 cm außerhalb und nur 7,62 cm

Vorderansicht.
1 : 200.

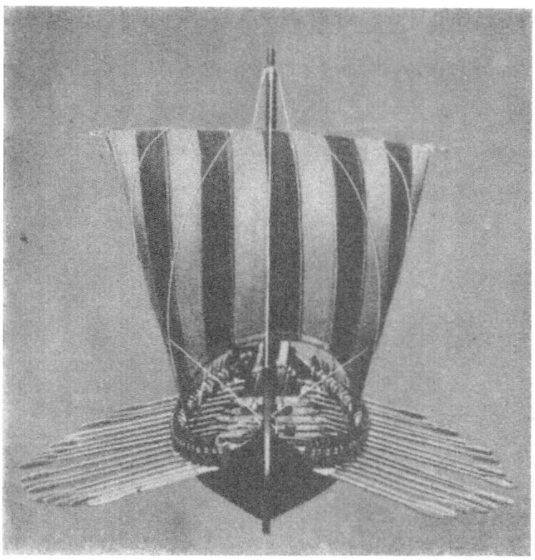

Abb. 76.

Hinteransicht.
1 : 200.

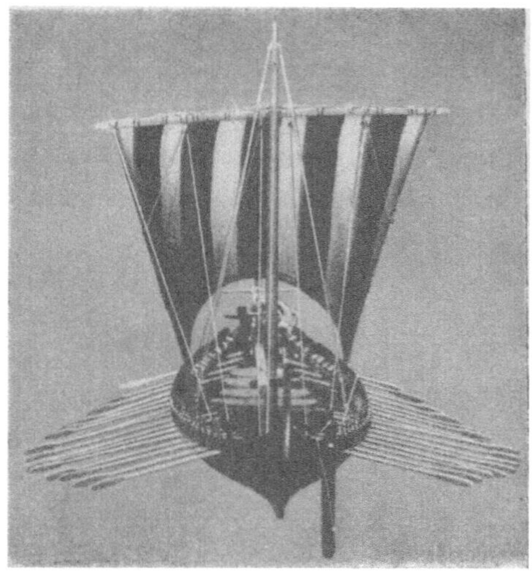

Abb. 77.

Linienriß.
1 : 200

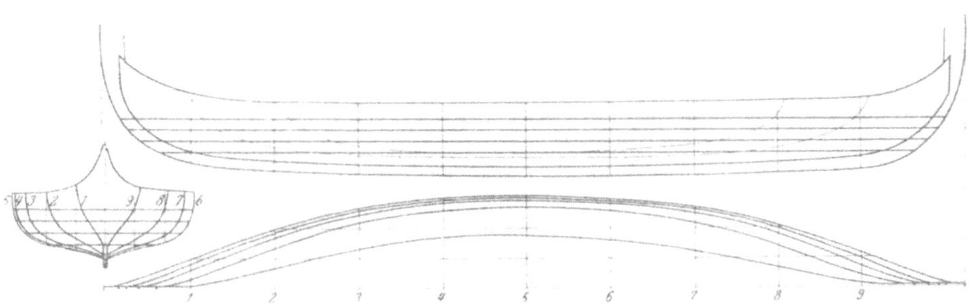

Abb. 78.

innerhalb der Sponung liegen. An seinem oberen Ende beträgt die Dicke des Kiels 17,78 cm, an seinem unteren Ende nur 11,43 cm. An den Kiel schließen sich vorn und hinten zwei kurze Zwischenstücke, welche in den Vor-

und Hintersteven überleiten und mit beiden, ebenso wie mit dem Kiel durch Nieten verbunden sind. Vor- und Hintersteven sind innen 7,62 cm und außen 5,07 cm dick. Ihre Breite beträgt außerhalb der Sponung 39,37 cm. sie scheinen sich nach oben hin noch weiter verbreitert zu haben.

Wie schon gesagt, fehlen die beiden äußersten Enden des Bootes, so daß sich die genaue Gestaltung der beiden Steven nicht angeben läßt. Die großen Wikingerschiffe trugen, wie feststeht, am Ende des Vorstevens einen Drachenkopf und als Ende des Hinterstevens eine fischschwanzähnliche Verzierung. Mit größter Wahrscheinlichkeit hat das vorliegende Boot als kleineres Kriegsschiff diese Bug- und Heckverzierungen nicht besessen. weshalb sie auch an dem Modell nicht ausgeführt worden sind.

Vorderes Schott.

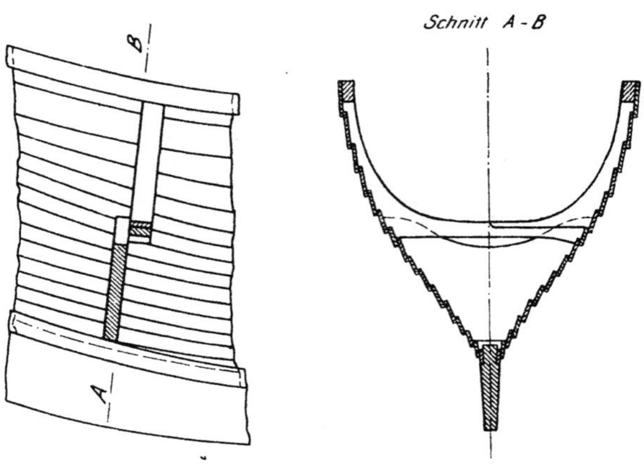

Abb. 79.

Das Vorderschiff enthält ein Schott, welches den vorderen Teil gegen den mittleren abschließt (Abb. 79). Neben diesem Schott liegt oben auf jeder Schiffsseite ein Knie, das bis zum obersten Plankengang hinauflangt. Ein zweites Schott ist im Hinterschiff angeordnet (Abb. 80), das mit der für das Ruder bestimmten Verstärkung verbunden ist. Es enthält drei Löcher, in denen das Aufhängetau des Ruders befestigt wurde.

Die Spanten, ihrer Zahl nach 19, bestehen aus eichenen Hölzern. die in einem Stück von der einen Schiffsseite bis zur anderen reichen, in ihrer Mitte am Kiel etwa 10 cm stark sind und sich nach ihren oberen Enden bis zu etwa 7,5 cm Durchmesser abrunden. Ihre mittlere Entfernung voneinander beträgt rund 1 m (Abb. 81). Die äußere Seite der Spanten, gegen welche sich die Außenhautplanken anlehnen, ist etwas abgeflacht.

Hinteres Schott.

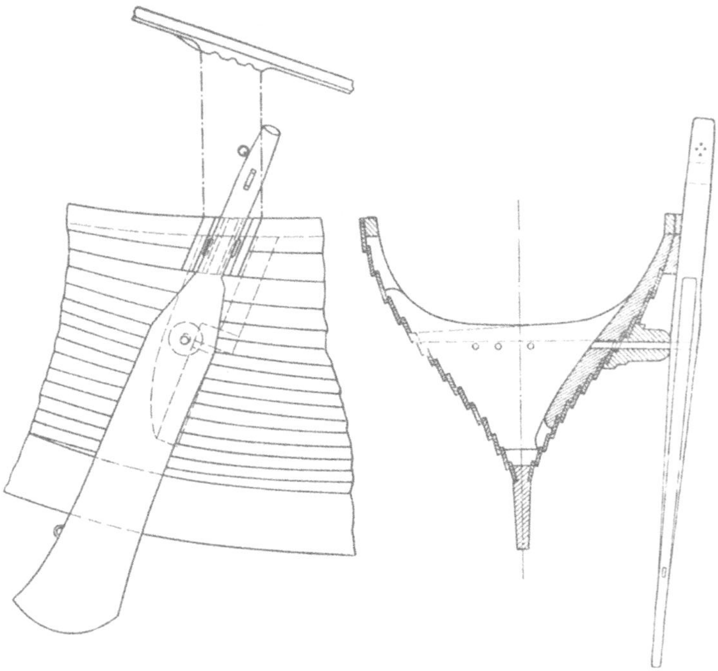

Abb. 80.

Längsschnitt und Deckansicht.
1 : 200.

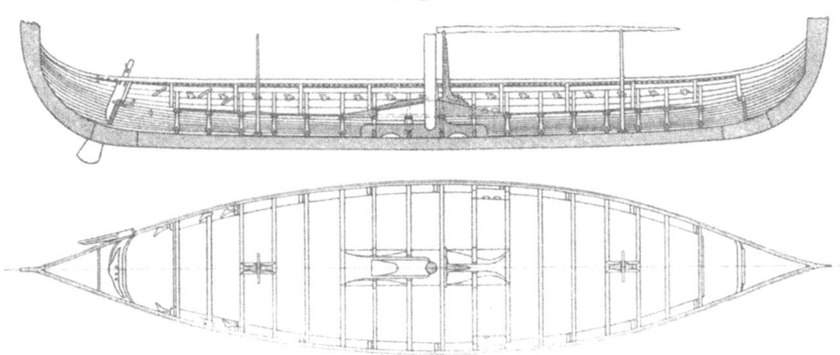

Abb. 81.

Die Spanten sind nicht am Kiel befestigt, sondern liegen auf demselben ganz frei, auf ihren oberen Enden ruhen die 18 cm breiten und 10 cm hohen

D e c k b a l k e n. Diese sind mit der Außenhaut durch gewachsene eichene Kniee verbunden, deren obere senkrechte Schenkel klinkerartig ausgearbeitet wurden, so daß sie sich dicht an die Planken anschließen und bis zum dritten oberen Plankengang hinauflangen. Die wagerechten Schenkel der Kniee sind auf den Deckbalken durch Nägel aus Eichenholz befestigt. Der Zwischenraum zwischen den Enden der auf den Deckbalken ruhenden Kniee ist durch Zwischenstücke ausgefüllt, um auf den Deckbalken eine ebene Fläche herzustellen. Diese Füllstücke sind ebenso wie die Schenkel der Kniee schmaler als die Deckbalken, und so entsteht auf diesen an ihren beiden Seiten vorn und hinten ein Absatz, auf dem die, wie bei den Ägypterschiffen, kurzen

Spur und Brücke der Zeltstützen.

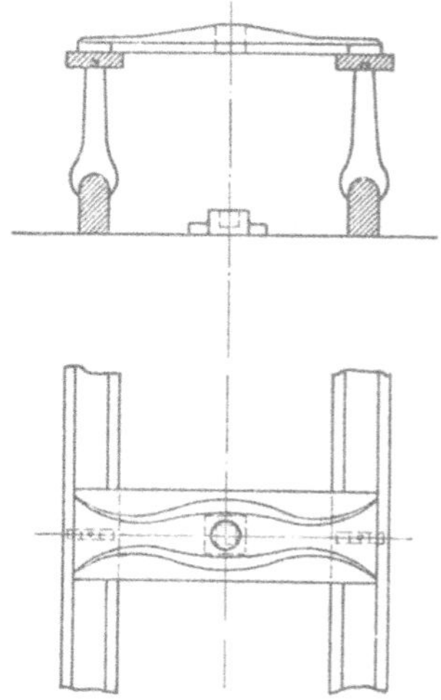

Abb. 82.

Leiste für die Zeltbändsel.

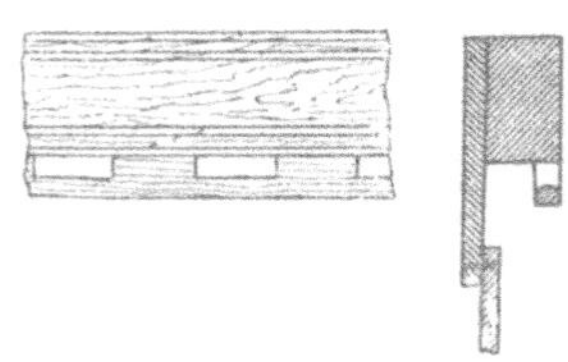

Abb. 83.

Deckplanken liegen, die durch die ganze Schiffslänge, so weit sich die Rudereinrichtungen erstrecken, ein glattes Deck bilden. Die Deckbalken werden in der Mitte durch kurze Deckstützen unterstützt, deren oberes Ende in die Balken eingelassen ist, während das untere den Spant ohne weitere Befestigung nur gabelförmig umfaßt (Abb. 82).

Die A u ß e n h a u t besteht aus 16 Plankengängen, deren Dicke 25 mm beträgt, ihre durchschnittliche Breite mittschiffs mißt 24 cm; ihre Länge ist verschieden, sie liegt zwischen 2,43 bis 7,31 m. Die Überlappung der Klinkerplanken ist 25 mm, sie enthält eine halbrunde Aushöhlung (Abb. 84), in der als Dichtung eine gedrehte Schnur aus Rinderhaaren eingelegt wurde. Der zehnte Plantengang, vom Kiel ab gerechnet, ist abweichend von der vorstehend beschriebenen durchschnittlichen Beplankung mittschiffs nur 20 cm breit, dafür aber 45 mm dick und weist die längsten einzelnen Planken bis zu 14,6 m auf, er bildet das Widerlager für die Deckbalken. Die vierzehnte Planke vom Kiel oder die dritte vom oberen Ende ist ungefähr 25,4 cm breit und ebenfalls 45 mm dick. Sie muß als Schandeckel betrachtet werden und enthält auf jeder Seite 16 Löcher für die Riemen von etwa 10 cm Durchmesser, mit einem Schlitz oben und unten, welcher das Durchführen der Riemenblätter von innen aus ermöglicht. Diese Öffnungen sind durch runde an der inneren Plankenwand drehbar befestigte Scheiben verschließbar. Die über dem Schandeckel liegenden beiden oberen als Schanzkleid anzusehenden Plankengänge sind am dünnsten und nur ungefähr 19 mm dick. Sie sind mit den anderen Plankengängen nur durch 9 vom obersten Bordrand bis zum Deck hinunterreichende Schanzkleidstützen verbunden (Abb. 81). Die oberste Planke trägt innen einen Versteifungsgang von 11,4 cm Höhe und 7,6 cm Breite, an dessen unterer Kante (Abb. 83) eine Leiste angespiekert ist, die eine Reihe von rechteckigen Öffnungen besitzt, welche zum Durchziehen der Bändsel für die Befestigung des noch zu erwähnenden Zeltes dienten. Alle Plankengänge sind durch eiserne Nieten, welche in Entfernungen von 15 bis 20 cm stehen, untereinander befestigt. Die Nieten besitzen nach außen flache Köpfe von etwa 25 cm Durchmesser, während die inneren Unterlagsscheiben viereckig mit etwa 20 mm Seitenlänge sind. Nur an den Enden, wo eine innere Vernietung wegen der Schärfe des Schiffes nicht möglich war, sind die Nieten von innen eingetrieben und außen vernietet. Der Kielgang ist in derselben Weise mit dem Kiel vernietet, wie die Seitenplanken untereinander. Der dritte bis achte Gang der Außenhaut von oben ist an den Knieen der Deckbalken, der oberste und zweite Gang an den Schanzkleidstützen (Abb. 81) mittels Holznägeln befestigt.

In einer höchst eigenartigen Weise sind die 7 Plankengänge zwischen dem Kielgang und den 8 oberen Gängen mit den Spanten verbunden. Die 25 mm starken Planken waren ursprünglich in doppelter Dicke mit der Axt aus den Eichenstämmen herausgehauen. Dann erst wurden sie auf 25 mm Dicke gebracht, wobei an den Stellen, an denen die Planken die Spanten berühren sollten, Vorsprünge stehen blieben, wie Abb. 84 zeigt. Diese Vorsprünge faßten in Aussparungen der flachen Seiten der Spanten. Oberhalb und unterhalb einer jeden Aussparung war durch das Spant ein Loch gebohrt, und ebenso vorn und hinten durch den Vorsprung der Planke (Abb. 84). Durch diese 4 Löcher wurde nun eine zähe Weidenrute von etwa 5—6 mm Durchmesser in der Weise gezogen, wie Abb. 84 erkennen läßt, so daß sie durch jedes Loch nur einmal hindurchging. Bei dieser Bauart ist das Unterschiff mit dem Oberschiff lediglich durch die Außenhaut verbunden, so daß sich die Mitführung von Ballast oder anderen Gewichten im

Befestigung der Außenplanken an den Spanten.

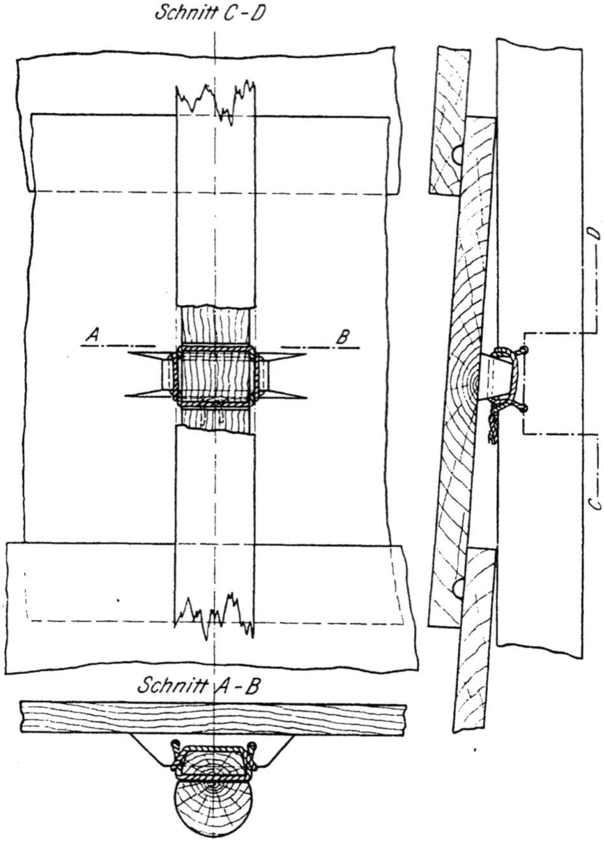

Abb. 84.

Unterschiff verboten. Schwere Gewichte konnten deshalb nur auf dem Deck verstaut werden. Da die Deckbalken auf den Enden der Spanten ruhen, und die Deckstützen auf ihrer Mitte, so nahmen diese den Druck des Ladungsgewichtes auf und die Beanspruchung der Verbände in der unteren Außenhaut konnte nur gering sein. Dixon Kemp ist der Ansicht, daß das Boot mit seinem weichen Unterschiff in schwerer See eine große Schmiegsamkeit und Beweglichkeit besessen haben muß. Seine einzige Sicherheit bestand in der zähen und elastischen Außenhaut, die um so unverletzlicher war, je weniger steif sie ausgeführt wurde, denn ihre offensichtliche Weichheit war ihre wirkliche Stärke. Zusammen mit dieser Eigenschaft und den feinen, wundervoll verlaufenden Linien muß dieses Schiff ein hervorragender Segler gewesen sein.

Mastspur.

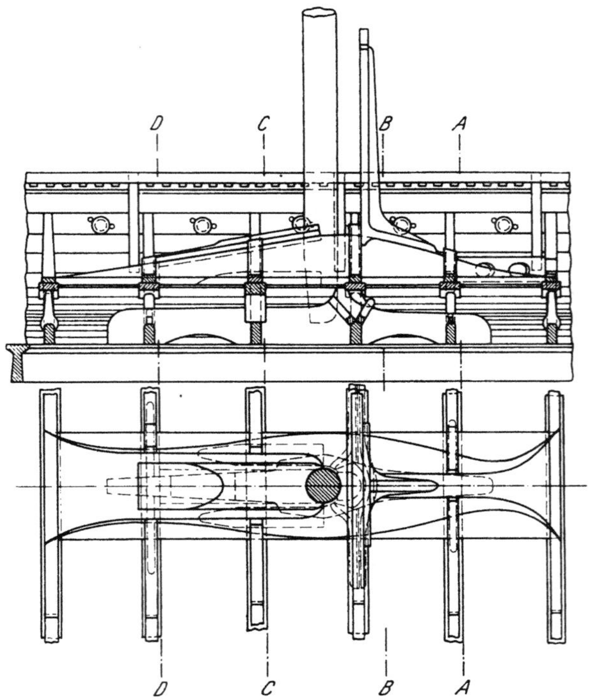

Abb. 85.

Bemastung.

Das Schiff besaß einen Mast, der an der eingezeichneten Stelle (Abb. 81) stand. Er hat 32 cm Durchmesser und war etwa 3 m über seinem Fuß abgebrochen. Unter den bei dem Boot aufgefundenen Spieren war auch der Masttopp, während das Mittelstück fehlte. Nach der Verjüngung des Topps gegenüber dem vorhandenen Mastfuß läßt sich vermuten, daß der Mast ungefähr 12 m hoch war. Der Mast trug eine Ra von 10,7 m Länge, die in der Mitte 21,6 cm und an der Nock 8,9 cm im Duchmesser maß. Der Mast war nach vorn abgestagt und besaß nach hinten wahrscheinlich schon wantenähnliche Pardunen, wie sie bei einzelnen der Normannenschiffe[1]) auf dem Bayeux-Wandteppich sichtbar sind. Hierdurch ist es auch erklärlich, daß die Wikinger mit ihren Booten bis zu einem gewissen Grade kreuzen konnten, allerdings nur auf hoher See, wo sie genügend Raum hatten.

Die Mastspur ist von bemerkenswerter Bauart (Abb. 85). Unterhalb des Mastes auf dem Kiel ruht zunächst ein über 4 Spanten reichender etwa 3,35 m langer eichener Balken von 48 cm Breite und 35 cm Höhe Für die Spanten sind in diesem Balken an seiner unteren Seite Aussparungen enthalten und außerdem zwei Öffnungen, die den Durchlaß des Bilgewassers gestatten. Der Balken ist an jedem Spant mit zwei Knien (Abb. 86) befestigt. Unmittelbar vor dem Mast besitzt der Balken eine runde Erhöhung von 30 cm Durchmesser. Auf dieser Erhöhung ist der „Fisch" befestigt. Er besteht aus einer schweren eichenen Planke, die, in der Mittellinie des Schiffes liegend, über 5 Spantentfernungen greift. Seine Länge beträgt 4,88 m, seine Breite 96,5 cm und seine Höhe in der Mitte 35,5 cm. Der Fisch hat von oben gesehen etwa die Gestalt eines nach vorn und eines nach hinten gerichteten Fischschwanzes, woher auch sein Name stammt. Die Fischschwänze sind so ausgearbeitet, daß sie auf einer 10 cm starken Planke zu ruhen scheinen und an ihren äußersten Enden noch etwa 7,5 cm über diese Planke hervorragen. Der Fisch liegt auf den Deckbalken, die er mit Aussparungen umschließt; er ist auf jedem Deckbalken durch zwei Kniee (Abb. 86) befestigt. Auf der hinteren Seite des Fisches befindet sich ein Schlitz von der Breite des Mastdurchmessers. Von oben gesehen, bestehen an dieser Stelle zwei Wände, die an ihren Enden etwas auseinander laufen. Über diesem Schlitz liegt ein Schloßholz von der Breite des Schlitzes und einer Länge von 1,75 m, welches in den oberen Teil des Fisches eingelassen ist. Der Mast wird durch den Schlitz in den Fisch eingeführt, an dessem Ende sich eine Spur befindet, in die der Mast hinuntergelassen wird. Ist er aufgestellt, so wird das Schloßholz vorgeschoben und durch einen starken Ansatz festgehalten, der in eine entsprechende Vertiefung des Fisches greift. Wird das Schloßholz entfernt, und das Stag gelöst, so kann der Mast frei nach hinten fallen.

Um das Aufrichten und Umlegen des Mastes zu erleichtern, sind am vorderen Ende des Fisches an beiden Seiten der inneren Bordwand zwei starke Hölzer befestigt (Abb. 86, Schnitt A—A) und mit runden Vertiefungen

[1]) Siehe weiter hinten beim „Normannenschiff".

(Abb. 81) versehen. Wahrscheinlich wurde in die eine der Vertiefungen auf jeder Schiffsseite der Schenkel einer Schere gesteckt, die dazu diente, dem Stag die nötige Höhe für das Niederlegen oder Aufrichten des Mastes zu geben. Möglicherweise wurde die andere Öffnung zur Aufnahme einer dieses Manöwer erleichternden Winde benutzt. Unmittelbar vor

Durchschnitte durch die Mastspur.

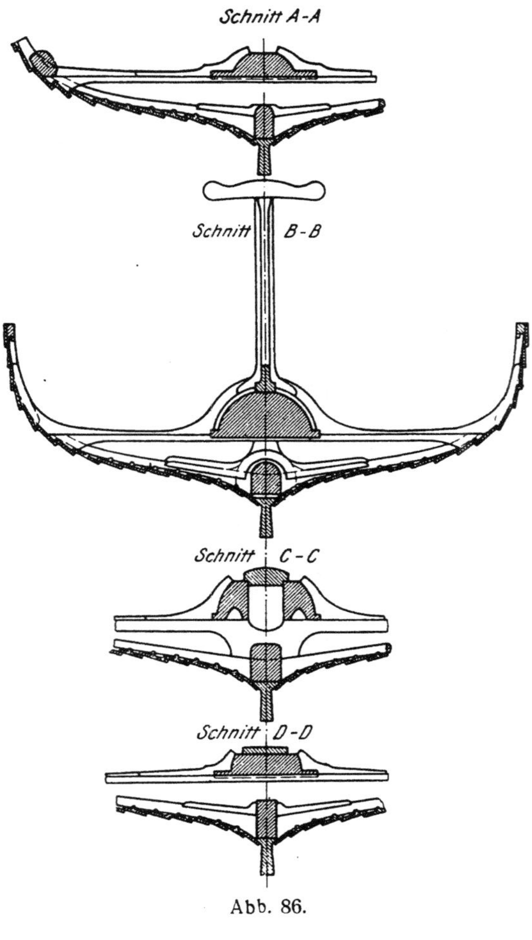

Abb. 86.

dem Mast ist auf dem Fisch ein etwa 2,4 m hoher Ständer angebracht, der oben das in Abb. 86, Schnitt B—B gezeichnete Querholz trägt. Zwei weitere Ständer sind vorn und hinten im Schiff aufgestellt. Sie ruhen in kleinen auf den Kiel gesetzten Spuren und gehen durch Brücken (Abb. 82), die auf den Deckbalken befestigt sind. Auch diese Stützen tragen oben dieselben Querhölzer wie die ersterwähnten. Die Stützen dienen zur Aufnahme der Rundhölzer und Spieren, zugleich aber auch als Unterstützung für das Zelt.

Besegelung.

Bei der Ausgrabung des Schiffes fand man ein Bündel aus Streifen zusammengesetzten wollenen Tuches von gelblicher Farbe, die aber ursprünglich weiß gewesen ist. Zwischen den weißen Streifen waren rote Streifen genäht, und man nimmt an, daß dies wahrscheinlich die Zeltdecke war.

Höchstwahrscheinlich bestand das Segel aus demselben Stoff, und daß die Segel der Normannen aus Streifen von buntem Zeug hergestellt wurden.

Segelriß.
1:200.

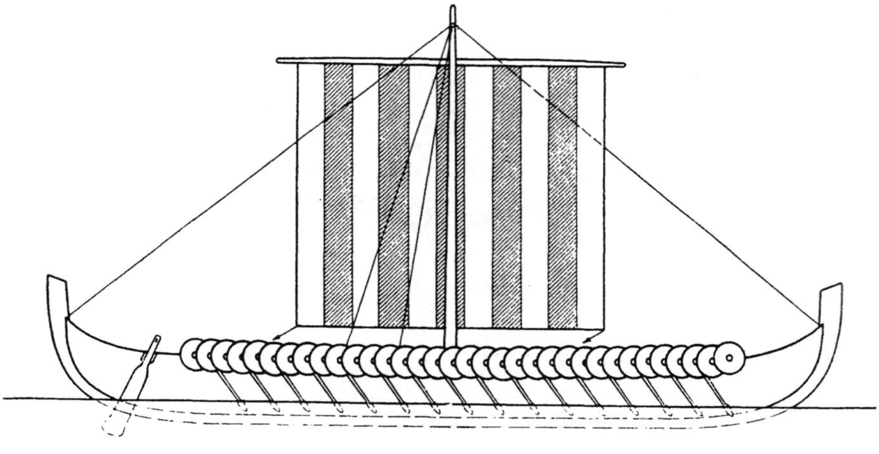

Abb. 87.

läßt sich aus dem Bayeux-Wandteppich deutlich ersehen. Abweichend von den Segeln der Alten treten hier die ersten Segel auf, die sich nicht mehr aus wagerechten, sondern aus senkrechten Kleidern zusammensetzen, wie dies von nun allgemein beibehalten wird.

Nach den Abmessungen des Mastes und der Ra muß die Segelfläche (Abb. 87) mindestens 70 qm betragen haben. Möglicherweise war sie auch noch größer, was aber heute nicht mehr feststellbar ist. Die Brassen und die Schoten, wahrscheinlich auch das Fall, wurden an den drei Klampen belegt, die innen am Hinterteil des Schiffes auf jeder Seite vorgesehen sind. Aller Wahrscheinlichkeit nach kannten die älteren Normannen noch keine Reffvorrichtungen, denn das Siegel der Stadt Bergen, das ein Boot mit Segel und Reffbändseln zeigt, entstammt einer viel späteren Zeit, kann also nicht als Beweis für das Vorhandensein von Reffvorrichtungen in den Segeln der Wikinger herangezogen werden. Dagegen scheint es, daß sie an dem Segel Bulins hatten, was ihnen das Kreuzen erleichterte.

Zeltschere.

Abb. 88.

Ausrüstung.

Das Ruder saß an der Steuerbordseite, es hatte die aus Abb. 80 hervorgehende Form und war, wie diese Abbildung zeigt, am Schiffskörper befestigt. An der Außenhaut ist ein konisches Holzstück angebracht, das so lang ist, um das Ruderblatt vom Schiffskörper freizuhalten. Durch ein Loch in dem Holzstück und die Mitte des Ruders ist ein Tau gezogen, am äußeren Ende mit einem Knoten versehen und am inneren Ende in den Löchern des hinteren Schotts befestigt. Um diese Aufhängung dreht sich das Ruder, dessen Schaft oben an der Bordwand noch eine Führung hat. Ein an seinem unteren Ende sitzender Eisenbeschlag und ein an der hinteren Kante angebrachter Ringbolzen, durch den eine Sorgleine geschoren war, hielten das Ruder in seiner

Lage, wenn es beim segelnden Schiff stärker eingetaucht wurde. Der Ruderschaft hat 15 cm Durchmesser, an seinem Aufhängungspunkte ist das Ruder 17,8 cm dick, welche Dicke nach unten abnimmt. Die Breite des Ruderblattes beträgt in der Mitte 38 cm und nimmt nach unten bis auf 56 cm zu. Die Kanten des Ruderblattes sind ausgeschärft, besonders die vordere. Das ganze Ruder besteht aus einem einzigen Stück Eichenholz.

Etwa 7 m von vorn lag beim Ausgraben des Schiffes in der Mittschiffslinie ein ganz verrosteter Klumpen, der den Anker mit Ring darstellte. Der Ankerstock wurde ebenfalls in dem Schiffe gefunden. Die Verbindung des Ankers mit dem Schiff stellte ein Tau her.

Tierkopf der Zeltschere.

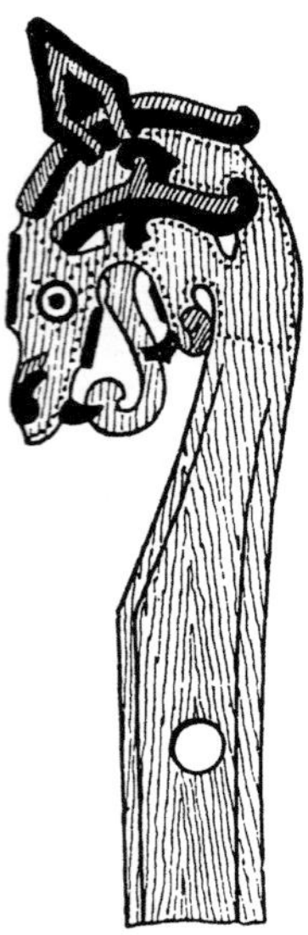

Abb. 89.

Wenn das Zelt errichtet werden sollte, mußte der Mast umgelegt werden und zwei mit Tierköpfen versehene Scheren (Abb. 88) wurden vorn und hinten aufgestellt, über die das Strecktau des Zeltdaches geführt wurde. Abb. 89 zeigt den Tierkopf etwas größer. Die schräg schraffierten kleinen Flächen an den dicken schwarzen Linien waren gelb gemalt.

In dem Schiff lagen auch eine Anzahl mehr oder minder gut erhaltener Riemen aus Fichtenholz von 5,3—5,85 m Länge, die von zwei Mann gehandhabt wurden, so daß bei voller Besetzung der an jeder Schiffsseite vorhandenen 16 Riemenöffnungen im ganzen 64 Ruderer nötig waren. Es ist aus dem Schiffskörper nicht ersichtlich, ob diese Ruderer gestanden oder gesessen haben, da keinerlei Anzeichen für Ruderbänke und Fußleisten nachweisbar sind. Trotzdem hält man das Sitzen für wahrscheinlicher, weil der Sitz — sesse — hieß und die Schiffe nach der Zahl der an jeder Schiffsseite vorhandenen Rudersitze — das vorliegende Boot also als ein „sextânsessa“ oder Sechzehnsitzer — benannt wurden.

Am Schiff hingen außen 32 Schilder, 16 auf jeder Seite, das vorderste etwas vor dem vordersten Riemenloch, das hinterste etwas hinter dem hintersten Riemenloch, so daß sie sich gegenseitig etwas überlappten. Die Schilder haben 94 cm Durchmesser, sie bestehen aus dünnem Fichtenholz, besitzen in der Mitte einen Buckel, der ein Querstück — den Handgriff — schützt. Die Schilder waren schwarz und gelb gemalt.

Die Besatzung des Schiffes wird verschieden angegeben. Nicolaysen schätzt sie auf 70 Mann, Dixon Kemp auf 100. Ich nehme an, daß die erstere Zahl zu klein, die letztere zu groß ist. Zu den 64 Ruderern treten die Steuerleute, der Kommandant, der Koch mit Hilfsmann und vielleicht einige Ersatzleute für ausfallende Ruderer, so daß 80 Mann wohl eine nicht zu hoch gegriffene Besatzung sein wird.

6. Normannenschiff

des zwölften und dreizehnten Jahrhunderts n. Chr.

Geschichtliche Unterlagen.

Die Schiffe, mit denen Wilhelm der Eroberer im Jahre 1066 n. Chr. sein Heer aus der Normandie nach England überführte, unterschieden sich in der äußeren Gestalt nicht von den älteren Wikingerschiffen. Als das beste Zeugnis hierfür gilt der aus dem elften Jahrhundert n. Chr. stammende Wandteppich von Bayeux[1]), den die Königin Mathilde, die Gemahlin Wilhelms, mit ihren Damen angefertigt haben soll, und den ich in der Bibliothek von Bayeux, in der er ausgestellt ist, selbst besichtigt habe. In Wirklichkeit handelt es sich hierbei nicht um einen Teppich, sondern um eine auf weißer Leinwand ausgeführte Art von Stickerei, bei der die einzelnen Figuren aus Wollstoff herausgeschnitten und die Konturen in schwarz angedeutet sind. Die Zeichnung ist etwas roh und verdient auch bezüglich der gewählten Farben keine besondere Beachtung, wohl aber wegen des dargestellten Inhalts. Dieser schildert in 58 Gruppen mit lateinischen Inschriften die Hauptereignisse der Eroberung Englands, aus denen die nebenstehende Tafel die Überfahrt über den Ärmelkanal darstellt. Die ganze Stickerei ist 70,34 m lang und 50 cm hoch, sie wird als ein geschichtlich bedeutendes Werk eingeschätzt. Die dargestellten älteren Normannenschiffe sind noch sämtlich einmastig und weisen auch die früheren Riemenanordnungen auf.

[1]) Reproduction complète de la Tapisserie-Broderie de la Reine Mathilde, Editeur Ch. Tostain Bayeux.

Busley, Schiffe des Mittelalters.

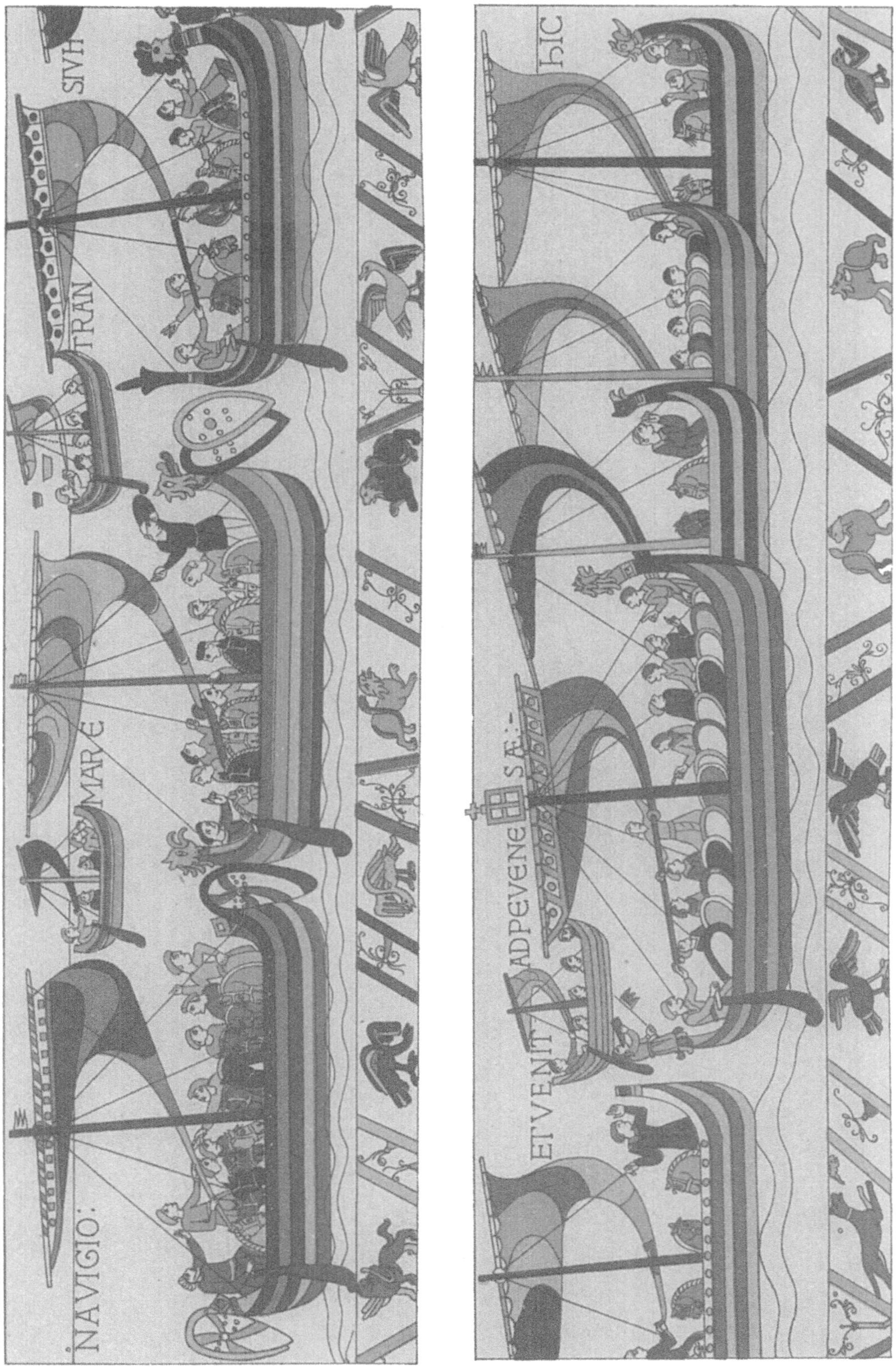

Als sich durch die Kreuzzüge im zwölften und dreizehnten Jahrhundert die Einschiffung und Beförderung größerer Heeresmassen auf weitere Entfernungen, wie von Frankreich nach Sizilien und von dort nach Syrien, nötig machte, mußten die Schiffe größere Abmessungen annehmen, als sie die

Normannenschiffe aus dem dreizehnten Jahrhundert.

Abb. 90.

Darstellung der Wurfanker.

Abb. 91.

älteren Normannenschiffe noch aufweisen. Die jüngeren Normannenschiffe, die hauptsächlich von den französischen Rittern aus der Normandie und denen der englischen südlichen Grafschaften Dorsett, Hampshire, Sussex, Kent usw. benutzt wurden, besaßen dementsprechend auch sämtlich 2 Masten. Nach einer alten französischen Handschrift aus dem Anfange des vierzehnten Jahrhunderts gibt Steinitz[1]) zwei Skizzen von jüngeren Normannenschiffen aus dem dreizehnten Jahrhundert, die in Abb. 90 wiedergegeben sind. Auch die in Abb. 91 dargestellten Fahrzeuge aus derselben Handschrift bringt er, die veranschaulichen sollen, wie die zum Entern der Schiffe benutzten Wurfanker verwendet wurden. Wenn es hiernach den Anschein hat, als ob die 4 Flügel der Wurfanker in einer Ebene liegen, so ist dies wohl nur der naiven Darstellungsart zuzuschreiben, die sie sämtlich sichtbar machen wollte.

Hauptabmessungen.

Die in den Kreuzzügen benutzten Schiffe waren Handelsfahrzeuge, die erst bis zu einem gewissen Grade für Heereszwecke eingerichtet wurden.

Linienriß.

1 : 200.

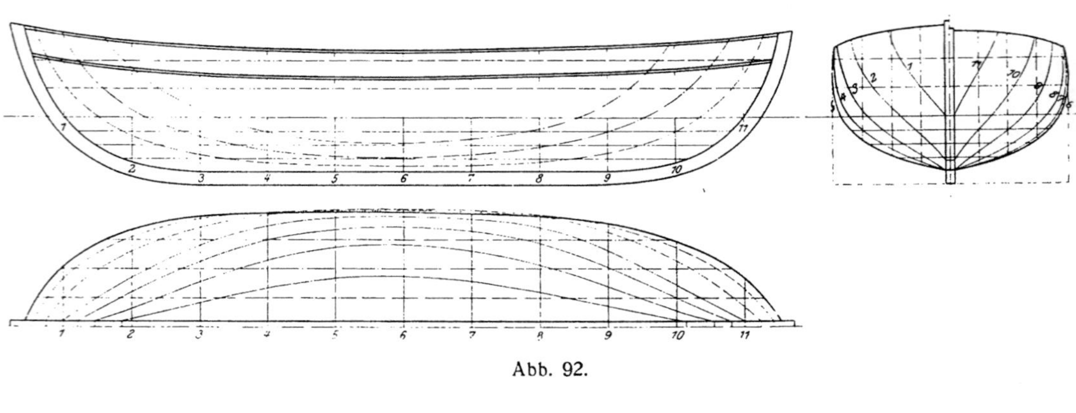

Abb. 92.

Dementsprechend wiesen sie auch recht verschiedene Abmessungen auf, wenn sie auch sonst in ihrer allgemeinen Gestalt und Bauart übereinstimmten. Das von mir nach dem Linienriß (Abb. 92) entworfene Modell (Abb. 93—96) kann also nur einen Durchschnittstyp darstellen, dessen Länge über alles 26,5 m beträgt, wobei sich die Länge in der Wasserlinie auf 21 m stellt. Die Breite nach dem üblichen Verhältnis von etwa $^1/_3$ der Wasserlinienlänge ist deshalb auf 7,30 m festgesetzt. Bei einem Tiefgange von 2 m ergibt sich alsdann eine Verdrängung von 100 t.

[1]) F. Steinitz. The ship its origin and progreß. London 1849. Plate 9. a. 10.

Längsansicht. 1 : 200.

Abb. 93.

Deckansicht. 1 : 200.

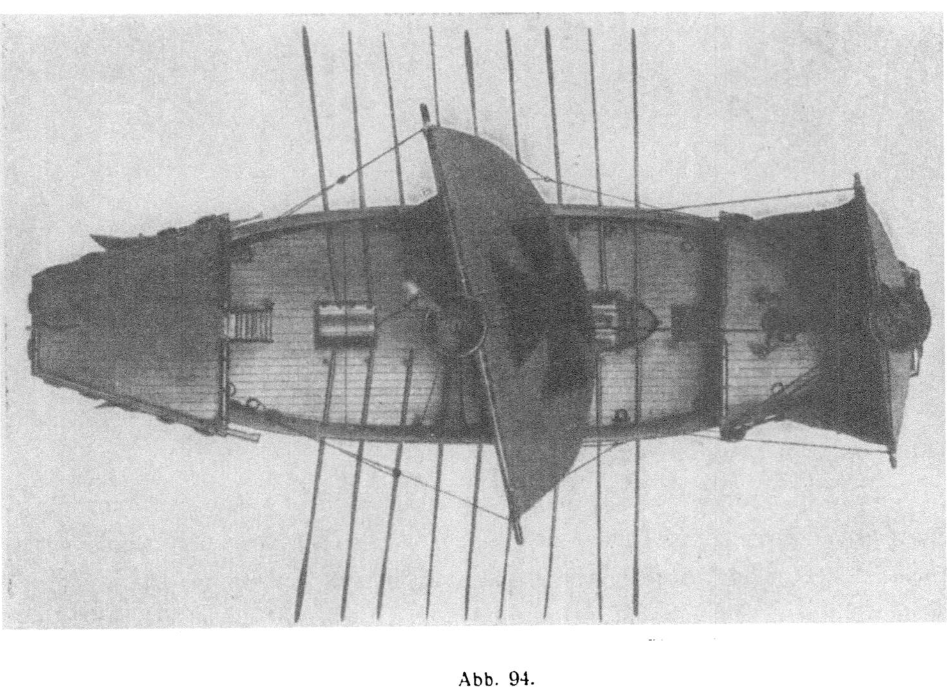

Abb. 94.

Bauart.

Die Schiffe wurden auf Kiel und Steven gebaut. Es ist anzunehmen, daß die Spanten mit dem Kiel fest verbunden wurden, und nicht mehr wie bei den älteren Normannenschiffen frei auf dem Kiel auflagen, dagegen wurde

Vorderansicht.

1 : 200.

Abb. 95.

die Außenbeplankung noch in klinker hergestellt. Die jüngeren Normannenschiffe besaßen auch ein durchlaufendes Deck.

Um die Fahrzeuge nicht bloß für die Überführung, sondern auch für kriegerische Zwecke verwenden zu können, wurden sie vorn und hinten mit einem kastellartigen Aufbau versehen, nach dessen Fortnahme sie wieder als gewöhnliche Handelsschiffe fahren konnten. Auf der durch den Aufbau entstandenen großen Back (Abb. 97) kämpften die eingeschifften Knappen. auf der Kampange (Abb. 98) die Ritter. Wie die Mannschaft und die Ritter mit ihren Pferden an Bord untergebracht waren. läßt sich aus den sehr spärlichen Quellen nicht entnehmen.

Hinteransicht.
1 : 200.

Abb. 96.

Bemastung.

Um mit der zunehmenden Größe der Schiffe noch bei handigen Segeln bleiben zu können, mußte die Segelfläche auf zwei Masten verteilt werden (Abb. 99). Der vordere Mast wurde etwas nach vorn geneigt, um das Wenden beim Kreuzen zu erleichtern. denn seitdem die Masten Wanten besaßen, versuchte man auf hoher See mit den Rasegeln auch an den Wind zu gehen.

Jeder Mast trug ein Krähennest, das gewöhnlich als Ausguck, im Gefecht aber auch zur Verteidigung wie zum Angriff diente. Die in den Krähennestern untergebrachten Leute schossen nicht bloß von oben, sondern bewarfen die fremden Schiffsbesatzungen beim Entern auch mit schweren Steinen, die durch besondere Krane von Deck zum Masttopp geholt wurden.

Vorderer Aufbau.

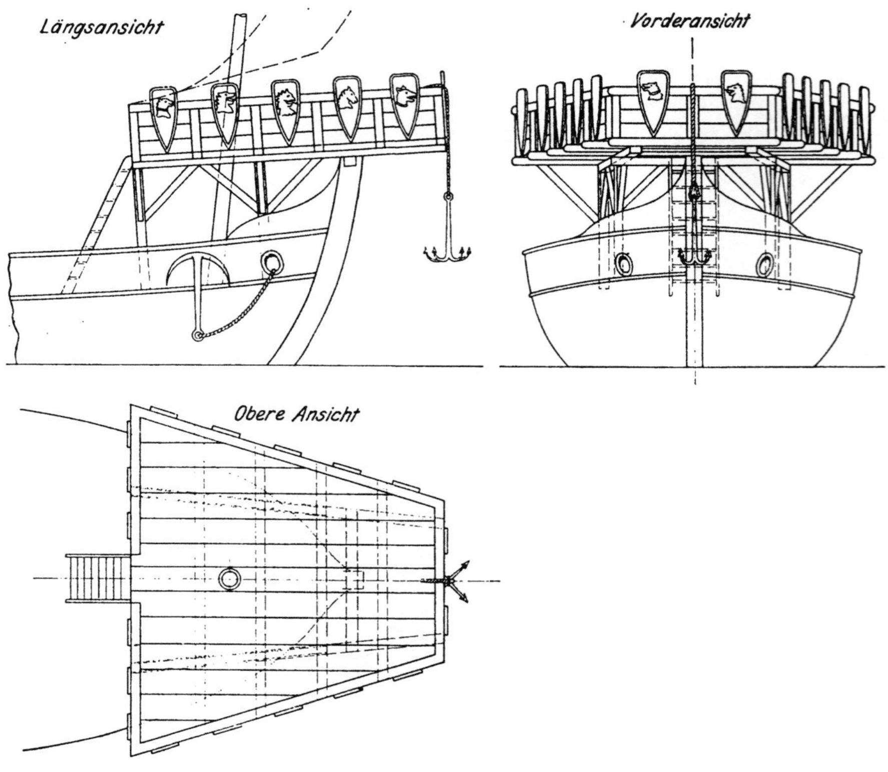

Abb. 97.

Besegelung.

Die beiden Segel bestanden aus einem größeren oberen Stück, an welches das Vorsegel ein kleineres unteres Stück und daß Großsegel zwei kleinere untere Stücke antuchen konnte. Diese angetuchten Segel haben sich durch das ganze Mittelalter bis in die neuere Zeit gehalten, bis man die heute allgemein gebräuchlichen Reffbändsel einführte, um bei starkem Winde die Segelfläche zu verkleinern. Auch durch die inzwischen bekannt gewordenen

Blöcke ließ sich die Takelung leichter und bequemer handhaben. Jedes Segel besaß die üblichen Brassen und Schoten und ein Fall nebst Toppnanten.

Hinterer Aufbau.

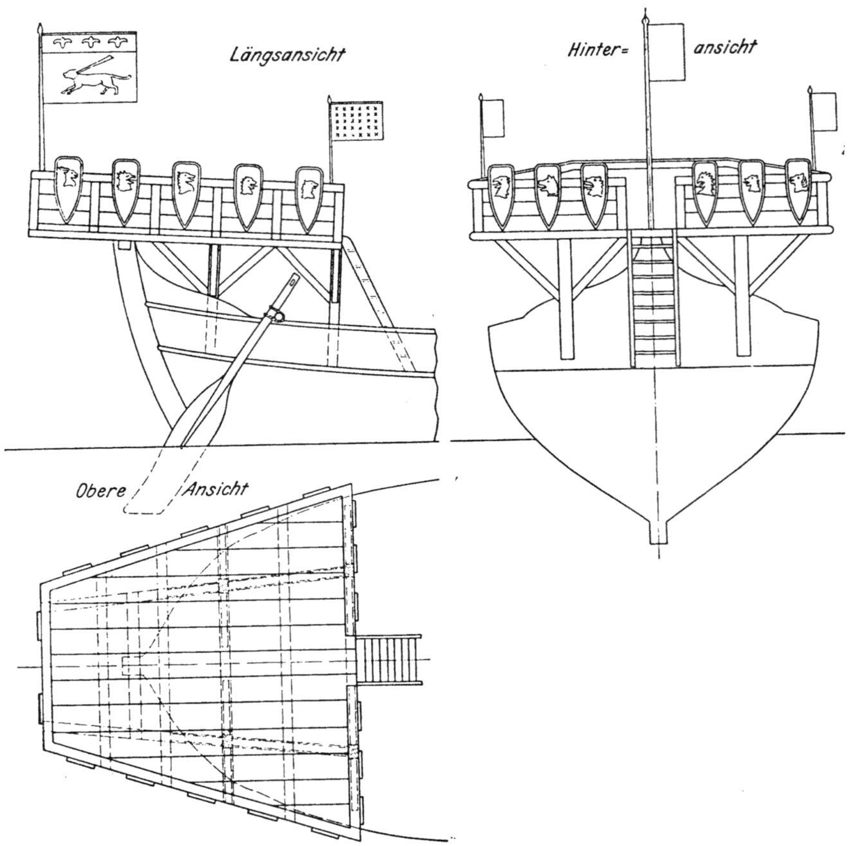

Abb. 98.

Ausrüstung.

Die Schiffe legten sich mit ihrer größeren Segelfläche beim Kreuzen so weit über, daß ein einziges an Steuerbord sitzendes Steuerruder, wenn es auf der Luvseite war, so hoch aus dem Wasser kam, daß die noch eingetauchte Fläche nicht genügte, um das Schiff zu steuern. Man mußte deshalb notgedrungen wieder zu zwei Steuerrudern zurückgreifen, wie sie die

Fahrzeuge im Altertum aufwiesen, damit das jeweils in Lee befindliche Ruder das sichere Steuern übernehmen konnte.

Außer den beiden eisernen Bugankern hatten die Schiffe auch einen kleinen leichten vierflügeligen Anker, der beim Entern auf das feindliche Schiff geworfen wurde, um dieses Bord an Bord ziehen zu können. Sehr deutlich ist dies in Abb. 91 dargestellt, die dem schon angeführten Werk von Steinitz entnommen ist.

Segelriß.

1 : 20.

Abb. 99.

Um das Ein- und Auslaufen der Schiffe mit ihrer immerhin etwas schwerfälligen Takelung zu erleichtern, waren die Schiffe noch mit Riemen ausgerüstet, die auch wohl bei vollständiger Windstille in Betrieb genommen wurden. Die Riemen wurden von den auf Deck stehenden Mannschaften, je zwei an jedem Riemen, bewegt.

Die meisten größeren Normannenschiffe trugen ein kleines Boot, um den Verkehr mit dem Lande zu ermöglichen, wenn auf Reeden geankert werden mußte, wie dies an der syrischen Küste oft vorkam.

Bewaffnung.

Außer den schon erwähnten schweren Steinen, die von den Leuten aus den Krähennestern herabgeschleudert werden konnten, war deren Besatzung mit Bogen und Pfeilen ausgerüstet. Hin und wieder besaßen sie auch wohl Armbrüste, denn in den Kreuzzügen hat schon Richard Löwenherz besondere geschlossene Abteilungen von Armbrustschützen in den Kampf geführt.

Die sonst an Bord befindlichen Ritter und Knappen waren mit Schwert und Speer und einem mit Leder überzogenem oder mit Bronze beschlagenem hölzernen, langgezogenen Schild, welches aufgemalt das Wappen der Ritter trug, bewaffnet.

Es war Sitte, daß die Ritter, wenn sie zu den Kreuzzügen an Bord gingen, ihre Fähnlein mit ihren Wappen mitbrachten und an Bord aufstellten. Nach Siegel[1]) hat dieser Brauch zur späteren Einführung der Nationalflaggen geführt. Über den Ritterfähnlein wehte die Landesflagge der Ritter, so daß die einzelnen Gruppen nach Landsmannschaften kenntlich waren. Es hatte zwar schon vorher einzelne Flaggen gegeben, aber diese waren keine Nationalflaggen, sondern nur Kommandozeichen, wie die Tafel mit den Schiffen Wilhelm des Eroberers zeigt, in der das Boot des Königs im Topp eine viereckige Standarte mit goldenem Kreuz und blauer Einfassung und darüber ein zweites goldenes Kreuz aufweist. Ein anderes Schiff, wohl das einer seiner Feldherren, ist im Topp an einer kleinen rot-weißen Flagge kenntlich. Auch die alten Griechen und Römer hatten bereits solche Kommandozeichen auf ihren Führerschiffen, es ist aber nach den betreffenden Schriftstellen nicht ganz klar, ob es blaue oder rote Flaggen waren, oder Tafeln, die an Bord gezeigt wurden.

Die Mannschaft auf den Normannenschiffen bestand während der Reise zu den Kreuzzügen bei den Fahrzeugen der vorliegenden Größe aus etwa 100—120 Mann, sie setzte sich aus den Rittern mit ihren Knappen und dem seemännischen Personal zusammen. Als Durchschnitt ergibt sich daher die Zahl von rund 110 Personen.

---

[1]) R. Siegel. Die Flagge. Berlin 1912. S. 28.

7. Mittelmeer-Galeere.

Dreizehntes bis achtzehntes Jahrhundert n. Chr.

Geschichtliche Unterlagen.

Alle Galeeren unterscheiden sich dadurch von den Trieren, daß bei ihnen sämtliche Riemen in gleicher Höhe liegen, während sie bei letzteren in drei Reihen übereinander angeordnet sind. Die Ruderer der Galeeren sitzen an Deck auf Bänken, und zwar gewöhnlich drei Ruderer nebeneinander auf einer Bank. Auf den älteren und im allgemeinen kleineren Galeeren führt jeder Ruderer seinen eigenen Riemen, auf den jüngeren und meistens größeren Galeeren greifen dagegen drei Ruderer an einem und demselben Riemen an. Die Riemen der älteren Galeeren, die von den Italienern als „Triremen" bezeichnet werden, sind daher kleiner und schwächer als die der jüngeren, die lange und schwere Riemen führten. Einen Triremen-Riemen bezeichneten die Italiener mit „remo a zenzile", einen Galeeren-Riemen mit „remo di scalloccio". Nach Breusing[1]) soll „zenzile" dünn, schmächtig bedeuten und „scaloccio" ein verunstaltetes Wort sein, das ursprünglich „galeazza" lautete, so daß remo di scalloccio ein Galeassenriemen war, wobei bemerkt sei, daß die jüngsten großen, schon beträchtlich getakelten Galeeren auch Galeassen genannt wurden.

Gute und vielfach sauber gearbeitete Modelle von Galeeren enthält das Museum des Marinearsenals in Venedig und das Marinemuseum im Louvre zu Paris.

Das venetianische Museum besitzt mehrere Modelle von Triremen, die der italienische Kontre-Admiral Fincati[2]) beschreibt (Abb. 100—103), während im Louvre zu Paris nur die Modelle von jüngeren Galeeren auf-

[1]) A. Breusing. Die Lösung des Trierenrätsels. Bremen 1889. S. 87.

[2]) L. Fincati. Le Triremi. Rom 1881.

Aeltere Galeere. Längsansicht.

Abb. 100.

Aeltere Galeere. Deckansicht.

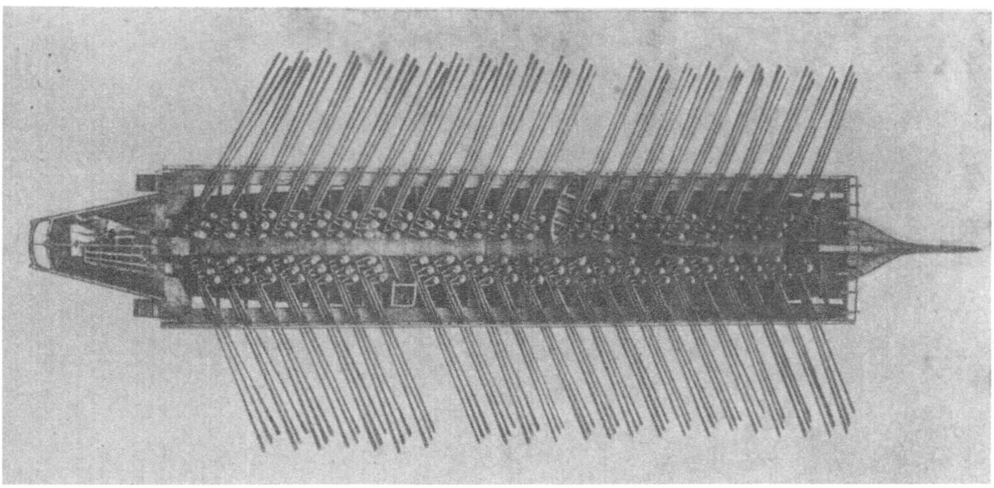

Abb. 101.

Aeltere Galeere. Vorderansicht.

Abb. 102.

Aeltere Galeere. Hinteransicht.

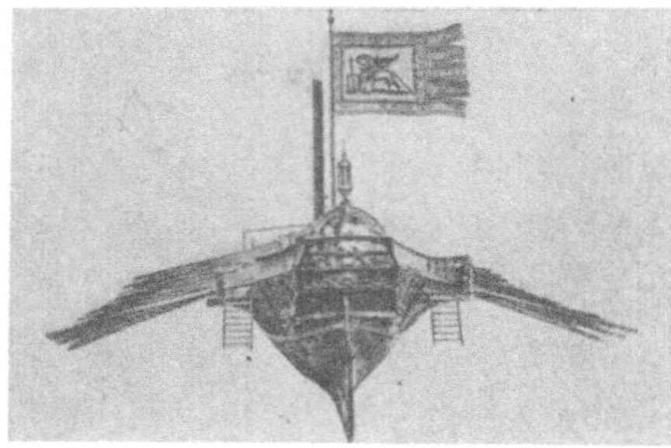

Abb. 103.

Längsansicht. 1 : 200. Abb. 104.

Deckansicht. 1 : 200.

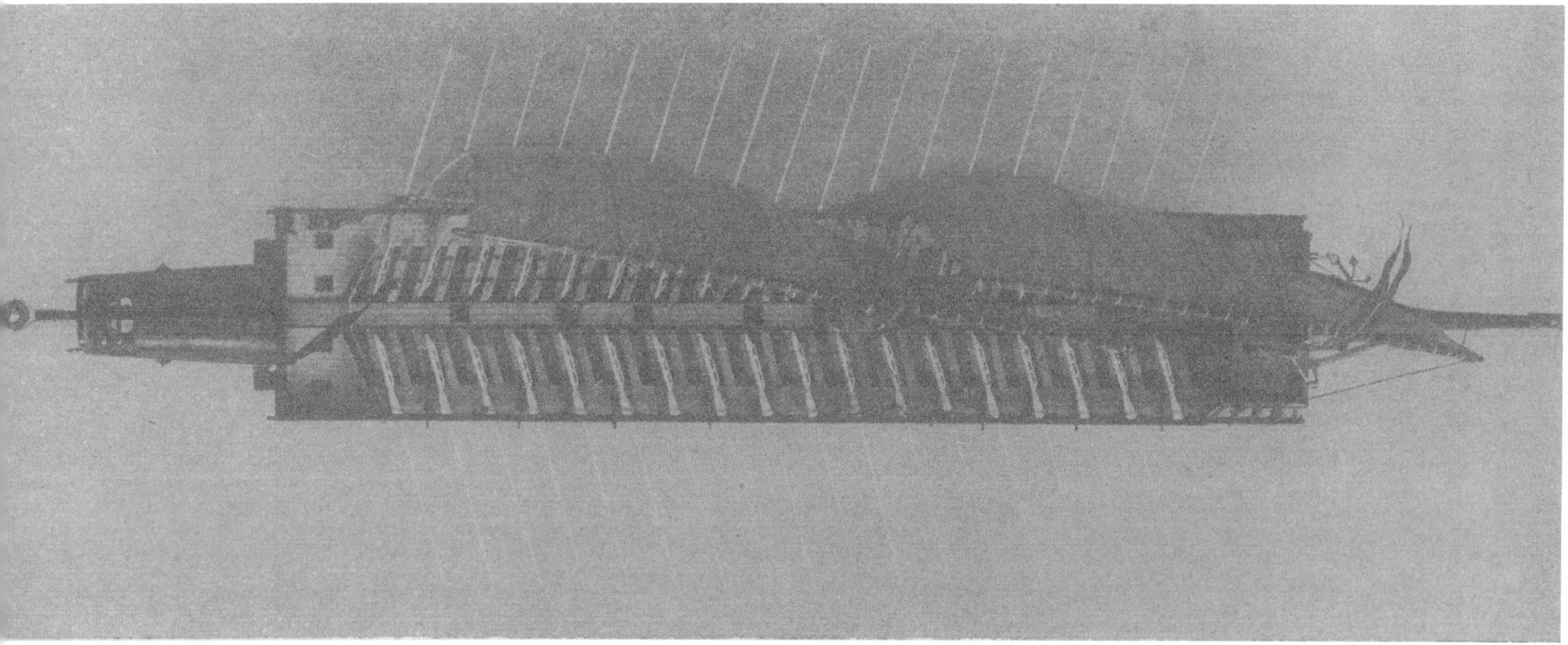

Abb. 105.

gestellt sind, die von dem französischen Vize-Admiral Paris[1]) näher behandelt werden.

Vorderansicht.

1 : 200.

Abb. 106.

---

[1]) Souvenirs de Marine. Par le Vice-Amiral Paris. Paris 1908. Sixième Partie. Planches 303—308.

Die Galeeren haben sich namentlich im Mittelmeer entwickelt und bildeten Jahrhunderte hindurch die Schlachtschiffe der Republiken Venedig

Hinteransicht.
1 : 200.

Abb. 107.

und Genua. Bis in das achtzehnte Jahrhundert hinein haben sie sich zuletzt noch vereinzelt als Prachtschiffe der Staatsoberhäupter der seefahrenden

Völker erhalten, trotzdem sie den hochbordigen Segelschiffen an Seefähigkeit weit unterlegen waren. Ihre Glanzzeit hatten sie im 15. und 16. Jahrhundert, und der größte mit ihnen erfochtene Seesieg ist der des Don Juan d'Austria über die Türken am 7. Oktober 1571 bei Lepanto.

Es hat aber nicht bloß Kriegsgaleeren, sondern auch Handelsgaleeren gegeben, bei denen die Anzahl der Ruderer eine weit geringere als bei den ersteren war, und die sich mehr auf ihre Segel verlassen mußten. Wegen ihrer geringeren Trag- und Seefähigkeit konnten sich die Handelsgaleeren gegenüber den geräumigeren und seefähigeren Segelschiffen auf die Dauer nicht halten und gingen deswegen nach und nach ein.

Hauptabmessungen.

Für das Modell (Abb. 104—107) habe ich eine Kriegsgaleere von mittleren Abmessungen etwa aus dem Ende des 15. Jahrhunderts gewählt, die also weder zu den früheren kleineren von etwa 40 m Länge, noch zu den späteren größeren ihrer Art von etwa 65 m Länge zu rechnen ist. Diese Galeere besaß eine Länge über alles von 48 m, eine Breite in der Wasserlinie von 6,80 m, etwa $1/7$ der Länge, einen Tiefgang von 2,40 m, ungefähr $1/3$ der Breite, und eine Verdrängung von 210 t. Der Riß (Abb. 108) zeigt die feinen Linien eines ausgesprochenen Ruderbootes, das nur bei gutem Wetter imstande war, die großen Segel voll zu tragen.

Bauart.

Die Galeeren wurden auf Kiel und Steven erbaut und karweel geplankt. Auf den Spanten lag unten ein starkes Kielschwein. Eine innere Wegerung war nicht immer, aber doch vielfach vorhanden. Die Deckbalken und die Spanten wurden miteinander durch starke stumpfwinklige Kniee verbunden, welche die äußeren Umläufe mit den Ruderdollen trugen (Abb. 109—110). Die unteren auf Deck liegenden Flächen dieser Kniee waren mit Einkerbungen versehen, durch welche das Wasser treten konnte. Das Deck wurde durch Deckstützen abgesteift, auf ihnen ruhten die Bänke und Fußleisten für die Ruderer. Die Ruderbänke waren querschiffs derartig angeordnet, daß ihre Enden an den Bordseiten etwa 6—7° weiter nach vorn gerichtet waren, als ihre Enden in der Mitte des Schiffes, damit es den drei auf derselben Bank sitzenden

Linienriß.

1 : 200.

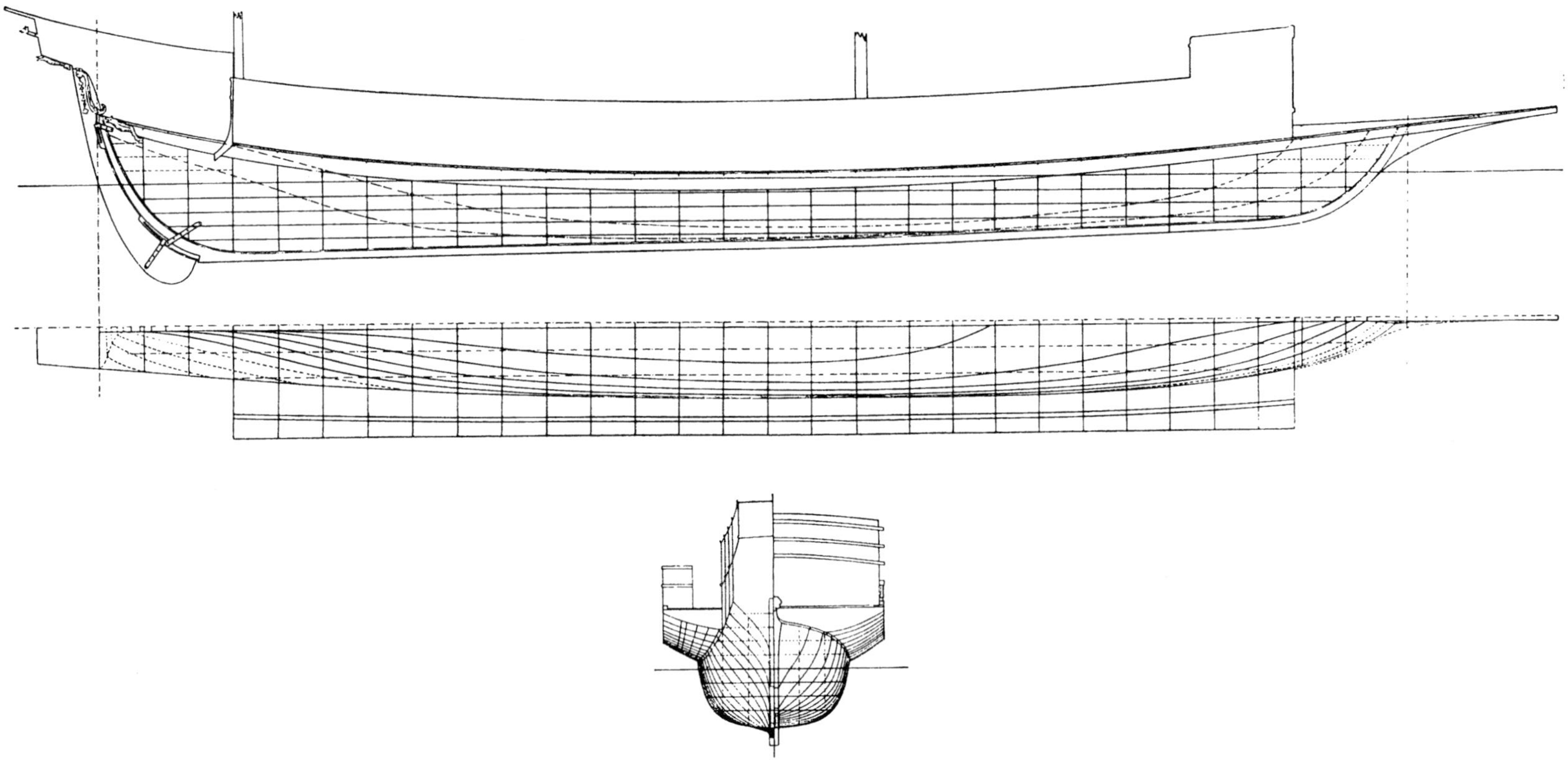

Abb. 108.

Ruderern möglich war, ihre Riemen zu handhaben. Auf den Triremen (Abb. 100—103), wo jeder Ruderer seinen eigenen Riemen bewegte, der mitt-

Querschnitt einer älteren Kriegs-Galeere.

1 : 60.

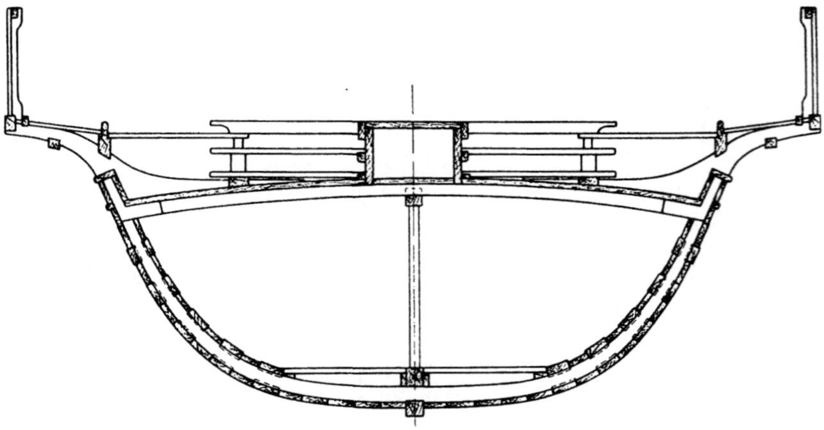

Abb. 109.

Querschnitt einer jüngeren Handels-Galeere.

1 : 60.

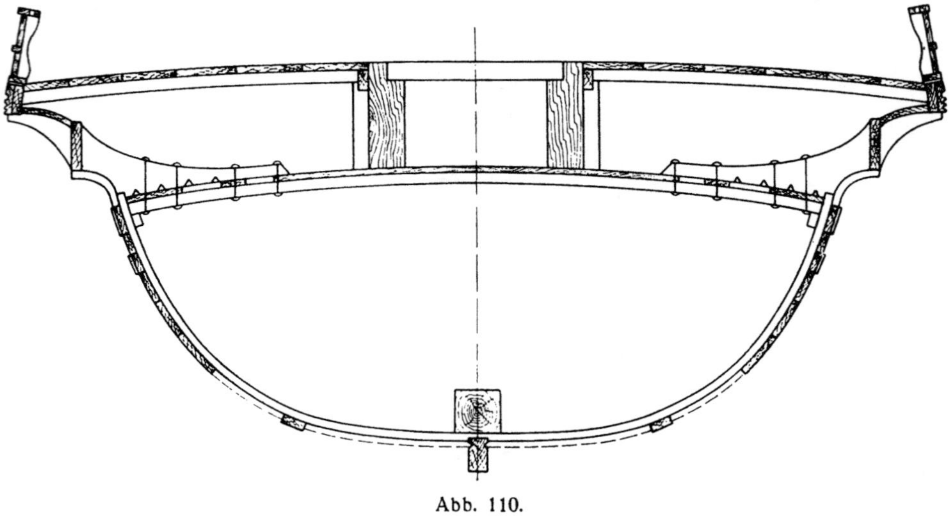

Abb. 110.

schiffs also am weitesten nach hinten sitzende Ruderer den längsten, der an der Bordwand also am weitesten nach vorn sitzende dagegen den kürzesten

Vorderer Aufbau.

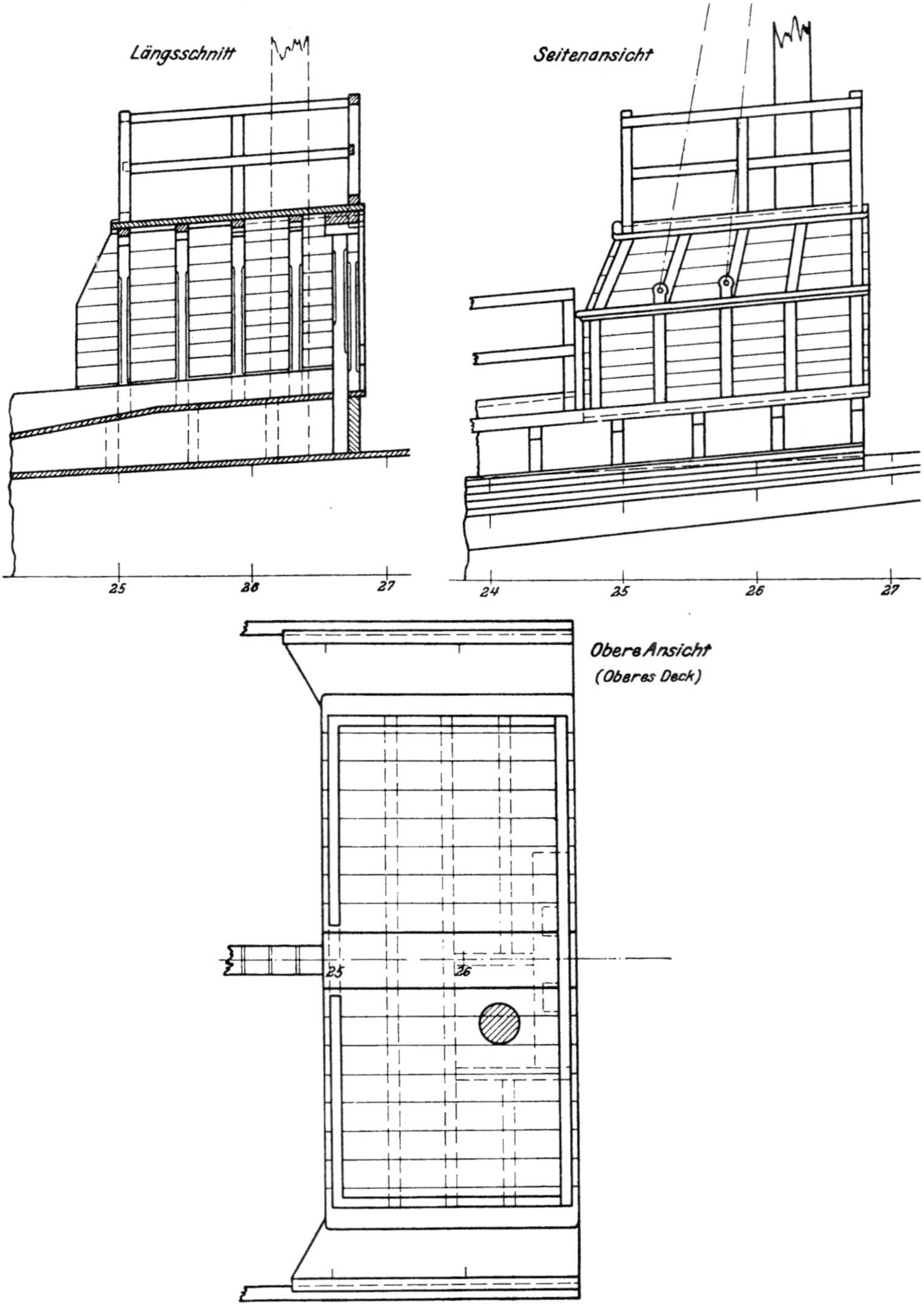

Abb. 111.

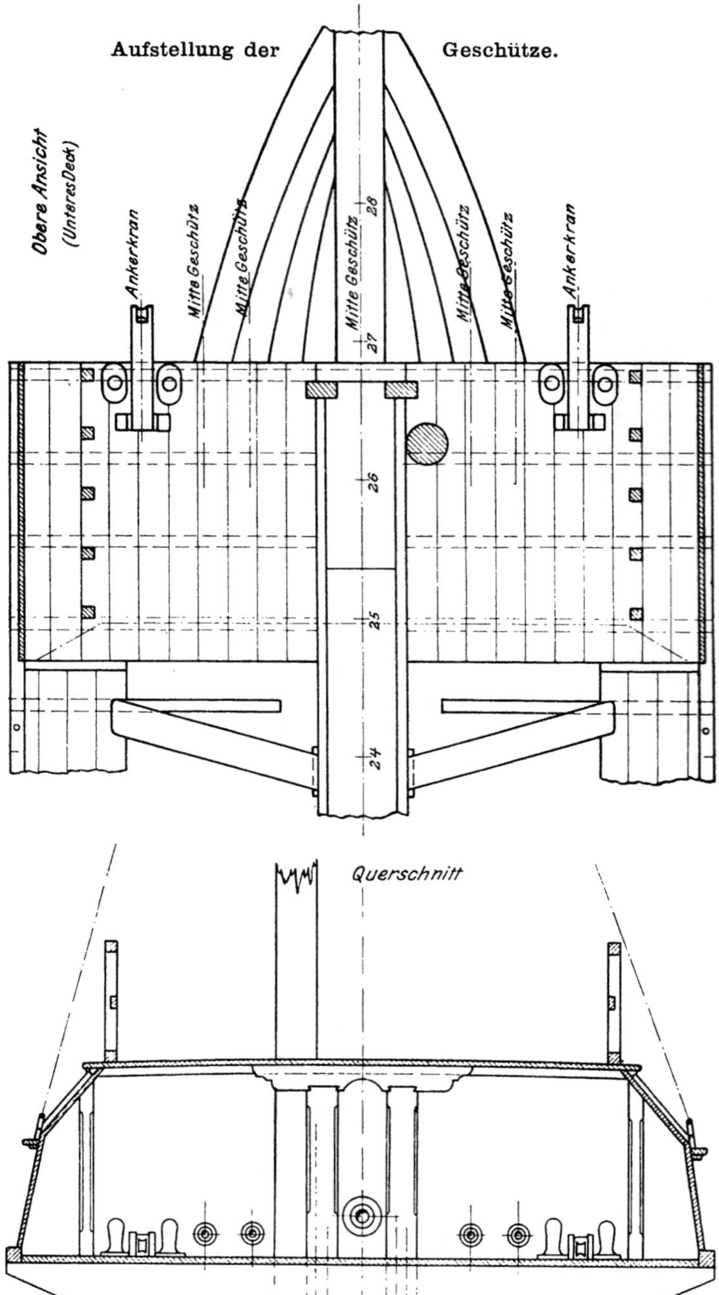
Aufstellung der Geschütze.
Obere Ansicht
(Unteres Deck)
Ankerkran
Mitte Geschütz
Mitte Geschütz
Mitte Geschütz
Mitte Geschütz
Mitte Geschütz
Ankerkran
28
27
26
25
24
Querschnitt

Abb. 112.

Riemen führte, saßen die Ruderer auf einer wagerechten Bank, auf den Galeeren waren dagegen die Bänke abgestuft, so daß der äußere Ruderer am tiefsten, der innere am höchsten saß. Die Galeeren hatten vorn einen Aufbau (Abb. 111), unter dem die Geschütze standen, und dessen Deck auch als Gefechtsort für die Seesoldaten benutzt wurde (Abb. 112). Auf den großen Galeeren der späteren Zeit war hier auch ein Gangspill untergebracht.

Das Achterdeck trug eine nach vorn und hinten offene Kajüte. Vielfach war es nur ein nach oben durch einen wasserdichten Stoff, oder bei Prunkgaleeren durch eine seidene Decke, abgeschlossener Raum. Hinten lagen auch die Treppen zum Besteigen des Schiffes, und zwar auf jeder Schiffsseite eine. Rings um das Schiff lief ein Schanzkleid, welches die Ruderer vor feindlichen Geschossen schützte. Auf den älteren Triremen ohne Schanzkleid bestand der Seitenschutz wie auf den alten griechischen Trieren in Vorhängen, die im Gefecht heruntergelassen wurden.

Das Steuerruder wurde bei allen Galeeren, wie es im Laufe des dreizehnten Jahrhunderts, wahrscheinlich durch die Araber, oder wie heute auch vielfach angenommen wird, durch die Friesen eingeführt war, am Hintersteven, also in der Mittschiffsebene aufgehängt und mittels einer Ruderpinne bewegt.

Takelung.

Die ältesten und kleinsten Galeeren hatten nur einen Mast, die mittleren, wie das Modell zeigt, besaßen zwei Masten, und die jüngsten und größten deren drei. Auf den zweimastigen Galeeren stand der Fockmast entweder im vorderen Aufbau oder doch unmittelbar dahinter. Er war häufig wegen des Rücklaufes des mittelsten Geschützes aus der Mittellinie des Schiffes nach Steuerbord oder Backbord gerückt.

Der Großmast stand vor der Mitte des Schiffes, in dessen Kiellinie. Die Masten waren durch Wanten abgesteift, die aber noch keine Webeleinen besaßen. Sie trugen kurze Toppstengen zum Heißen der Flaggen. Die Segel waren dreieckig — Lateiner (Abb. 113) — oder Rutensegel mit sehr langen, in der Mitte gelaschten Raen, eine Takelungsart, die noch heute im Mittelmeer für die Küstenschiffahrt gebräuchlich ist.

Die Raen hatten Racks mit Holzkugeln, die sie am Mast festhielten, geheißt wurden sie mittels eines Falles und nur zuweilen die Großraen mittels zweier Falle. Die Brassen waren am äußeren Ende der Ra angebracht, in etwa $^{1}/_{4}$ ihrer Länge von der Nock gerechnet. Das vordere untere Ende jeder

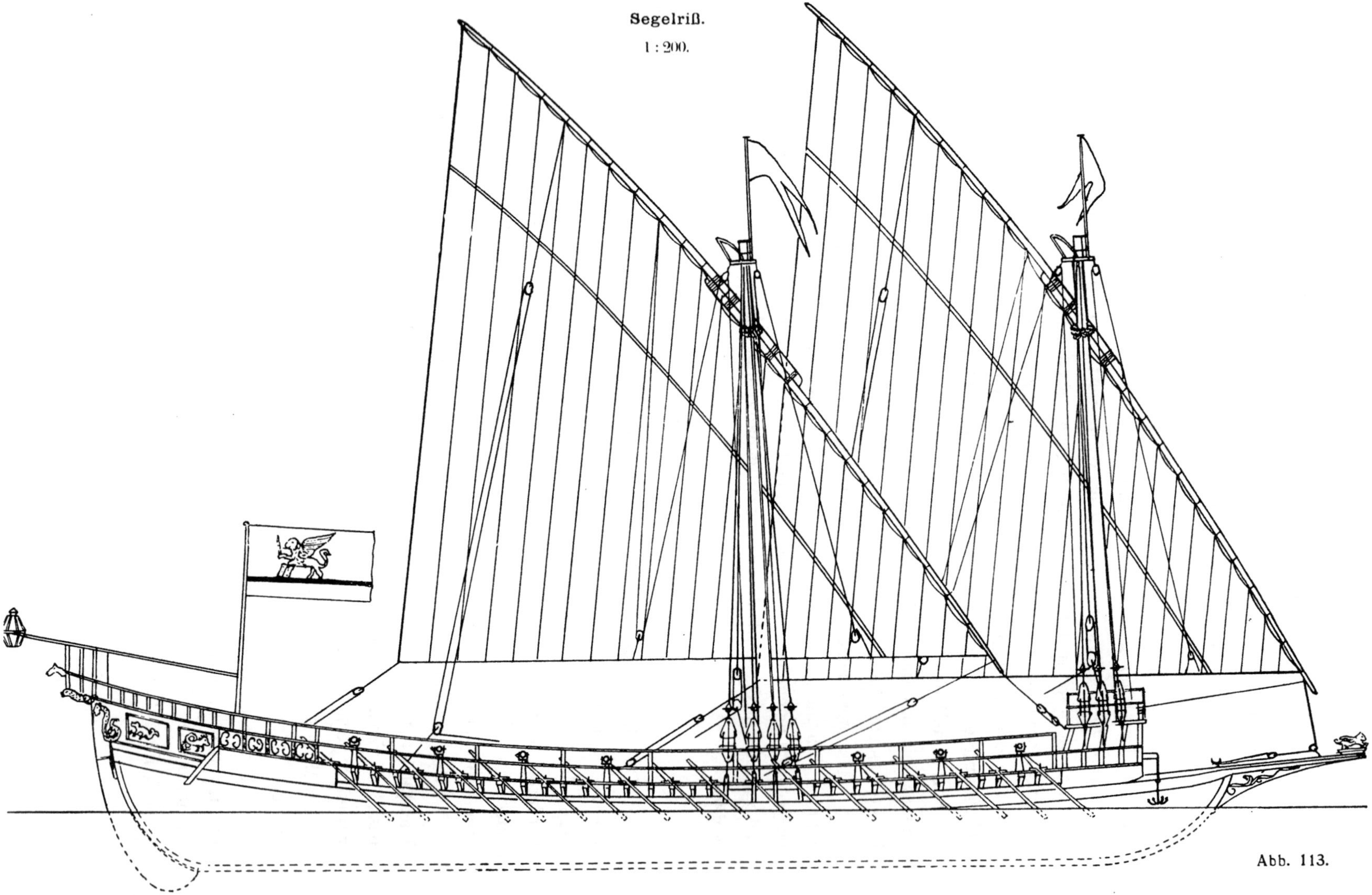

Abb. 113.

Ra trug den Hals des Segels. Um den Hals des Focksegels setzen zu können, mußten die Galeeren einen weit ausladenden Vordersteven besitzen, der aber auch zum Entern benutzt wurde. Die Schoten wurden hinten an den Bordwänden in Klampen belegt. Nur die Segel der jüngsten Galeeren waren parallel zur Ra mit einer Reihe oder mit zwei Reihen von Reffbändseln versehen. Von der Entstehung der Galeeren bis um die Wende des 16. und 17. Jahrhunderts kannte man diese Reffe nicht.

Im allgemeinen war der Großmast 3mal, der Fockmast $2^1/_3$mal, die Großra 4mal und die Fockra 3mal so lang, als die größte Breite der Galeere betrug.

Rudereinrichtung.

Die Ruderbänke waren in Abständen von etwa 1 bis 1,5 m aufgestellt, unter ihnen befanden sich die Fußleisten, und noch tiefer als diese waren vielfach breite Bänke vorhanden, auf denen sich die Ruderer ausruhen konnten. Die Riemen waren je nach der Breite der Galeeren etwa 10—12 m lang, wenn jeder Riemen von drei Mann bedient wurde. Zwischen den Ruderbänken lief von vorn nach hinten in der Mitte des Schiffes ein Gang von etwa 1,20 bis 1,80 m Breite, auf dem sich die mit Peitschen ausgerüsteten Aufseher der Ruderer bewegten. Anfänglich waren die Ruderer geworbene Leute, dann wurden sie durch Kriegsgefangene ersetzt und in der letzten Galeerenzeit bestanden sie zum größten Teil aus Verbrechern, die an die Bänke gefesselt wurden.

Ausrüstung.

Die Galeeren waren gewöhnlich mit zwei eisernen Ankern ausgerüstet, für die kurze Kranbalken am Vorderteil angebracht waren. Das gebräuchliche Ankertau wurde mit der Hand eingeholt, denn nur die jüngsten und größten Galeeren besaßen ein Spill.

Einzelne größere Galeeren führten ein Boot, das in der Nähe des Großmastes mittschiffs auf einer nach der Bordseite geneigten Ebene festgezurrt war (siehe Abb. 101 auf B. B.), die das Aus- und Einsetzen erleichterte. An der Stelle, wo sich diese Ebene befand, mußte eine Ruderbank, zuweilen mußten auch zwei Ruderbänke ausfallen, so daß dann auf der einen Schiffsseite ein oder zwei Riemen und bei Triremen entsprechend 3 bzw. 6 Riemen weniger vorhanden waren, als auf der anderen.

In manchen Galeeren war an einer Stelle auf Deck zwischen dem vorderen und hinteren Aufbau noch eine zweite Ebene eingebaut, die hoch mit Sand beschüttet war, auf dem ein offenes Feuer unterhalten wurde, worüber an einem Balken ein Kochkessel zur Herstellung von Mahlzeiten für die Mannschaft hing. (Siehe Abb. 101 auf St. B.) Auch hier mußte eine entsprechende Anzahl von Riemen ausfallen, so daß die Gesamt-Riemenzahl auf beiden Schiffsseiten wieder gleich groß wurde.

Bewaffnung.

Die ältesten Galeeren hatten noch Katapulte, Wurf- und Schleudermaschinen an Bord. Als aber etwa in der Mitte des fünfzehnten Jahrhunderts die Aufstellung von Geschützen auf Kriegsschiffen immer allgemeiner wurde, bestand die Bewaffnung der Trieren meistens aus 5 Buggeschützen, einem schwereren in der Mitte und 4 leichteren, je 2 an beiden Seiten. Auch an dem Schanzkleid wurden auf jeder Schiffsseite mehrere kleinere Kanonen — Falkonetts — oder Wallbüchsen verteilt.

Die Besatzung bestand aus den Ruderern — drei für jeden Riemen —, also im vorliegenden Modell zusammen bei 36 Riemen 108 Mann. Hierzu wurde stets eine gewisse Reserve-Rudermannschaft, etwa 20—30 Köpfe, eingeschifft, dazu kamen die Seesoldaten (Artilleristen und Arkebusiere) mit etwa 80—100 Mann, ferner die Offiziere, Steuerer und Aufseher, und endlich ein Kaplan, ein Feldscheer und ein die Verwaltung führender Schreiber, so daß die volle Besatzung einer Galeere je nach ihrer Größe zwischen etwa 250—450 Mann schwankte.

8. Hansa-Kogge.

Vierzehntes bis sechzehntes Jahrhundert n. Chr.

Geschichtliche Unterlagen.

Die ältesten Koggen im dreizehnten Jahrhundert n. Chr. waren noch wie die alten Normannenschiffe, aus denen sie entstanden sind, einmastige Fahrzeuge. Später wurden sie, wie die jüngeren Normannenschiffe, mit einem stark nach vorn geneigten Fockmast und noch später mit einem dritten hinteren Mast versehen. Abbildungen einmastiger Koggen finden sich vielfach, als Initialen in Handschriften des 14. und auch noch des 15. Jahrhunderts, die besonders von Heyck[1]) behandelt sind. Trotzdem es einzelne große nur für den Kampf eingerichtete Koggen — Orlogskoggen — gab, waren sie doch in ihrer überwiegenden Mehrzahl Handelskoggen, die aber an den Seekämpfen teilnahmen. Die äußere Form der späteren Koggen ist sehr gut auf einem Bilde in der Marienkirche in Lübeck aus dem Jahre 1489 zu erkennen, wie Abb. 114 zeigt.

Hauptabmessungen.

Bis in das vierzehnte Jahrhundert hinein besaßen die Koggen nur eine Verdrängung von etwa 100 t. Erst später stieg ihre Größe und erreichte im fünfzehnten Jahrhundert eine Verdrängung von 300 bis höchstens 500 t. Die gegen Ende des fünfzehnten und im Laufe des sechzehnten Jahrhunderts erbauten noch größeren Hansaschiffe sind keine Koggen mehr, sondern gleichen den übrigen Kriegsschiffen ihrer Zeit in Ausrüstung und Bauart. Dementsprechend hielten sich auch die Abmessungen der Koggen in bescheidenen Grenzen, denn ihre Länge schwankte ungefähr zwischen 60 bis 120 Lübecker Fuß. Dem Modell (Abb. 115—118) habe ich den Riß

[1]) Dr. Ed. Heyck. Drachen und Koggen. Velhagen & Klasings Monatshefte 1917, Heft 3.

(Abb. 119) einer Kogge aus dem Anfange des sechzehnten Jahrhunderts zugrunde gelegt, deren L ä n g e ü b e r a l l e s 28,8 m betrug und die in der Wasserlinie 24,0 m lang war. Die B r e i t e in der Wasserlinie stellte sich auf rund 8 m und der T i e f g a n g des wenig steuerlastigen Schiffes erreichte vorn 2,6, hinten 2.8 m. Die V e r d r ä n g u n g beträgt nach dem Riß 270 t.

B a u a r t.

Die Koggen wurden auf Kiel und Steven gebaut und karweel geplankt. Die Spanten waren mit den Deckbalken durch Kniee verbunden und zur Er-

Koggen auf einem Gemälde der Marienkirche in Lübeck.

Abb. 114.

zielung genügender Längsfestigkeit waren Kielschweine und Leibhölzer eingebaut. Unterhalb des Schandeckels war ein Bergholz angebracht. Die Koggen hatten ein festes Deck, das vorn und hinten zu einer Back bzw. Kampange erhöht war. Es sind die alten zuerst vorübergehend aufgebauten Kastelle der jüngeren Normannenschiffe, die nach und nach mit dem Schiffskörper verwuchsen. Der Vorsteven fällt etwas aus und trägt ein kurzes Bugspriet, das aber kein Segel trug, sondern nur einen kleinen Wurfanker.

wie er schon bei den Normannen im Gebrauch war und dort erwähnt wurde. Auch das Hinterkastell ragte etwas über den Schiffskörper hinaus, der in seiner Form noch stark an die Normannenschiffe erinnert.

Vor den Rüsten des Hauptmastes waren zur Erhöhung der Festigkeit des Schiffskörpers und vielleicht zum Schutz gegen das Schamfielen an den Kais der Häfen auf beiden Schiffsseiten 4 starke Auflanger eingebaut die, an dem Bergholz beginnend, bis zur Reelingleiste hinaufreichten. Durch die zwischen diesen Hölzern in das Schanzkleid eingeschnittenen Öffnungen konnten Riemen gesteckt werden, die an Bord in entsprechender Anzahl vorhanden waren, um die Fahrzeuge ohne Segel in den Häfen und auf Reeden zu bewegen.

Bemastung.

Die größeren Koggen besaßen drei Masten, die sämtlich durch Wanten abgesteift wurden. Die Wanten des Hauptmastes wurden durch die Jungfern an den Rüsten befestigt, die an beiden Seiten außenbords angebracht waren. Der Fockmast und der hintere Mast hatten keine besonderen Rüsten, ihre Jungfern waren in Augbolzen eingehängt, die an den Schanzkleidstützen befestigt wurden. Alle drei Masten waren außerdem nach vorn abgestagt. Der Haupt- und Fockmast trugen ein Krähennest zur Aufnahme von Armbrustschützen. Wie bei den Normannenschiffen wurden in die Krähennester auch Steine gehoben, die von oben zwischen die Angreifer geworfen werden konnten. In den Krähennestern steckten Wimpel in den Hansafarben — weiß und rot — als Erkennungszeichen in den Seekämpfen. Andere Wimpel oder Flaggen wurden nicht geführt.

Die Raen waren durch Racks an den Masten festgehalten. Das kurze Bugspriet war nur im Schiff befestigt und besaß kein Wasserstag. Aus dem Heck ragte ein kurzer Besanbaum hervor, der nach unten abgestagt war, um der oben angreifenden Besanschot entgegenzuwirken.

Besegelung.

Der Vor- und Hauptmast trugen ein Rasegel, der hintere Mast ein Lateiner- oder Rutensegel (Abb. 120). Die älteren nordischen Segelfahrzeuge führten nur das Rasegel, das Rutensegel ist erst später aus dem Mittelmeer eingeführt worden, wo es die durch die Kreuzzüge dorthin gekommenen Hanseaten zuerst kennen lernten.

Das Vorsegel und das Rutensegel konnten einmal, das Großsegel zweimal angetucht werden. Die Rasegel hatten außer dem Fall an laufendem Gut Toppnanten, Brassen und Schoten, das Rutensegel außer dem Fall nur Hals und Schot.

Längsansicht.
1:200.

Abb. 115.

Hinter dem Hauptmast erhob sich ein Mastenknecht, an dessen Kavielnägeln das laufende Gut belegt wurde. Am Vor- und Hintermast waren für diesen Zweck nur Deck- und Seitenklampen angebracht.

Deckansicht. 1 : 200.

Abb. 116.

Ausrüstung.

Die Koggen besaßen zwei Buganker, deren Taue durch Ankerklüsen zu einer auf Deck stehenden Querbeeting führten. Sie zählen somit zu den ersten mit Klüsen versehenen Fahrzeugen, deren Gebrauch in den früheren Zeiten unbekannt war.

Vor dem Großmast stand auf Deck in Klampen ein Boot, größere Koggen führten zwei Boote (Abb 121), die zu beiden Seiten der unter Deck

Vorderansicht.
1:200.

Abb. 117.

Hinteransicht.
1 : 200.

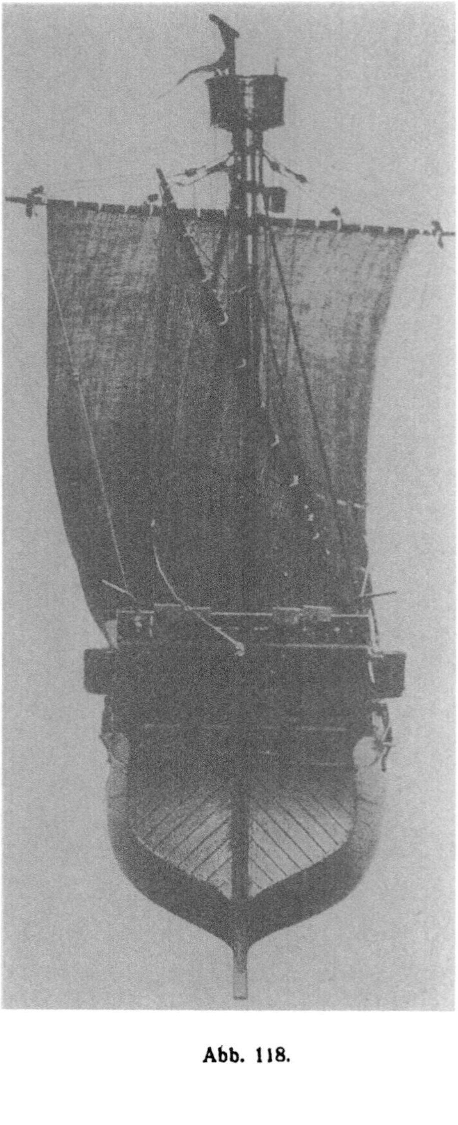

Abb. 118.

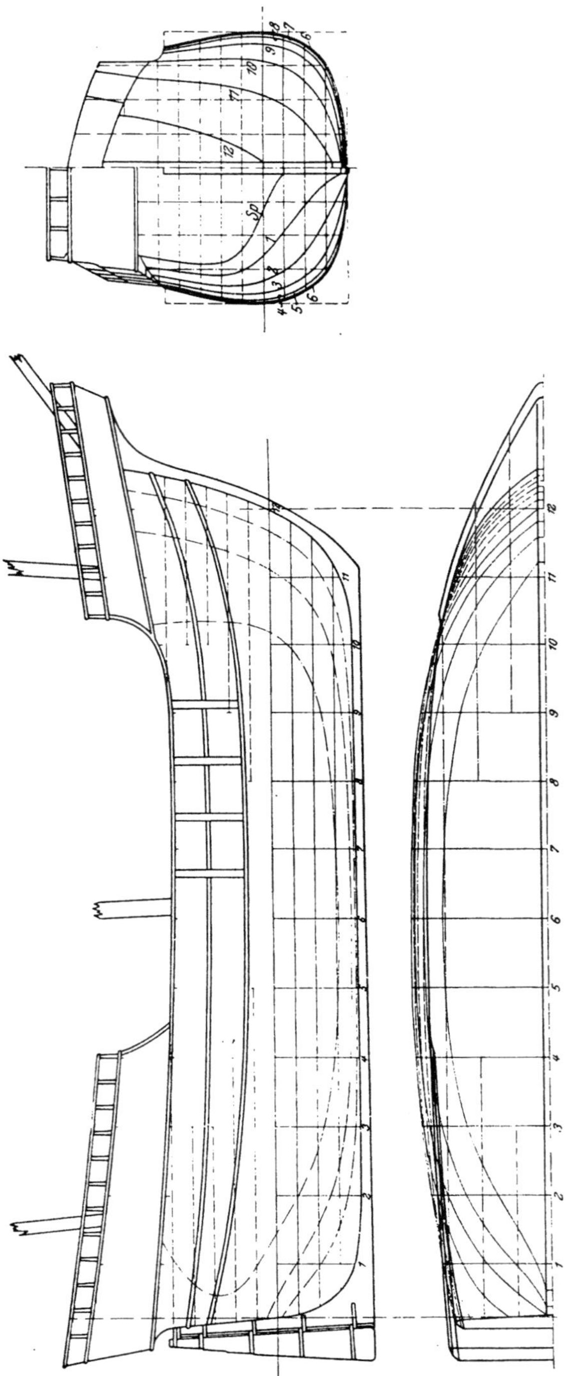

Linienriß.

1 : 200.

Abb. 119.

führenden Niedergangsluke angeordnet waren. Hinter dem Großmast befand sich eine Hand- Lenzpumpe, die von Deck bewegt wurde.

Segelriß.
1 : 200.

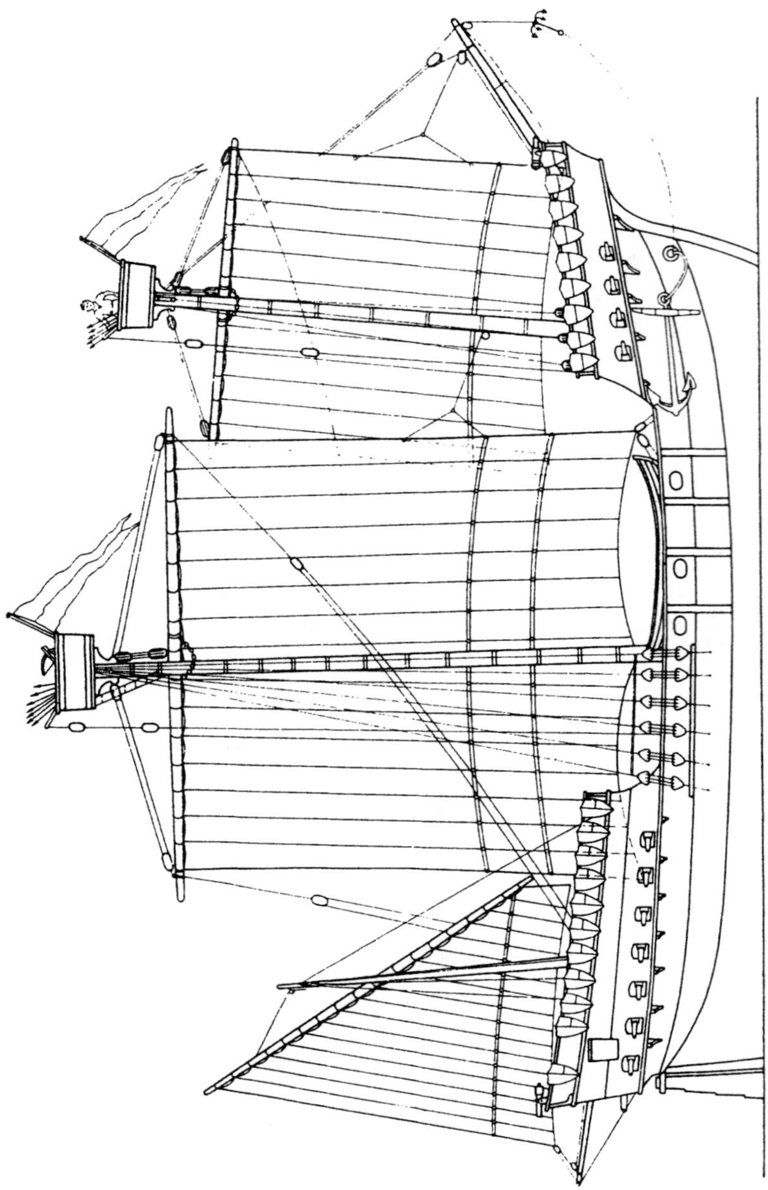

Abb. 120.

An der Vorderwand der Kampange lagen die Wasserfässer mit dem Trinkwasser für die Offiziere (Abb. 122).

Eine Treppe führte von Deck auf das Kampangedeck, und von diesem gingen die Treppen durch Luken nach unten zu den Offizier- und Kommandantenkammern. Am hinteren Ende der Kampange war an einer Bordwand eine Tonne mit einer Öffnung im Boden befestigt, die als Abort von den Offizieren benutzt wurde, während für die Mannschaften wie auch bei allen früheren Schiffen nichts derartiges vorgesehen war.

Deckplan.

1 : 200.

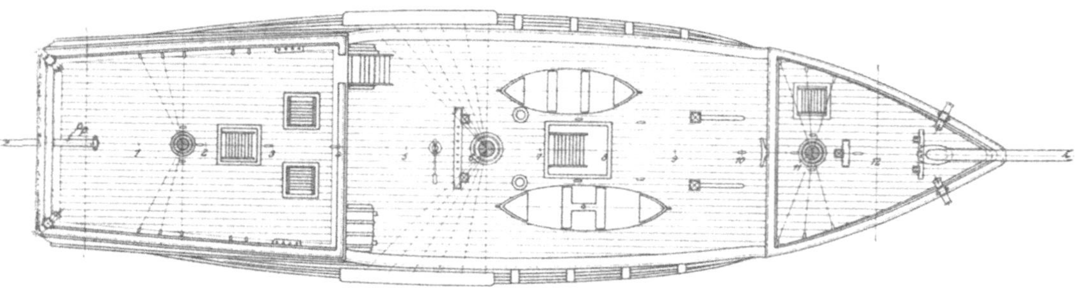

Abb. 121.

Hinterwand der Back. Vorderwand der Kampange.

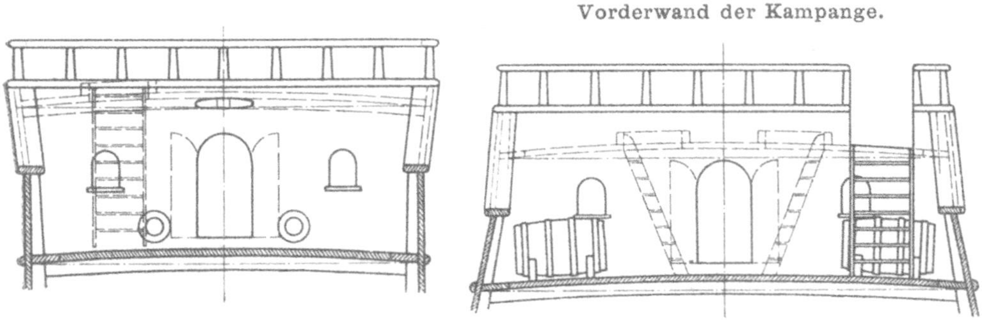

Abb. 122.

Bewaffnung.

Erst ungefähr am Anfang des fünfzehnten Jahrhunderts beginnt die Bewaffnung der Koggen mit Kanonen, die Steinkugeln schossen. Bis dahin hatten die Orlogskoggen immer, die Handelskoggen zuweilen, in der Mitte auf dem Deck zwei eigenartige Kriegsmaschinen. Die größere, die Blide, warf nach Art der Katapulte im Bogen einen schweren Stein auf den entfernteren Gegner, während die kleinere, das treibende Werk genannt, eine Art von Armbrust im größten Stile, den näheren Angreifer mit einem Hagel von Steinen, eisernen Stangen usw. überschüttete.

Die Mannen kämpften auf dem Vorderkastell noch mit Speer, Schwert und Schild, die Offiziere und freien hanseatischen Bürger in gleicher Weise auf dem Hinterkastell. Die Schilder der Mannen, aus Holz und mit Leder bezogen, waren meistens mit den Hansafarben „weiß-rot" senkrecht bemalt, während die der Bürger gewöhnlich das Städtewappen, die der Offiziere ihre Geschlechtswappen zeigten. Die Schilder wurden noch nach dem Vorbilde der Wikinger an der Reling der Kastelle aufgehängt.

Zwischen den Mannen, auf Deck sowie in den Krähennestern, waren eine Anzahl von Armbrustschützen aufgestellt, die auch, wie schon erwähnt, von oben mit Steinen auf die unten Kämpfenden warfen.

An die Stelle der Armbrustschützen traten später mit der zunehmenden Vervollkommnung der Feuerwaffen, Arkebusiere, und statt der Kriegsmaschinen verwendete man Geschütze, die unter den Decks der Kastelle aufgestellt wurden. Hinten und vorn waren auf dem Schanzkleid der Kastelle gewöhnlich noch einige kleinkalibrige Geschütze, sogenannte Drehbassen oder Wallbüchsen, angeordnet.

Mannschaft.

Die älteren Koggen von ungefähr 200 t Verdrängung nahmen im Anfange des vierzehnten Jahrhunderts durchschnittlich etwa 20 Ritter, d. h. Offiziere und Bürger, sowie rund 100 Mannen an Bord. Hierzu kamen noch die eigentlichen Seeleute mit etwa 20 Mann, so daß die ganze Besatzung sich auf 140 Köpfe belief. Mit der zunehmenden Größe der Koggen und ihrer Bewaffnung mit Kanonen stieg die Besatzung bis auf einige Hundert Mann.

Dritter Teil.

Schiffe der neueren Zeit.

9. Englisches Kriegsschiff „Great Harry"

Sechzehntes Jahrhundert n. Chr.

Geschichtliche Unterlagen.

Die Pläne für das Schiff „Great Harry" stammen noch aus der Regierungszeit Heinrich VII., der die ersten Bausteine zur Gründung der späteren englischen Flotte zusammentrug. Nach seinen Absichten sollte das auf 1000 t Verdrängung geplante Schiff an Größe und Kampfkraft alle bisher auf dem Wasser schwimmenden Fahrzeuge der Franzosen und selbst der damals mächtigen Republiken Genua und Venedig übertreffen.

Der ursprüngliche Name des 1515, im sechsten Jahre der Regierung Heinrich VIII., vom Stapel gelaufenen Schiffes war „Henry Grace à Dieu", das aber von dem Chronisten Stowe später als „Great Harry" aufgeführt ist. Hierdurch sowie durch eine Abbildung, die in der Pepysian-Sammlung der Bibliothek des Magdalen-College in Cambridge enthalten ist, und die ebenfalls das Schiff „Henry Grace à Dieu" darstellen soll, aber ein ganz anderes Fahrzeug zeigt, als das hier besprochene, sind Zweifel entstanden, ob die beiden Namen sich auf ein- und dasselbe Schiff beziehen. Diese Zweifel haben zu langen Auseinandersetzungen zwischen den einschlägigen englischen Schriftstellern geführt, wobei Charnock[1]) die Ansicht vertritt, daß das Schiff der Pepysian-Sammlung wahrscheinlich das Kriegsschiff „Regent" aus Heinrich VIII Flotte darstellt, mit dem es in Tragfähigkeit und Mannschaftszahl übereinstimmt.

Jedenfalls hat der Baseler Maler Hans Holbein d. J., der von 1536 bis 1543 in London Hofmaler des Königs Heinrich VIII. von England war, in dieser Zeit im Auftrage des Königs das Schiff „Great Harry" gemalt. Das heute noch in Windsor hängende Bild (Abb. 123) zeugt von einer ungewöhn-

[1]) John Charnock. A History of Marine Architecture. London 1801. Vol. II. S. 39.

lichen Beobachtungsgabe und einer in ihrer Wiedergabe überzeugenden Naturtreue. Es diente mir als Grundlage bei dem Entwurfe des Modells, besonders weil sich in London zwei voneinander abweichende Modelle des „Great Harry“ befinden, das eine, von dem ich mir mit Erlaubnis der englischen Admiralität im Jahre 1907 die Photographien des Vorschiffs (Abb. 124) und des Hinterschiffs (Abb. 125) anfertigen lassen durfte, ist im Museum der Naval Academy in Greenwich aufgestellt, das andere mit dem Bilde Holbeins

Darstellung des „Great Harry“ von Holbein.

Abb. 123.

weniger übereinstimmende in dem Museum des United Service Institute in Whitehall.

Der Erbauer des „Great Harry“, wahrscheinlich der Chef-Konstrukteur — wenn man ihn so bezeichnen kann — der englischen Marine unter Heinrich VIII. hat Papiere über seine Tätigkeit in Geheimschrift — Ciphers, wie sie die Engländer bezeichnen — hinterlassen, deren Schlüssel verloren gegangen ist. Wie mir Mr. Dana, der Sekretär der Institution of Naval Architects im Jahre 1907 in London erzählte, soll es aber damals gerade gelungen sein, die Handschriften zu entziffern, so daß deren Inhalt vielleicht später noch veröffentlicht wird und uns nähere Aufschlüsse über den englischen Schiffbau im Anfange des sechzehnten Jahrhunderts bringt.

Hauptabmessungen.

Nach den vorhandenen englischen Modellen muß „Great Harry" eine Länge über alles von 51,40 m und eine Länge in der Wasserlinie von

Bug des Greenwicher Modells.

Abb. 124.

39,5 m besessen haben. Die Breite betrug 11.20 m und der Tiefgang 4,40 m. Die Verdrängung stellte sich, wie schon erwähnt, auf 1000 t.

Der Linienriß (Abb. 126) ist dem Greenwicher Modell entnommen. wobei dessen offensichtlich neuere Gestalt des Buges (siehe Abb. 124) unberücksichtigt blieb. Das Modell (Abb. 127—130) ist nach diesem Riß angefertigt.

Bauart.

„Great Harry" war ein Dreidecker, der im Zwischendeck, Batteriedeck und auf dem Oberdeck Geschütze trug. Das Schiff besaß einen Außenkiel, der hintere Teil des Schiffes endigte in einem Spiegel, über dem sich ein hohes

Heck des Greenwicher Modells.

Abb. 125.

Heck erhob. Der Vorsteven ähnelt in seiner weit ausladenden Gestalt denen der Mittelmeer-Galeeren; während aber bei diesen eine solche Formgebung wegen des Halses des Vorsegels geboten war, läßt er sich bei „Great Harry" durch die Bedienung des Vorsegels nicht erklären, da diese von Bugspriet und Deck erfolgen konnte. Möglich ist es, daß man sich des langen Vorderteils als einer Brücke beim Entern bedienen wollte.

Linienriß.
1 : 300.

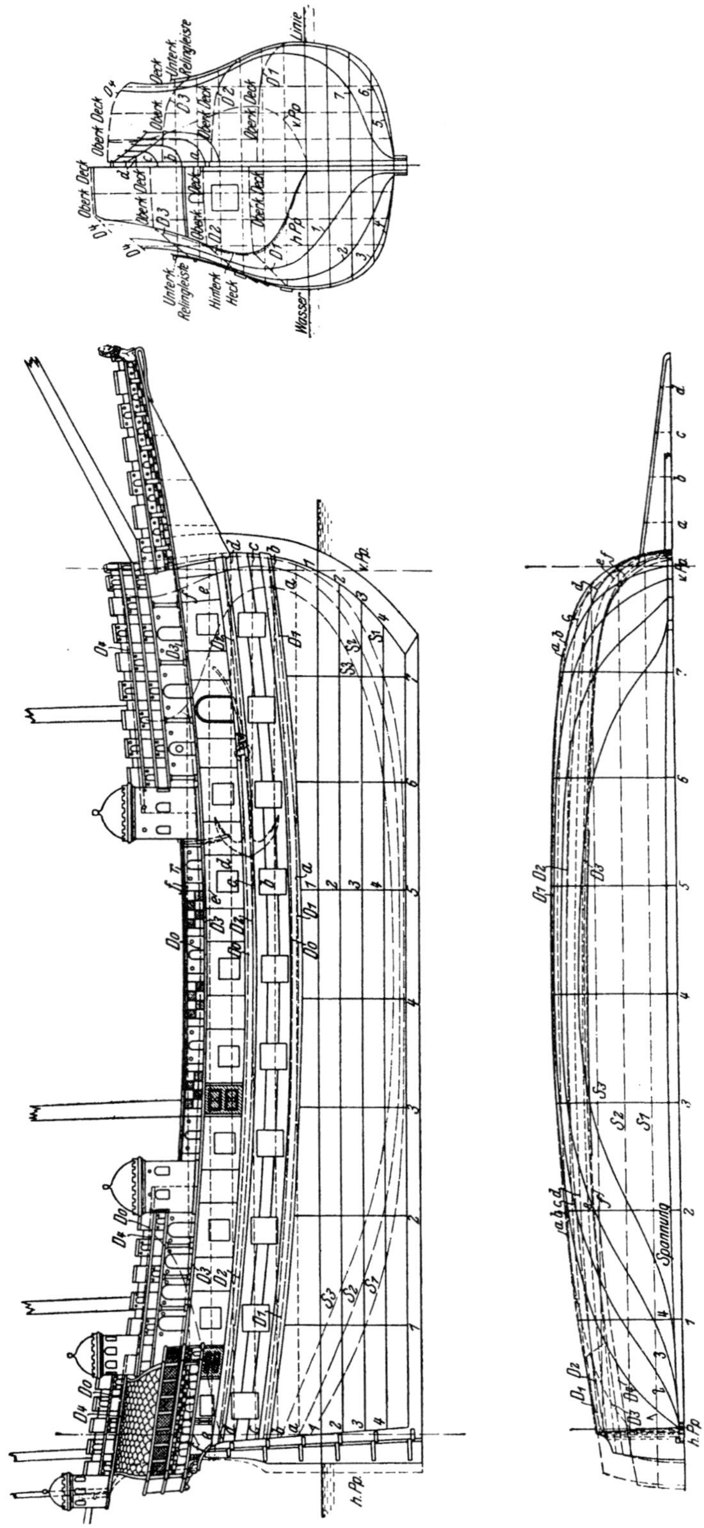

Abb. 126.

Längsansicht 1 : 300. Abb. 127.

Deckansicht.

1 : 300.

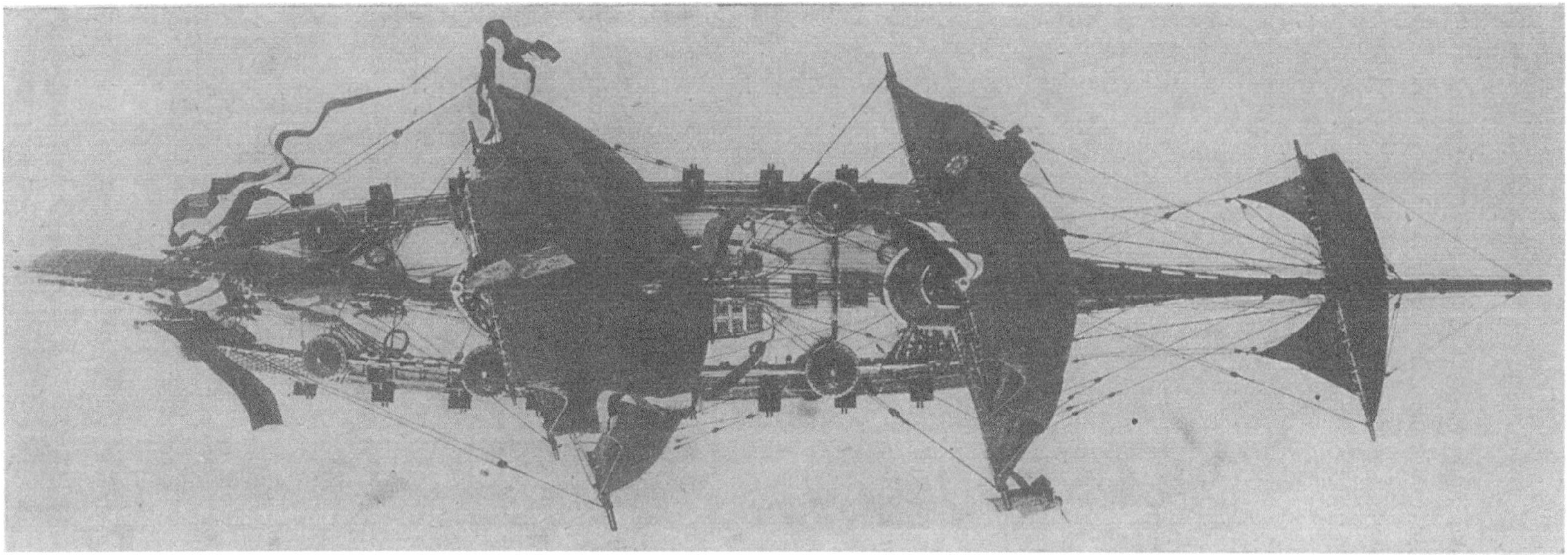

Abb. 128.

Über den inneren Ausbau des Schiffes ist uns nichts überliefert, doch läßt sich wohl annehmen, daß die Anordnung seiner Quer- und Längsverbindungen im allgemeinen denen der größeren Galeeren jener Zeit entsprach,

Vorderansicht.

1 : [illegible]

Abb. 1[illegible]9

weil sich Heinrich VIII., wie geschichtlich feststeht, zum Bau seiner Schiffe tüchtige und erfahrene Schiffbaumeister aus Venedig und Genua kommen ließ.

Hinteransicht.

1 : 300.

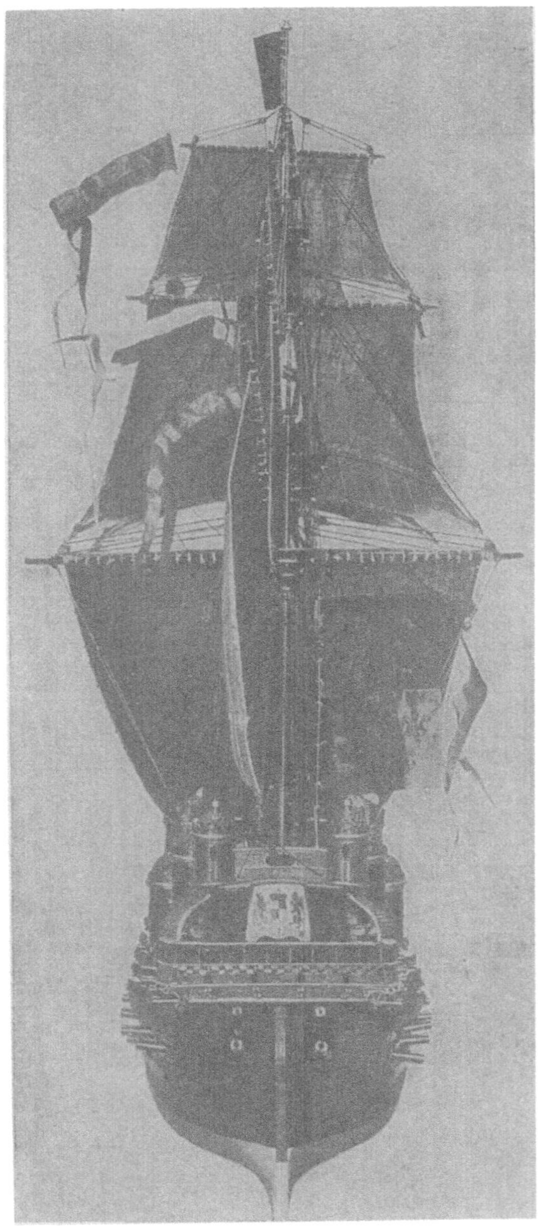

Abb. 130.

Segelriß. 1:300. Abb. 131.

Eigentümlich berührt der als Burg oder Festung im Tudor-Stil ausgebaute obere Teil des Schiffes. Die vier Türme auf jeder Schiffsseite entsprechen den Kaponnièren der Festungen, denn die in ihnen aufgestellten Schützen konnten die an den Bordwänden aufenternden Feinde flankieren.

Bemastung.

Das Schiff besaß außer dem Fock-, Groß- und Besan-Mast noch ganz hinten einen kleinen vierten Mast. Die Masten hatten schon Mars- und Bramstengen und besaßen mit Webeleinen versehene Wanten, die mit Jungfern an den Bordseiten befestigt waren. Die drei vorderen Masten trugen je 2 Marsen, und von diesen Marsen gingen weitere Wanten nach oben. Nur der vierte Mast hatte nur einen Mars. Wie durch die Wanten nach den Seiten waren die Masten nach vorn durch Stage und nach hinten durch Pardunen sowie auch untereinander abgestagt.

Vorn befand sich ein Bugspriet, das weit über den langen Ausbau des Vorschiffes hinausragte. Mit jener Zeit anfangend, hing an dem Bugspriet ein Rasegel, welches etwa zwei Jahrhunderte später durch die noch heute üblichen Klüver ersetzt wurde.

Besegelung.

Die beiden Vordermasten trugen je drei Rasegel (Abb. 131), die beiden hinteren Ruten- oder Lateinersegel, und zwar der letzte nur zwei, der andere drei Rutensegel übereinander. Das Schiff war damit völlig übertakelt, und es heißt, daß man später einen der hinteren Masten entfernt hat. Aber auch dann war die Segelfläche noch so groß, daß man nur bei gutem Wetter mit dem Schiff in See gehen konnte. Diesen Fehler besaßen übrigens alle damaligen großen Kriegsschiffe, die fast nur mit achterlichen Winden segelten, und von schlechtem Wetter überrascht, sofort einen Hafen zu erreichen suchten.

Die Untersegel der drei vorderen Masten waren angetucht, ebenso die Marssegel des Fock- und Großmastes, was darauf hindeutet, daß man nach Wegnahme der Bramsegel mit den verkleinerten Unter- und Marssegeln allein fahren wollte.

Ausrüstung.

Wie das Holbeinsche Bild (Abb. 123) zeigt, hatte das Schiff zwei Buganker, denn es ist wohl anzunehmen, daß in gleicher Weise wie auf B. B. auch auf St. B. ein Anker angeordnet war, und daß das Schiff für die schweren Anker auch ein Spill besaß, wie es jüngere Galeeren ebenfalls aufwiesen.

Boote sind zwar auf dem Bild nicht dargestellt, indessen wird das Schiff wohl zwei oder mehrere Boote an Deck geführt haben, weil dies im Mittelalter schon auf kleineren Schiffen der Fall war.

Auffällig sind die vielen Flaggen und Wimpel, die Holbein dem Schiff gegeben hat. Höchstwahrscheinlich hat er jenen Zeitpunkt festgehalten, an dem

Heck.

Abb. 132.

sich Heinrich VIII. am 31. Mai 1520 in Dover auf „Great Harry" zu einer Besichtigung eingeschifft hatte. Der Künstler läßt im Topp des vordersten und hintersten Mastes die englische Kriegsflagge, das rote Georgskreuz in weißem Felde, wehen; im Großtopp ist die königliche Standarte gesetzt, und der Besantopp zeigt die rote Lancaster-Rose des Hauses Tudor in einer ebenfalls weißen

Flagge. Von den Nocken einzelner Raen wehen noch eine Anzahl farbiger Wimpel mit verschiedenen Wappen.

Bewaffnung.

Holbein hat in seiner Darstellung vor dem Anker im Zwischendeck auf B. B. 3 Geschütze angedeutet, das ergibt mit den 3 auf St. B. eine Bugbatterie von 6 Geschützen. Dasselbe Deck trägt dann eine Breitseitbatterie von 8 Geschützen auf jeder Seite, zusammen 16. Ferner sind unter dem Heck noch 2 Geschütze aufgestellt, so daß im Zwischendeck 24 Geschütze stehen. Im Batteriedeck sind auf jeder Schiffsseite 8 und am Heck 2, zusammen also 18 Geschütze untergebracht, auf dem Oberdeck befindet sich hinter dem Großmast noch eine Batterie von 8 Geschützen, davon 4 auf jeder Seite. Die Oberdeckbatterie enthält nach dem Bilde nur leichtere Geschütze, auch bei der Bugbatterie scheint dies der Fall zu sein. Welche Kaliber die Geschütze hatten, ist uns nicht näher überliefert, bekannt ist nur, daß es sämtlich Bronzekanonen gewesen sind. Im ganzen führte das Schiff 50 Geschütze.

Mannschaft.

Die Bemannung des Schiffes wird auf rund 400 Köpfe angegeben. Es ist nicht bekannt, wieviel hiervon auf Offiziere, Seeleute, Artilleristen und Seesoldaten entfielen.

10. Kurbrandenburgische Fregatte „Friedrich Wilhelm zu Pferde“.

Siebzehntes Jahrhundert n. Chr.

Geschichtliche Unterlagen.

In der Flotte des Großen Kurfürsten war die Fregatte „Friedrich Wilhelm zu Pferde“ das größte und stärkste Schiff. Wie der Admiralstabssekretär Voigt[1]) aus dem im Geheimen Staatsarchiv in Berlin befindlichen Werke „Coervorstelijke Scheeps Magazijen Boeck Pillau 1680—1685“ nachgewiesen hat, ist „Friedrich Wilhelm zu Pferde“ auf der Kurfürstlichen Werft zu Pillau gebaut und 1681 von Stapel gelaufen.

Das Äußere des Schiffes ist nur aus einem Bilde des holländischen Malers Verschuier bekannt, das die nach einem Auftrage des Großen Kurfürsten gemalte kurbrandenburgische Flotte wiedergibt. Dieses Bild befindet sich im Besitze des Kaisers, mit dessen Erlaubnis die Abb. 133 aus dem Bilde photographisch entnommen wurde.

Hauptabmessungen.

Voigt gibt die Abmessungen des Schiffes nach dem Werke im Geheimarchiv zu 125 Fuß Länge und 32 Fuß Breite an. Es wird sich hierbei um preußisches Maß handeln, so daß die Länge mit 39,23 m, die Breite mit 10,4 m anzunehmen wäre. Nun war es bei Holzschiffen allgemein Gebrauch, die Länge zwischen den Perpendikeln zu messen, die am Vor- und Hintersteven auf Innenkante Sponung in der Wasserlinie gezogen wurden, die Länge über alles stellt sich dann nach Hinzuziehung des weit ausladenden Gallions und des nach hinten hinausgebauten Hecks auf 50,50 m.

[1]) Chr. Voigt. Über die Abmessungen kurbrandenburgischer Kriegsschiffe. Zeitschrift „Überall“ 1914/15, S. 188.

„Friedrich Wilhelm zu Pferde" nach dem Gemälde von Verschuier.

Abb. 133.

Linienriß.

1 : 300.

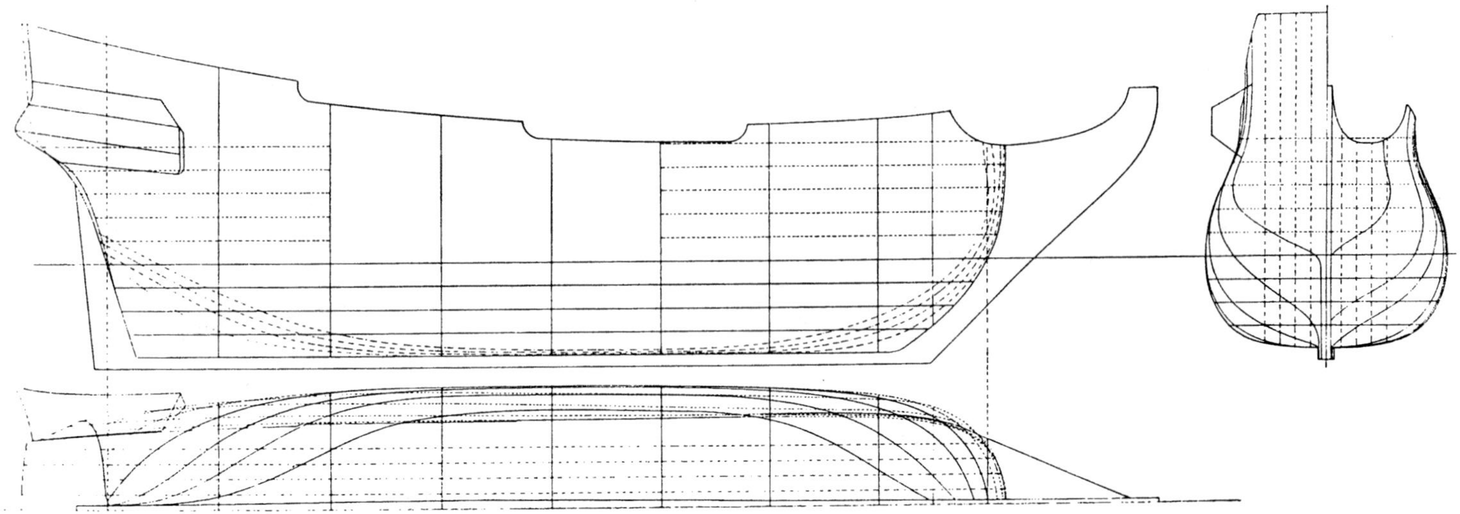

Abb. 134.

Die Breite der Holzschiffe wurde stets auf Außenkante Spanten im Hauptspant angegeben, wozu für die größte Breite noch die Stärke der Außenplanken und der Berghölzer tritt, so daß sie sich auf 11,40 m stellt.

Über den Tiefgang sind keine Angaben vorhanden, ich habe ihn nach ähnlich großen Schiffen der damaligen englischen und holländischen Marine auf 4,60 m feststellen müssen.

Die Verdrängung berechnet sich auf 1150 t.

Hiernach ist der Linienriß (Abb. 134) entworfen, der sich denjenigen gleich großer holländischer und englischer Schiffe jener Zeit anschließt. Das Modell (Abb. 135—138) ist nach diesem Riß gearbeitet.

Bauart.

Die großen Kriegsschiffe der nordeuropäischen Seemächte wurden gegen Ende des siebzehnten Jahrhunderts schon ziemlich übereinstimmend gebaut, so daß die Abb. 139 ein wenn auch nur ganz ungefähres Bild von dem Querschnitt des Schiffskörpers der Fregatte liefern kann. Diese Abb. 138 ist dem Werke von Charnock[1]) entnommen, sie soll das Hauptspant eines englischen Zweideckers aus dem Jahre 1684 darstellen, also etwa aus derselben Zeit, in der „Friedrich Wilhelm zu Pferde" entstand. Dieses Hauptspant kann zwar der Bauausführung nicht in allen Teilen genau entsprochen haben, denn die ungewöhnlich starken Bodenwrangen und die fast 4 m hohe Batteriedeckstütze, die nicht stärker gezeichnet ist als die nicht ganz 2 m hohen Stützen des Oberdecks, lassen Zweifel über seine Genauigkeit aufkommen, aber im großen und ganzen veranschaulicht es doch die damalige Bauweise. Wir finden dieselben mächtigen Kniee, gegen welche die Deckbalken des Batteriedecks verbolzt sind, auch in dem später folgenden Querschnitt der „Victory" wieder und ebenso sind die Außenplanken, die innere Wegerung und die Deckplanken in ihren Stärken richtig angegeben, desgleichen die Anordnung der Berghölzer und ihre Verteilung.

Batteriedeck und Oberdeck waren in der kurbrandenburgischen Fregatte durchlaufend, über dem Oberdeck erhob sich vorn eine Back und hinten eine schon vor dem Großmast beginnende Kampange. Unter der Back und ebenso unter der Kampange stand je eine Batterie von Geschützen leichteren Kalibers als die sonstigen Breitseitgeschütze besaßen. Die Kampange enthielt die Wohnräume der Offiziere und des Kapitäns.

[1]) John Charnock. A History of Marine Architecture. Vol. II. S. 484. London 1809.

Längsansicht. 1 : 300. Abb. 135.

Abb. 136.

Deckansicht.

1 : 300.

Vorderansicht.

1 : 300.

Abb. 137.

Hinteransicht.

1 : 300.

Abb. 138.

An die Back schloß sich vorn ein mit einem Löwen verziertes Gallion. Der Löwe war zu jener Zeit eine sehr beliebte und verbreitete Gallionsfigur. er wird auch auf englischen und holländischen Schiffen gleichmäßig verwendet.

Künstlerisch sehr hübsch ist das im Barockstil gehaltene reichverzierte Heck, welches Abb. 140 wiedergibt, das in seiner Mitte ein großes Ölgemälde einschließt, auf dem der Große Kurfürst reitend dargestellt ist, wonach das Schiff seinen heute etwas ungewöhnlich klingenden Namen „Friedrich Wilhelm zu Pferde“ erhalten hat.

Querschnitt eines Zweideckers aus dem Ende des siebzehnten Jahrhunderts.

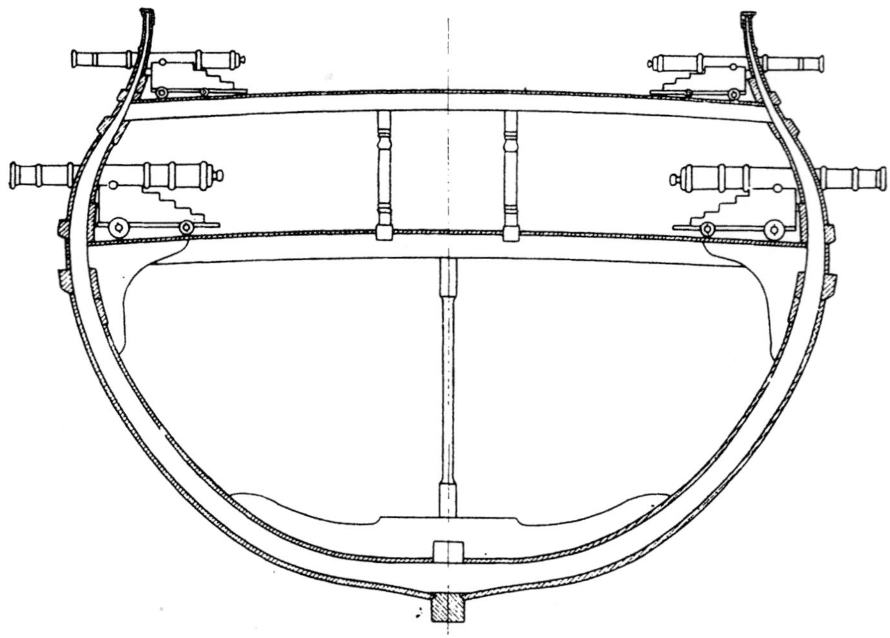

Abb. 139.

Über dem Heck ist eine große mit der Heckarchitektur in Übereinstimmung stehende Laterne angebracht, wie sie damals auf allen größeren Schiffen angetroffen wurde.

Vor der Laterne steht der Flaggenstock mit einer weißen Flagge, die den roten kurbrandenburgischen Adler zeigt, auch die Goesch und die Toppflaggen gleichen der Heckflagge.

Bemastung.

Das Schiff hat drei Masten (Abb. 141) und vorn auf dem Bugspriet, wie es damals allgemein gebräuchlich war, eine kurze senkrechte Stenge. Fock- und Großmast bestanden aus dem Untermast und je einer Mars- und Bramstenge. Die Stengen waren, wie heute noch üblich, durch Eselshäupter mit dem Mast bzw. unter sich verbunden. Die Eselshäupter aber hatten eine von der heutigen Bauart abweichende Form. Der Besanmast besaß

Heck.

Abb. 140.

nur eine Marsstenge, die Bramstenge fehlte. Auffällig ist, daß die Absteifungen der Marsen, die bei den jetzigen Segelschiffen an den Unter m a s t greifen, nur bis zu den Unter w a n t e n geführt sind, wodurch eine große Weichheit in die ganze Takelung gebracht wurde. Die Masten waren nach

Segelriß.

1 : 300.

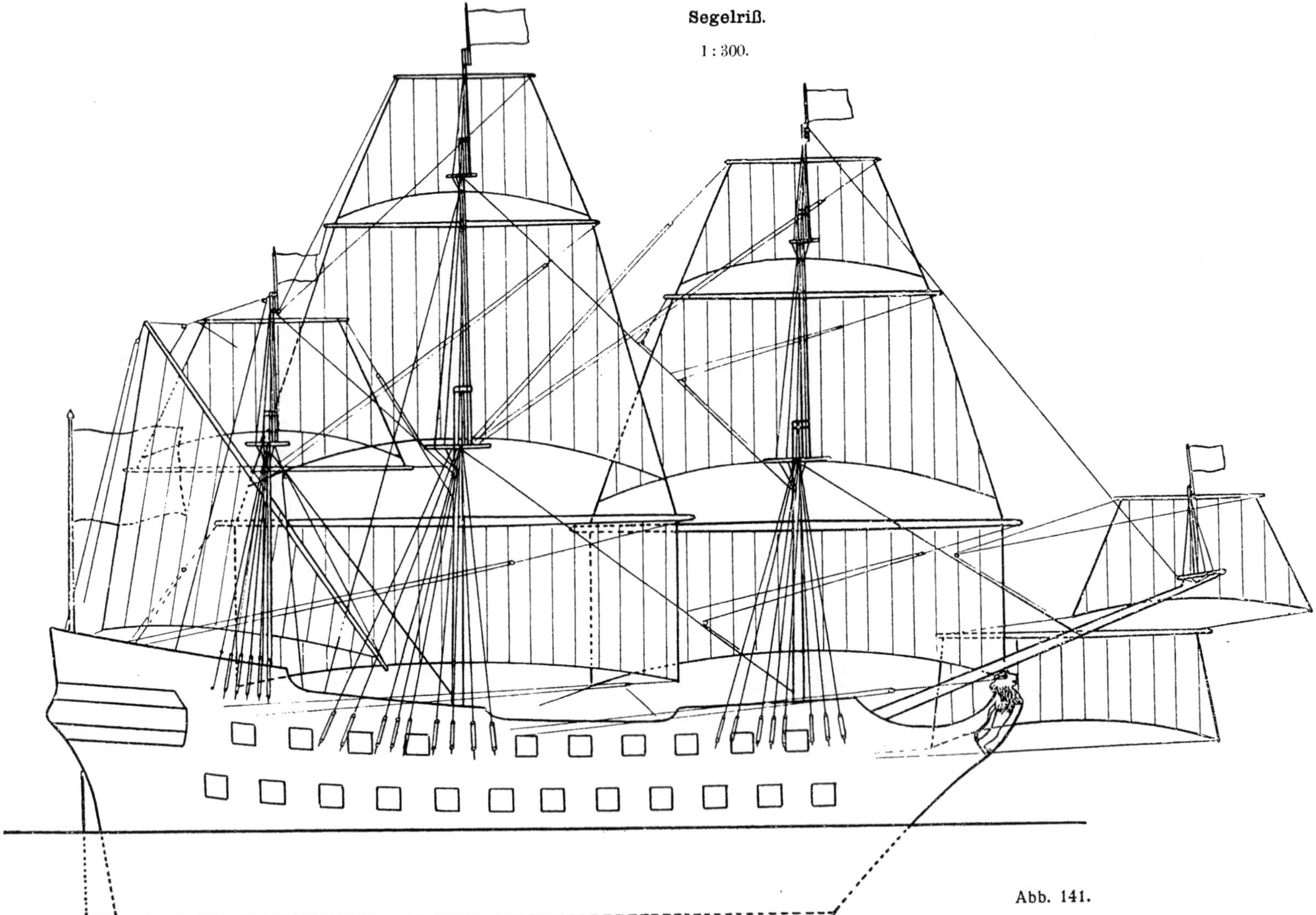

Abb. 141.

vorn und hinten sowie unter sich durch Stage und Pardunen abgesteift. Die Wanten sind mittels Jungfern steif gesetzt und bestehen wie das ganze stehende und laufende Gut aus Hanftauen.

Die Raen wurden mittels Fallen vorgeheißt und werden an den Masten bzw. Stengen durch Racks mit Holzkugeln gehalten.

Besegelung.

Fock- und Großmast besaßen je ein Unter-, Mars- und Bramsegel. Der Besanmast trug unten ein Rutensegel und darüber ein Rasegel als Marssegel. Dieses Rutensegel ist noch das einzige Überbleibsel von der aus der Hansazeit stammenden Lateinertakelung des hinteren Mastes. Später ging aus diesem letzten Rutensegel das Besansegel hervor, und an seine Stelle trat dann das Bagiensegel. Die aus groben Hanf- oder Leinenstoffen hergestellten Segel wurden sehr bauchig gefahren, sie besaßen Bulins und Gordinge, das Rutensegel hatte ein Geitau. Die Brassen der oberen Segel fuhren nicht zu einem Block an dem dahinterstehenden Mast, wie es heute geschieht, sondern zu einem an dem betreffenden Stag befestigten Block und von diesem an Deck.

Die Bramsegel besaßen eine Reffvorrichtung mit den heute gebräuchlichen Reffbändseln, um ein Reff einstecken zu können. Das früher übliche Antuchen der Segel war also nicht mehr gebräuchlich.

Am Bugspriet wurden zwei Rasegel gefahren, ein oberes aufrechtstehendes an einer Stenge mit Ra und ein unteres mehr schräg liegendes mit einer Ra am Bugspriet.

Ausrüstung.

Das Schiff führte je zwei eiserne Anker mit hölzernem Stock und Ankertau als Bug- und Rüstanker, die durch ein unter der Back stehendes Spill eingehievt werden konnten.

Auf Deck standen ineinandergesetzt mehrere Boote, deren genaue Zahl nicht bekannt ist.

Von der beim Großmast beginnenden Kampange ging ein Laufsteg zur Back. Der ganz hinten erhöht liegende Teil des Kampangedecks war durch zwei Treppen zugänglich und durch eine Reling seitlich abgeschlossen.

Das Steuerruder wurde unter Deck durch Taljen bewegt, das heute gebräuchliche Steuerrad kannte man noch nicht. Der Schiffsboden war mit Holzkohlenteer oder Ölfarbe gestrichen, im übrigen war das Schiff braun und rot gemalt.

Bewaffnung.

Die Zahl der Geschütze wird sehr schwankend angegeben. Voigt[1]) macht darauf aufmerksam, daß die kleinste Zahl 50, dann 54 und endlich 60 beträgt. Tatsächlich waren an Bord an Geschützständen bzw. Luken vorgesehen 6 in der Backbatterie, 4 auf dem Kampangedeck, 12 in der Kampangebatterie, 24 auf dem Oberdeck und 28 (einschl. von 2 Heckgeschützen) im Batteriedeck, zusammen also 74 Geschützstände. Davon waren die erstgenannten 22 für leichtere, die anderen für schwerere Kaliber eingerichtet. Beabsichtigt war es offensichtlich, nach dem Bau diese größte Anzahl aufzustellen. Wenn späterhin nicht die Gesamtzahl an Bord kam, so liegen hierfür Gründe vor, die nicht mehr zu ermitteln sind. Es ist auch bekannt, daß bei fast allen alten Linienschiffen und Fregatten die Geschützzahl keine durchweg feste war. Je nach dem Zweck, dem das Schiff gerade dienen mußte, hat man Geschütze von Bord genommen, um sie später sämtlich oder auch nur teilweise wieder einzufügen. Hatte das Schiff eine lange Reise vor, und mußte deshalb mehr Proviant und für das einzelne Geschütz mehr Munition nehmen, so ließ man einzelne Geschütze zurück, weil man das Schiff nicht zu schwer belasten konnte. Auch wenn es galt, Rekruten auszubilden, gab man Geschütze an Land, um für eine größere Besatzung Raum zu schaffen. Endlich ließ man in den oberen Batterien Geschütze fort, weil man bei den langsamen Segelmanöwern der großen Schiffe Zeit genug hatte, einzelne Kanonen von der dem Feinde abgekehrten Bordseite in die Pforten der dem Gegner zugewandten Bordseite hinüber zu backsen. Man hatte sich deswegen mit der Zeit daran gewöhnt, stets die größte Anzahl der unterzubringenden Kanonen anzugeben, wie ich es hier auch getan habe.

Mannschaft.

Die Besatzung des Schiffes wird allgemein mit 250 Mann angegeben, deren größte Zahl wohl Seesoldaten und Artilleristen waren, während ein geringerer Teil auf die eigentlichen Seeleute entfiel. Angaben über die Kopfstärke des Offizierkorps und der sonstigen Personen, wie Arzt, Zahlmeister, Kaplan usw. fehlen gänzlich. Möglich ist es immerhin, daß bei genauerer Durchsicht der im preußischen Staatsarchiv vorhandenen alten Akten auch hierüber noch manches zutage gefördert werden kann.

[1]) Chr. Voigt. Über die Abmessungen kurbrandenburgischer Kriegsschiffe. Zeitschrift „Überall" 1914/15, S. 188.

11. Preussischer Ostindienfahrer „König von Preussen".

Erste Hälfte des achtzehnten Jahrhunderts n. Chr.

Geschichtliche Unterlagen.

Im Jahre 1750 rief Friedrich der Große in der zu seinem Staate gehörigen Stadt Emden die preußisch-asiatische (ostindische) Kompagnie mit vier großen bewaffneten Ostindienfahrern ins Leben, unter denen das bewährteste der „König von Preußen" war.

Von diesem Schiff ist in Privatbesitz in Emden eine Tuschzeichnung vorhanden, nach der eine Photographie hergestellt und in dem unten angegegebenen Werk[1]) veröffentlicht wurde, dem Abb. 142 entnommen ist.

Über die Bauart und das Baujahr des Schiffes ist nichts bekannt, man weiß nur, daß es in England angekauft worden ist, wie auch die anderen drei Schiffe der Kompagnie.

Hauptabmessungen.

„König von Preußen" hatte eine Länge über alles von 47,00 m, eine Länge in der Wasserlinie von 39,00 m, eine größte Breite von 11,92 m und beladen einen größten Tiefgang von 5,2 m vorn und 5,6 m hinten. Die Verdrängung betrug bei diesem Tiefgang 1400 t.

Nach diesen Abmessungen und Abb. 142 ist der Linienriß Abb. 143 unter Zuhilfenahme der Risse englischer Kauffahrer aus der ersten Hälfte des achtzehnten Jahrhunderts entworfen und hiernach das Modell ausgeführt.

[1]) C. Schweckendieck. Festschrift zur Eröffnung des Emdener Seehafens. Berlin 1901, S. 29.

Bauart.

Das als Zweidecker gebaute Schiff hatte vorn eine verhältnismäßig kurze Back und hinten eine vom Großmast bis zum Heck reichende Kampange, die sich kurz vor dem Heck noch etwas erhöhte, und oben durch eine ringsherum laufende Reling abgeschlossen wurde. Das Gallion zeigt auch wieder

„König von Preußen", nach einer Tuschzeichnung.

Abb. 142.

den bekannten Löwen. Das Heck ist zwar noch verziert, aber nicht so reich wie bei der kurbrandenburgischen Fregatte, ragt auch nicht mehr so weit über den Schiffskörper hinaus. Es trägt oben die allgemein gebräuchliche große Hecklaterne. Darüber weht an einem Flaggenstock die preußische Flagge, wie sie unter Friedrich dem Großen bestand. Auch Goesch und Wimpel zeigen denselben preußischen schwarzen Adler in weißem Felde.

Linienriß.
1 : 300.

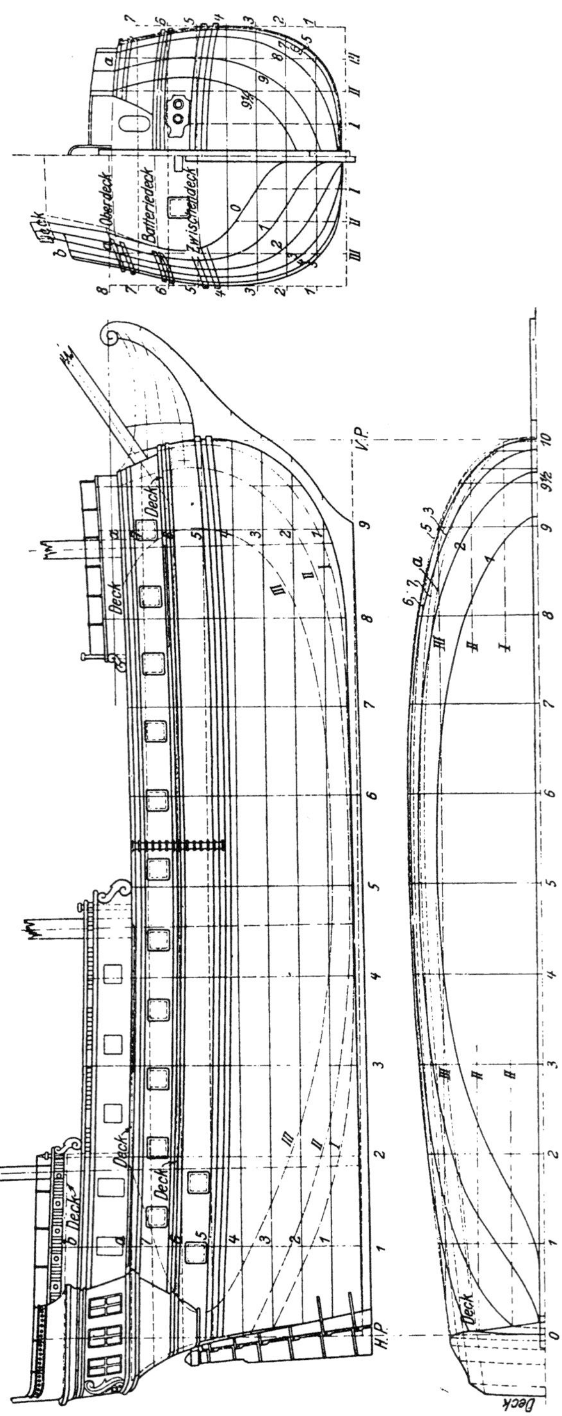

Abb. 143.

Die unter dem Batteriedeck liegenden Laderäume des Schiffes waren so groß, daß es 521 Last zu je 4000 Pfund, d. h. reichlich 1000 t tragen konnte.

Bemastung.

Die drei Masten sind noch ebenso aus Untermasten mit je 2 Stengen, der Kreuzmast indessen mit nur einer Stenge zusammengebaut und besegelt wie es ausgangs des siebzehnten Jahrhunderts üblich war. Nur mit den Vorsegeln am Bugspriet ist eine Veränderung vorgegangen. Das Bugspriet hat zunächst einen Klüverbaum erhalten und an diesem werden zwei übereinanderliegende Rasegel gefahren. Die senkrechte Stenge auf dem vorderen Ende des Bugspriets ist deshalb fortgefallen. Die Abstagung der Masten ist die gleiche geblieben, wie sie die brandenburgische Fregatte zeigt.

Besegelung.

Die Abb. 142 kann bezüglich der Besegelung auf Genauigkeit keinen Anspruch erheben. Zunächst fehlen auf den Raen die Leesegelspieren, denn ohne Leesegel fuhr sicher damals kein Kauffahrteischiff nach Ostindien. Sodann sind die großen viereckigen Schratsegel nicht einmal angedeutet, die zu jener Zeit alle größeren und gut getakelten Schiffe besaßen. Man muß annehmen, daß diese Unterlassungen der geringen Sachverständigkeit des Künstlers zuzuschreiben sind, der das Schiff wohl nur gesehen hat, als es, von einer Reise zurückkehrend, in den Hafen einlief, als also alle Beisegel bereits weggenommen waren und schon die Rasegel teilweise festgemacht wurden. Die beiden Stagsegel am Bugspriet, einen Außenklüver und einen Klüver hat er schon niedergelassen gezeichnet. Die Heckflagge, die auf der Zeichnung so groß wie ein Bramsegel erscheint, weht auf dem Schiffe am Stock und nicht wie sonst in See an der Gaffel, endlich ist auch die nur im Hafen geführte Goesch schon gesetzt.

Die Untersegel zeigen eine Reihe Reffbändsel, das Vor- und Groß-Marssegel weisen drei Reihen und das Kreuz-Marssegel zwei Reihen davon auf. Wie sich an dem aufgegeiten Groß-Untersegel ersehen läßt, sind inzwischen außer den Geitauen, die schon die kurbrandenburgische Fregatte führte, noch Buggordinge zur Anwendung gekommen. Im übrigen ist das gesamte laufende Gut: Falle, Brassen, Schoten, Geitaue, Bulins usw. noch ebenso geschoren, wie es früher der Fall war.

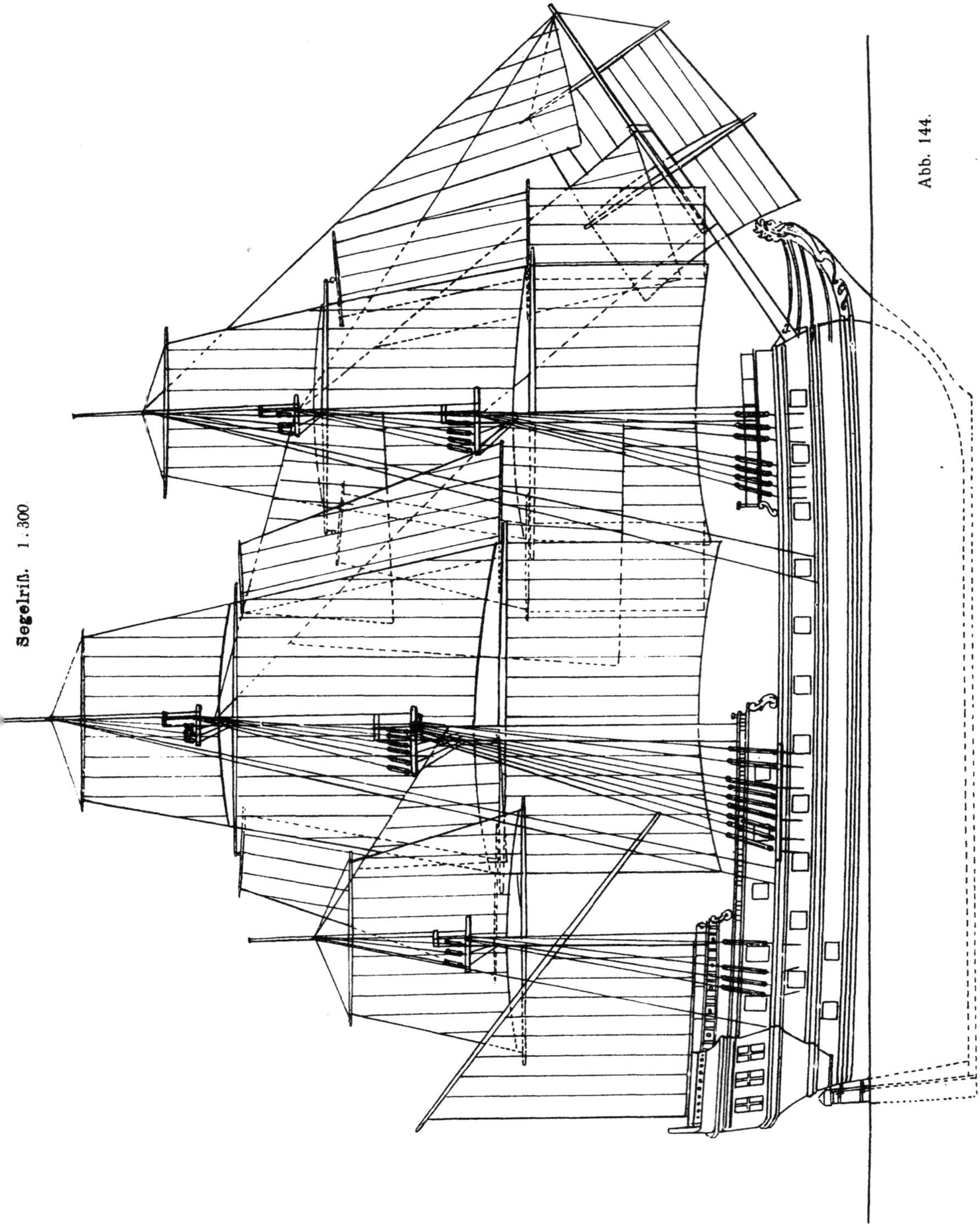

Segelriß. 1 : 300.

Abb. 144.

Bei der Ausführung des Modelles habe ich selbstverständlich die Lee- und Schratsegel berücksichtigt, Abb. 144, die damals von holländischen, englischen und französischen großen Kriegs- und Handelsschiffen auf gleichen Reisen benutzt wurden. Es war dies um so mehr nötig, als von zwei Reisen des Schiffes nach Ostasien bekannt ist, daß sie verhältnismäßig schnell zurückgelegt worden sind, was nur mit einer entsprechenden Segelführung möglich wurde.

Die großen viereckigen Schratsegel sind dem achtzehnten Jahrhundert besonders eigentümlich. Sie tauchen im Anfange desselben zuerst bei holländischen Handelsschiffen auf und wurden an seinem Ausgange auch von vielen Kriegsschiffen gefahren, wovon z. B. das im Marinemuseum des Louvre aufgestellte Modell des französischen Linienschiffes „Pothuan" Zeugnis ablegt.

Ausrüstung.

Wie Abb. 142 erkennen läßt, haben an Deck Rettungsboote gestanden, auch besaß das Schiff auf jeder Seite einen eisernen Buganker mit Holzstock. Ein Steuerrad ist noch nicht vorhanden, das Ruder muß daher unter Deck durch Taljen bewegt worden sein.

Bewaffnung.

Wie alle großen Kauffahrteischiffe jener Zeit war „König von Preußen", um gegen Seeraub geschützt zu sein, stark bewaffnet. Es trug nicht weniger als 36 Geschütze, von denen die 22 schwersten im Batteriedeck aufgestellt waren. Auch hinten im Zwischendeck waren noch 4 schwere Geschütze untergebracht. Auf der Back standen 4 und in der Kampange 6 leichte Kanonen.

Eingeschifft waren 120 Seeleute und 12 Grenadiere, wozu noch die Offiziere usw. kamen, so daß die ganze Besatzung wohl 140 Köpfe gezählt haben wird.

12. Englisches Linienschiff „Victory“.

Zweite Hälfte des achtzehnten Jahrhunderts n. Chr.

Geschichtliche Unterlagen.

Die Konstruktionszeichnung der „Victory“ trägt das Datum vom 6. Juni 1759. Das Schiff wurde in Chatham gebaut und erhielt seinen Namen beim Ablauf im November 1765. Sein Bau hat also 6 Jahre in Anspruch genommen, was weiter nicht Wunder nimmt, weil die alten Holzschiffe sehr langsam hergestellt und sehr lange, wenn möglich bis zu 10 Jahren in gedeckten Helligen auf Stapel gelassen wurden, damit die Hölzer gut austrocknen konnten. Wie die „Victory“ als Nelsons Flaggschiff am 21. Oktober 1805 in die Schlacht von Trafalgar segelte, war sie schon 40 Jahre alt. Sie liegt jetzt noch in Portsmouth als Flaggschiff des Kommandanten dieses Kriegshafens. Wenn auch manche ihrer ursprünglichen Hölzer verrotteten und durch neue ersetzt wurden, so soll doch heute nach fast 150 Jahren noch der größte Teil der ersten Hölzer im Schiffskörper stecken, was deutlich für die alte sorgfältige Bauweise spricht.

Hauptabmessungen.

Die Länge des Schiffes[1]) wird mit 56,69 m im Zwischendeck angegeben, daraus ergibt sich eine Länge zwischen den Perpendikeln von 56,23 m, die Länge über alles beträgt 68,27 m. Die größte Breite stellt sich auf 16,0 m und der gewöhnliche Tiefgang auf 6,80 m. Die Verdrängung berechnet sich nach dem veröffentlichten Linienriß (Abb. 145) auf 3500 t, ist aber beim Antritt einer Ausreise mit vollgeladenem Schiff bis auf 4000 t gestiegen. Nach dem Riß in Abb. 145 ist das Modell (Abb. 146 bis 149) gearbeitet worden.

[1]) Transactions of the Institution of Naval Architects. London 1905, S. 285 Tafel LXIV und LXXIII.

Linienriß. 1 : 325.

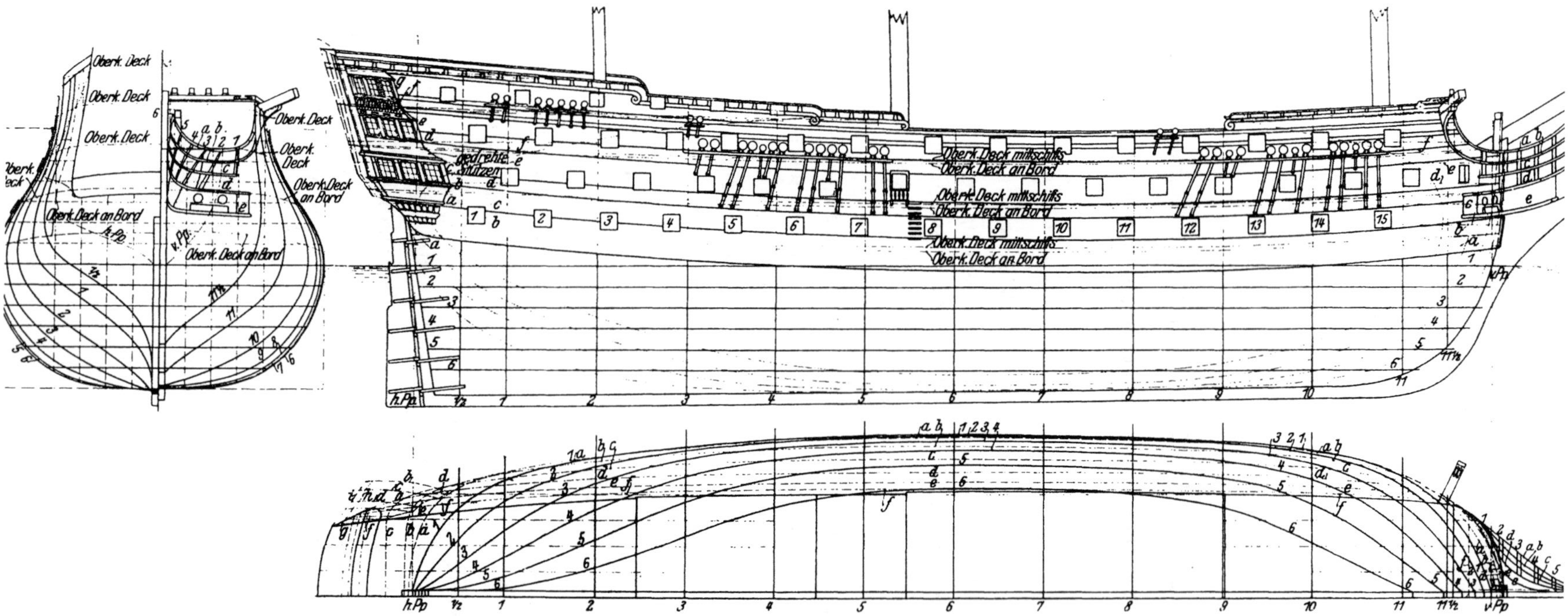

Abb. 145.

Bauart.

Während das Modell das ursprüngliche Schiff wiedergibt, hat das letztere im Laufe der Zeit manche hiervon abweichende Änderungen erfahren. So ist zuerst im Jahre 1798 ein oberes Deck nach den in Abb. 150 punktierten Linien hinzugefügt worden, das auch in dem perspektivischen Querschnitt (Abb. 151) enthalten ist. Im Jahre 1806 nach der Schlacht von Trafalgar erhielt „Victory" eine neue Bemastung, und im Jahre 1820 wurde sie einer durchgreifenden Erneuerung unterzogen.

Die Bauart des mit 5 Decks versehenen Schiffes zeigt Abb. 151. Das nur in verhältnismäßig kurzen Stücken zur Verfügung stehende englische Eichenholz ließ keine Seitenbefestigungen zu, in denen seine volle Stärke ausgenutzt werden konnte. Die geringe Festigkeit des Holzes quer zur Faser brachte stets eine unvermeidliche Weichheit in die Konstruktion. Um die nötige Längs- und Querfestigkeit, besonders in den großen Schiffen, zu erhalten, wurden erst im Anfang des neunzehnten Jahrhunderts Diagonalversteifungen und eiserne Balkenkniee eingeführt. In die „Victory" sind die letzteren, die der Querschnitt (Abb. 151) aufweist, nachträglich eingebaut worden.

Die oben sehr stark einfallenden Seitenwände des Schiffes sollten hauptsächlich einen größeren Widerstand gegen Reckbeanspruchungen herbeiführen und auch die Erlangbarkeit passender Hölzer für die oberen Deckbalkenkniee ermöglichen.

Die Außenhautplanken waren 30 cm breit und 11,5 cm dick, die Planken der inneren Wegerung 13 cm breit und 10 cm dick, so daß die eichene Schiffswand mit den eingeschlossenen Spanten, die sehr dicht standen (Abb. 151), über die ganze mittlere Länge der Schiffe im Batteriedeck ungefähr 60 cm stark war, also einen verhältnismäßig guten Schutz gegen die damaligen Geschosse bot.

Beim Bau des Schiffes wurde so vorgegangen, daß der Kiel mit den aufgerichteten Spanten mindestens ein Jahr frei dastand, die Beplankung blieb zugeschnitten ebenfalls ein Jahr lang in Stapeln mit großen Zwischenräumen liegen und wurde erst dann angebracht, nachdem sie wie die Innenhölzer gut lufttrocken geworden war.

Die „Victory" war wie alle Schiffe ihrer Zeit eisenfest gebaut und gekupfert. Trotzdem man zwischen die Kupferbleche und die Holzwand Filz oder geteertes Papier legte, verrosteten die Eisenbolzen in der Schiffswand

Längsansicht. 1 : 400.

Abb. 147.

sehr schnell, so daß die englische Admiralität eine Zeitlang die Bekupferung von den außer Dienst gestellten Schiffen abnehmen und sie erst wieder bei ihrer Indienststellung anbringen ließ. Erst nachdem im Jahre 1783 statt der

Vorderansicht. 1 : 400.

Abb. 148.

Eisenbolzen in den unteren Schiffsteilen allgemein Kupferbolzen verwendet wurden, hörte die Sorge um die Erhaltung der Schiffskörper auf.

Bemastung.

Die drei Masten mit Mars- und Bramstengen haben im Jahre 1806 bei der Neubemastung Wanten aus Eisendraht erhalten, während sie zuerst

Hinteransicht. 1 : 400.

Abb. 149.

solche aus dem üblichen Hanftauwerk besaßen. Hierbei sind auch die Absteifungen der Marsen an die Untermasten und nicht mehr an die Wanten geführt worden. Die Wanten besitzen Jungfern.

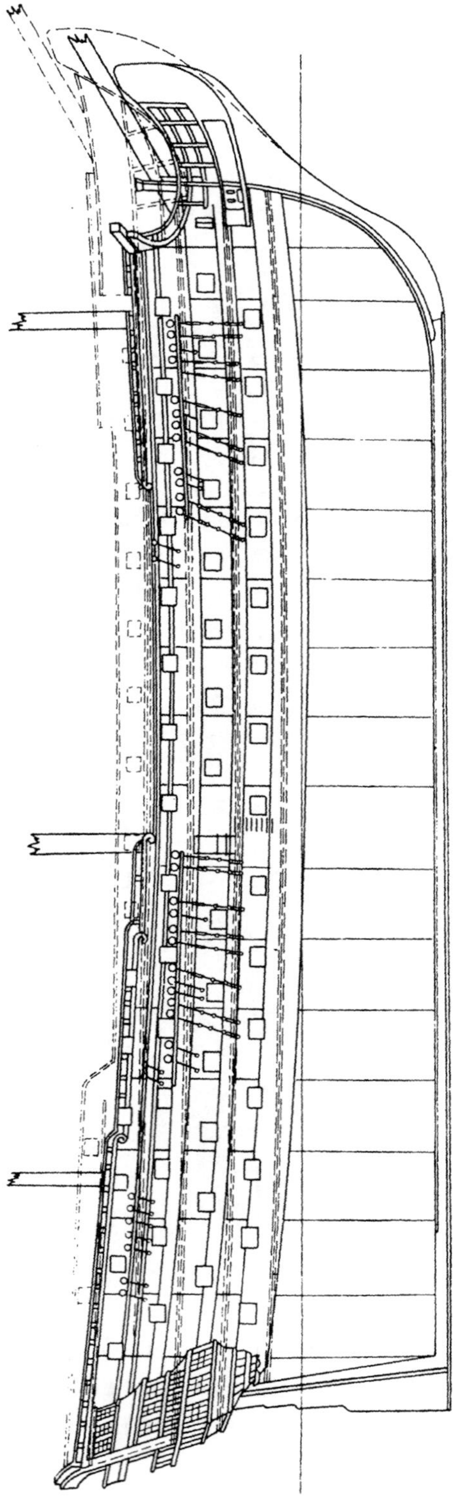

„Victory“ mit dem punktiert eingetragenen Umbau 1798.

Abb. 150.

Querschnitt der „Victory".

Abb. 151.

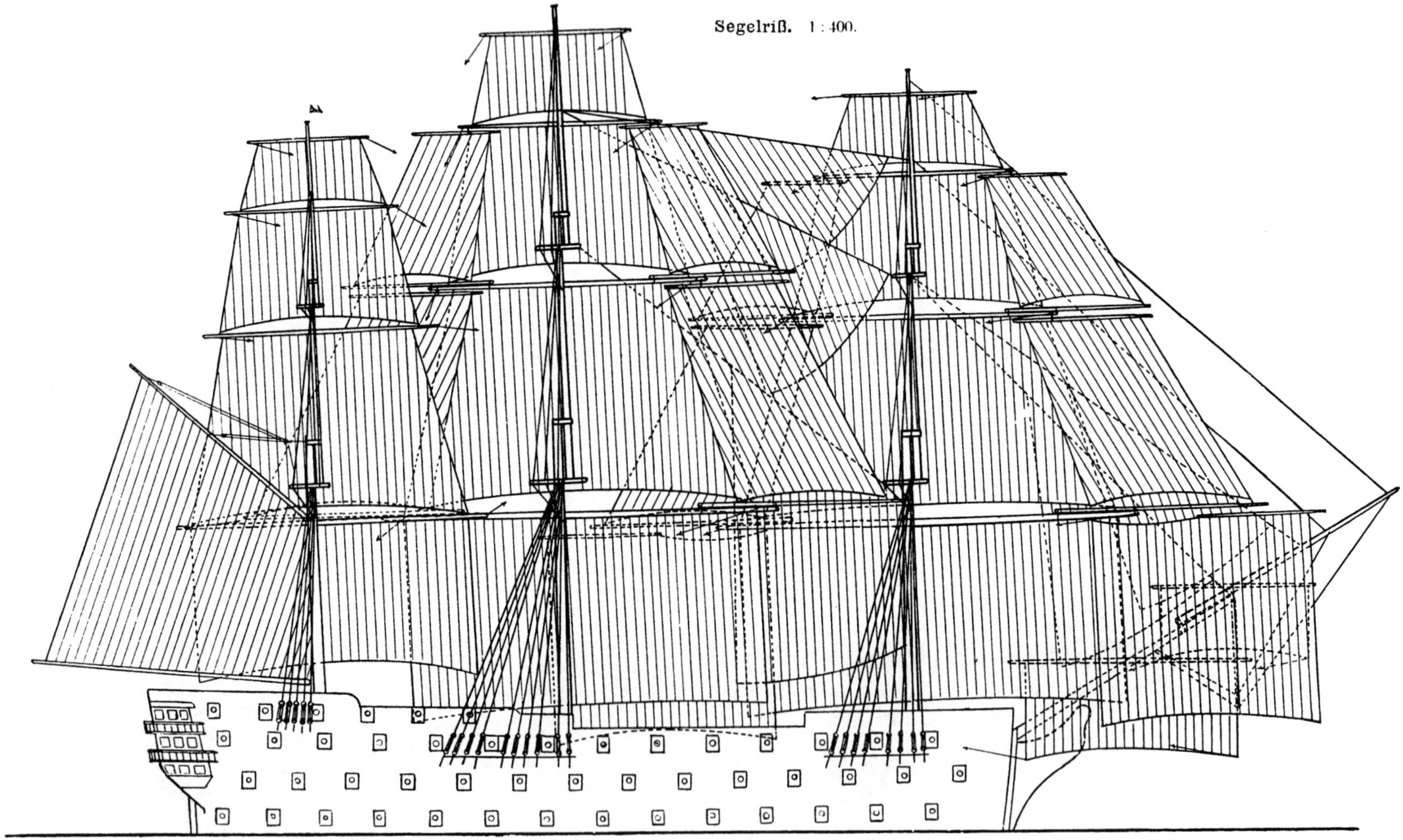

Abb. 152.

Das Bugspriet mit dem Klüverbaum ist für die beiden Vorsegel, die nur geführt wurden, verhältnismäßig lang, ebenso der Besanbaum.

Besegelung.

Fock- und Großmast waren mit Unter-, Mars-, Bram- und Oberbramsegel getakelt (Abb. 152), am Kreuzmast fehlte das Bagiensegel, dafür war das frühere Rutensegel in das jetzt übliche Besansegel umgewandelt. Für die Führung der Gaffel dieses Segels war an der Hinterseite des Kreuzmastes der von jetzt ab auf Kriegsschiffen gebräuchliche Schnaumast eingeführt.

Die beiden Vorsegel, die schon in der Mitte des achtzehnten Jahrhunderts gefahren wurden, sind beibehalten, indessen sind die beiden Rasegel am Bugspriet bei der Neubemastung im Jahre 1806 fortgelassen worden. Auch die großen viereckigen Schratsegel, welche im achtzehnten Jahrhundert allgemein benutzt wurden, sind mit Ausnahme des unteren zu dreieckigen zusammengeschrumpft, wie sie von nun ab bis zur Gegenwart in Gebrauch bleiben. Diese Schratsegel sind am Modell fortgelassen, um ein naturgetreues Bild von einem unter Leesegeln fahrenden Schiffe zu geben, das keine Schratsegel setzt, weil sie keinen Wind erhalten würden.

Die Brahm-, Mars- und Untersegel des Fock- und Großmastes sind mit Leesegeln ausgerüstet, die das Modell sämtlich zeigt. Am Kreuzmast hatte man keine Leesegel, weil sie den vorderen nur den Wind weggenommen hätten.

Sämtliche Rasegel, mit Ausnahme der Oberbramsegel, die man bei stärkerer Brise überhaupt nicht führt, besitzen Reffbändsel, und zwar die Untersegel 3 Reihen, die Mars- und Bramsegel 2 Reihen.

Ausrüstung.

Abb. 146 zeigt die an Deck ineinanderstehenden Boote und zwei darüberhängende Takel, mit denen sie unter Zuhilfenahme der Großra zu Wasser geführt wurden. Am Modell ist dies besonders dargestellt. Bootsdavits mit darin hängenden Booten gab es damals noch nicht. In der Abb. 146 ist der Rüstanker und der Buganker der St. B. Seite angedeutet. Die Anker besitzen noch keine Ketten, sondern, wie früher, starke Hanftaue. Sie wurden durch Klüsen eingezogen und zu den sowohl vom Zwischen- wie vom Batteriedeck zu bewegenden Gangspill geführt. Auf „Victory“

war auch im Vorderteil der Kampange ein Handsteuer mit Handrädern aufgestellt, dem wir hier zum ersten Mal begegnen. Dieses Handsteuer bestand

Gallion.

Abb. 153.

aus einer Trommel, deren Achse vorn und hinten je ein Speichenrad trug. Um die Trommel waren die beiden Steuerreeps gelegt, die zur Ruderpinne führten. Es waren indessen außerdem noch alle Vorkehrungen getroffen, um das Ruder jeden Augenblick mit Taljen zu bewegen, was früher allgemein der Fall war.

Die Gallionsfigur der „Victory“ (Abb. 153) ist ein der Antike nachgebildeter Frauenkopf, der wohl den der Siegesgöttin darstellen soll.

Am Heck, das noch immer sehr reich verziert wurde (Abb. 154), waren zwei große Laternen angebracht, wie dies in der Jugendzeit der „Victory“ noch gebräuchlich war.

Die Flagge wehte an einem hohen Flaggenstock, der zwischen den Laternen stand.

Heck.

Abb. 154.

Bewaffnung.

An Bord der „Victory" standen 100 Geschütze, und zwar:

30	Stück	42	pfünder	im Zwischendeck,
28	„	42	„	im Batteriedeck,
30	„	12	„	auf dem Oberdeck,
10	„	6	„	auf dem Kampangedeck,
2	„	6	„	auf der Back.

Die Geschützrohre waren aus Gußeisen und lagerten in hölzernen Lafetten. Die Richtung der Geschütze vollzog sich in einer sehr rohen

Weise. Gezielt wurde nicht viel, man richtete das Rohr auf einen etwas höheren Punkt als der, den man treffen wollte. Gewöhnlich lagen diese Punkte in der Takelung, und man hatte Schußtafeln, die für verschiedene Entfernungen die Punkte in der Takelung angaben, auf die gehalten werden mußte, wenn die Schiffsseite getroffen werden sollte.

Die Pulverladung hielt sich auf $^1/_3$ bis $^1/_4$ des Geschoßgewichtes, womit man aber mit einem 32- oder 24pfünder bei 8° Elevation nur 2000 bis 2500 m weit reichen konnte und bei 4° Elevation etwa 1500 m. Im Nahkampf soll ein 24pfünder eine etwa 1,5 m dicke Eichenwand durchschlagen haben und ein 18pfünder die Hälfte dieser Dicke.

Allgemeine Sitte war es, im Nahkampf zwei Kugeln voreinander in die Rohre zu laden, trotzdem hierdurch die Treffsicherheit bedenklich abnahm. Man hatte aber den Vorteil, immer zwei Geschosse statt eines zu verfeuern, denn die beiden Kugeln trennten sich stets, sobald sie aus dem Rohr flogen. Bis zu 5 Kugeln lud man in die Rohre, aber das war dann auch höchst gefährlich für die Bedienung, weil das Rohr leicht zerspringen konnte.

Geschwindigkeit.

Als Raumschotsgeschwindigkeit erreichte man mit den großen schweren Linienschiffen bis zu 10 Knoten, mit dicht geholten Schoten kam man noch auf 8 bis $8^1/_2$ Knoten. Im Geschwaderverbande wurde aber diese Geschwindigkeit bei weitem nicht erreicht, denn Nelson erzielte im Jahre 1805 mit seinem Geschwader auf der Reise nach Westindien und zurück im Durchschnitt nur eine Geschwindigkeit von 4 Knoten. In die Schlacht von Trafalgar trat die „Victory“ mit nur 3 Knoten Fahrt; der erste Schuß wurde von der Leelinie um 12 Uhr 10 Minuten mittags gefeuert, und das letzte Schiff dieser Linie kam erst um 4 Uhr 30 Minuten nachmittags ins Gefecht. Dieses Beispiel zeigt, wie langsam und schwerfällig die großen Segelschiffe manövrierten. †

Bemannung.

An Bord der „Victory“ waren im ganzen 850 Personen eingeschifft, ich konnte leider nicht feststellen, wie sie sich auf Offiziere, Seeleute, Seesoldaten usw. verteilten.

Vergleiche.

Der Bau der „Victory“ hat ohne Armierung 105 000 £ gekostet oder 2,142 Millionen Mark, wogegen für den Bau eines heutigen großen Schlachtschiffes ohne Armierung aber mit Panzerung mindestens der fünfundzwanzigfache Betrag gezahlt werden muß.

Die Mündungsgeschwindigkeit des Geschosses erreichte bei den glatten Kanonen der „Victory“ etwa 400—450 m, sie hat sich bei den jetzigen großen Geschützen fast verdoppelt.

Die längsten Kanonenrohre der „Victory“ maßen 3,9 m, die heutigen Rohre der größten Kaliber sind ungefähr 6 mal so lang.

Die Kanonen der „Victory“ hatten eine Reichweite von höchstens 5 km, unsere neuesten Ferngeschütze schießen 30 mal so weit.

Das Gewicht der größten Kanonen der „Victory“ stellte sich auf 3,5 t. Die jetzigen größten Schiffsgeschütze wiegen mit Lafette ungefähr 40 mal soviel.

Vierter Teil.

Schiffe der neuesten Zeit.

13. Preußische Fregatte „Gefion".

Anfang des neunzehnten Jahrhunderts n. Chr.

Geschichtliche Unterlagen.

Die Fregatte „Gefion" ist im Jahre 1843 auf der königlichen Werft in Kopenhagen auf Stapel gesetzt und 1846 in der dänischen Marine zum ersten Male in Dienst gestellt worden. Am 5. April 1849 wurde sie in dem Gefecht von Eckernförde von den unter dem Befehl des Hauptmanns Jungmann stehenden schleswig-holsteinischen Strandbatterien genommen und „Eckernförde" getauft. Sie ist dann 1852 von der preußischen Regierung für ihre Marine angekauft worden. Wieder „Gefion" genannt fuhr sie unter preußischer und deutscher Flagge bis zum Jahre 1880 und wurde in diesem Jahre aus der Liste der Kriegsfahrzeuge gestrichen. Sie diente noch von 1880—1890 als Kohlenhulk in der deutschen Marine und wurde 1891 abgewrakt.

Hauptabmessungen.

Das Schiff hatte eine Länge über alles von 59. 70 m, die Länge zwischen den Perpendikeln betrug 52,70 m.

Die Breite auf Außenkante Spanten in der Wasserlinie stellte sich auf 13.10 m und die größte Breite auf 13,40 m.

Der Tiefgang beim vollkommen ausgerüsteten Schiff wird mit 5.65 m angegeben.

Die Verdrängung betrug bei diesen Hauptabmessungen nach dem Linienriß, Abb. 155, 1360 t.

Bauart.

Nach den im Institut für Meereskunde in Berlin aufbewahrten alten Zeichnungen der „Gefion", die den Abb. 155 bis 160 zu Grunde liegen, entspricht die Bauart ganz derjenigen, die im Anfang des neunzehnten Jahrhunderts für große hölzerne Schiffe zur Ausführung gelangte. Die Außenhautbeplankung und die innere Wegerung gleichen vollständig der bei „Victory" angewandten. Die Außenhaut war wie bei dem letztgenannten

Längenmaß. 1:300.

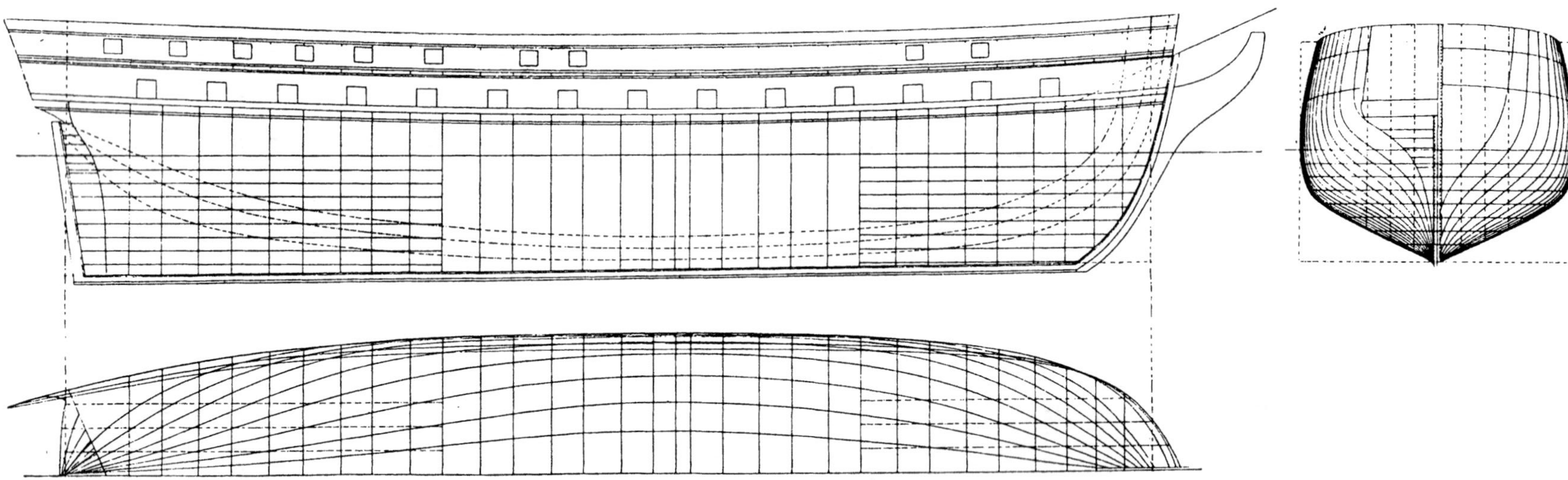

Abb. 155.

Schiff ebenfalls mit Kupferblechen beschlagen. Die Deckbalken der drei Decks stoßen stumpf gegen die Spanten, ruhen auf den Balkwegern und sind im Batterie- und Oberdeck durch eiserne Kniee mit den Schiffsseiten verbunden. (Abb. 156.)

Die Reling läuft oben in den Finknetzkasten aus, die uns hier zum ersten Male entgegentreten. Die oben durch Presennige geschlossenen Kasten dienten zur Aufnahme der Hängematten der Mannschaft, ein Ge-

Hauptspant. 1 : 100.

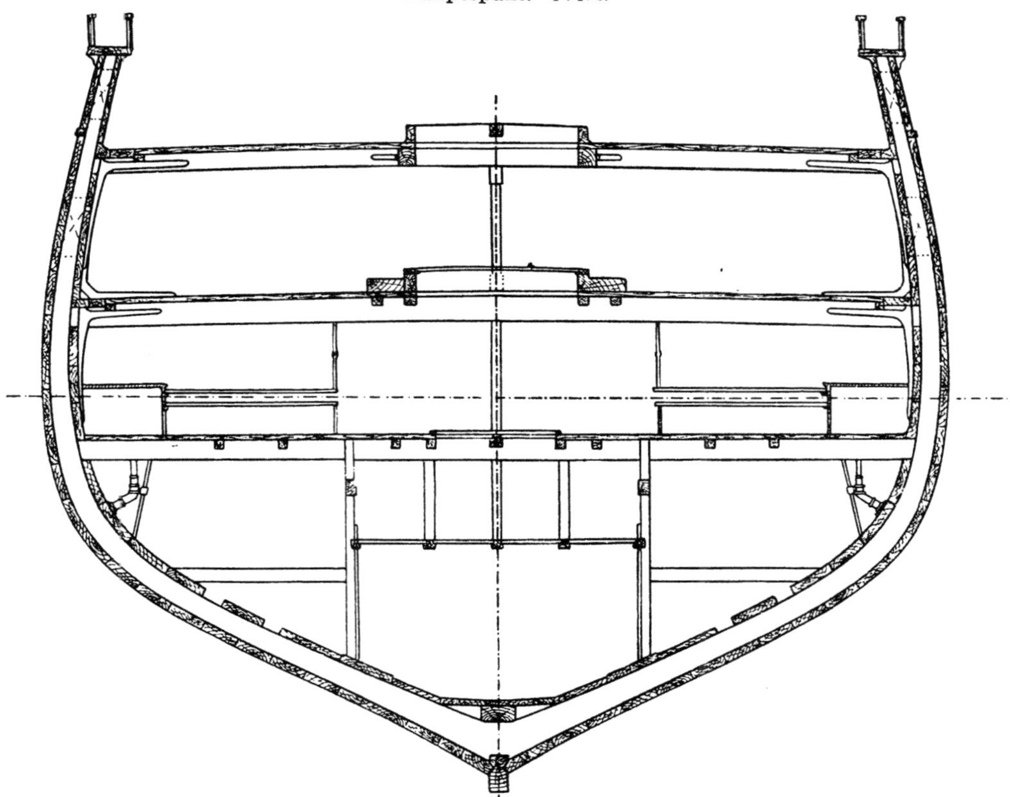

Abb. 156.

brauch, der bis in die neueste Zeit selbst auf den größten Panzerschiffen beibehalten worden ist, um die Hängematten während des Tages an einem möglichst luftigen Orte aufzubewahren.

Mit der zunehmenden Länge der Holzschiffe erwies sich ihre Längsfestigkeit nicht so stark, daß sie das allmähliche Versacken des Vor- und Hinterschiffes verhindern konnte. Um den Längsverband zu verstärken,

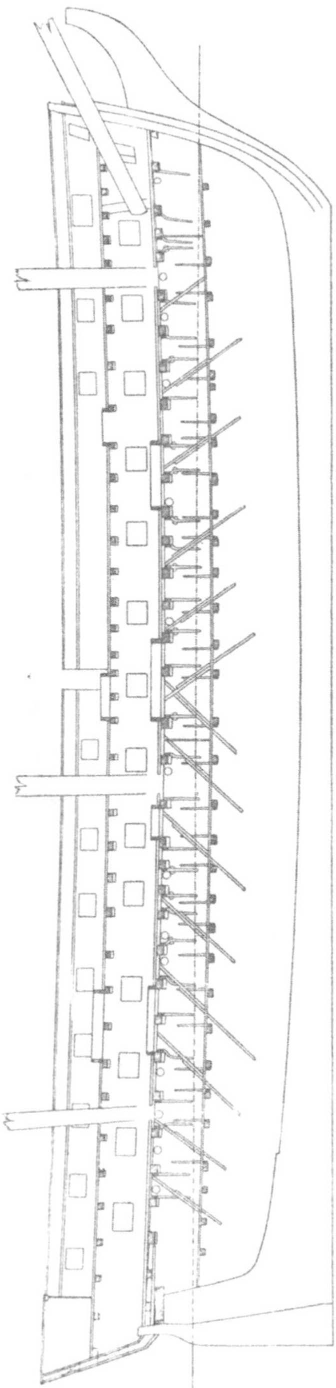

Anordnung der Diagonalschienen.

Abb. 157.

wurden, wie schon bei „Victory" erwähnt, eiserne Diagonalschienen verwendet. Wie dies bei „Gefion" ausgeführt wurde, zeigt Abb. 157 sehr deutlich. Die Schienen vom Batteriedeck aus nach unten gehend, sind unter 45 ° zur Wasserlinie angebracht, die des Vorschiffes nach vorn, die des Hinterschiffes nach hinten verlaufend. Die Schienen sind etwa zwischen 3 bis 6 m lang und haben eine Dicke, die

Abb. 158.

oben von 25 mm nach den untern Enden bis zu 20 mm abnimmt. Bemerkenswert ist die Gallionsfigur „Gefion" (Abb. 158), eine Meeresgöttin der nordischen Mytologie. Sie ist mit 4 Leinen dargestellt, woran sie ihre 4 riesenhaften Söhne führt, die Stiergestalt besaßen. Mit diesen pflügte sie ein Stück Land aus Schweden und brachte es südwärts, wo sie es ins Meer warf. An der Stelle des ausgehobenen Landes entstand in Schweden der Wettemsee und aus dem Lande bildete sich im Meer die dänische Insel Seeland. Hierdurch wird es erklärlich, wie man in der dänischen Marine auf den Schiffsnamen „Gefion“ gekommen ist.

Raumeinteilung.

In dem hintersten Teile der Last sind, wie Abb. 159 zeigt, die Vorratsräume für den Kommandanten und die Offiziere untergebracht. Daneben liegt die Kleiderkammer für die Mannschaft und hieran schließt sich der Brotraum, der das Hartbrot in Fässern enthält. Von dem Brotraum rings umschlossen ist die hintere große Pulverkammer mit 2 Bombenkammern oder Munitionsräumen eingebaut. Zwischen der Pulverkammer und den Bombenkammern sind 2 Lichträume angeordnet, von denen aus diese Kammern beleuchtet werden. Oberhalb der Pulverkammer im Zwischendeck stand der Kreuzmast. Vor den Munitionskammern befindet sich die Trockenlast, in der der trockene Proviant für die Mannschaft, wie Mehl, Hülsenfrüchte, Dörrobst usw. verstaut war. Über diesen Räumen lagen im Zwischendeck die Offiziersmesse mit der Achtermesse und den an beiden Schiffsseiten angeordneten Offizierskammern, denen sich auf B. B. die Kadettenmesse mit ihrer Anrichte anschließt. Im Batteriedeck wohnte hinten der Kommandant.

In der Mitte des Schiffes folgte auf beiden Seiten die Fleischlast, die das in Fässern verpackte Pökelfleisch für die Mannschaft enthielt. Zwischen den Fleischlasten war nach hinten der Pumpensod und nach vorn der Kettenkasten eingebaut. Die Saugrohre der im Batteriedeck stehenden Lenzpumpen endeten am Fuß des Großmastes. Auf beiden Seiten des Kettenkastens lagerten in abgeschlossenen Räumen die Trossen für das Verholen und Festmachen des Schiffes. Hierauf gelangt man zu der einen großen Teil der unteren Räume in Anspruch nehmenden Wasserlast, in der die eisernen Wasserkasten aufgestellt waren, die das Trinkwasser enthielten. Im Zwischendeck wohnte über diesen Räumen die Mannschaft. In dem Plan sind die Backsbänke und Tische eingezeichnet, an denen die Matrosen ihre Mahlzeiten einnahmen. Nach dem Essen wurden die Tische und Bänke, wie heute noch üblich, unter dem Batteriedeck aufgefangen. An den Schiffsseiten waren die Backsbänke durch feste Kisten ersetzt, in denen die Mannschaft die Kleider aufbewahrte. Die Kisten vertraten die Stelle der heute gebräuchlichen Kleiderschränke. Hinter dem Großmast standen im Batteriedeck und auf dem Oberdeck je ein Gangspill, von denen

Längsschnitt und Deckpläne. 1 : 300.

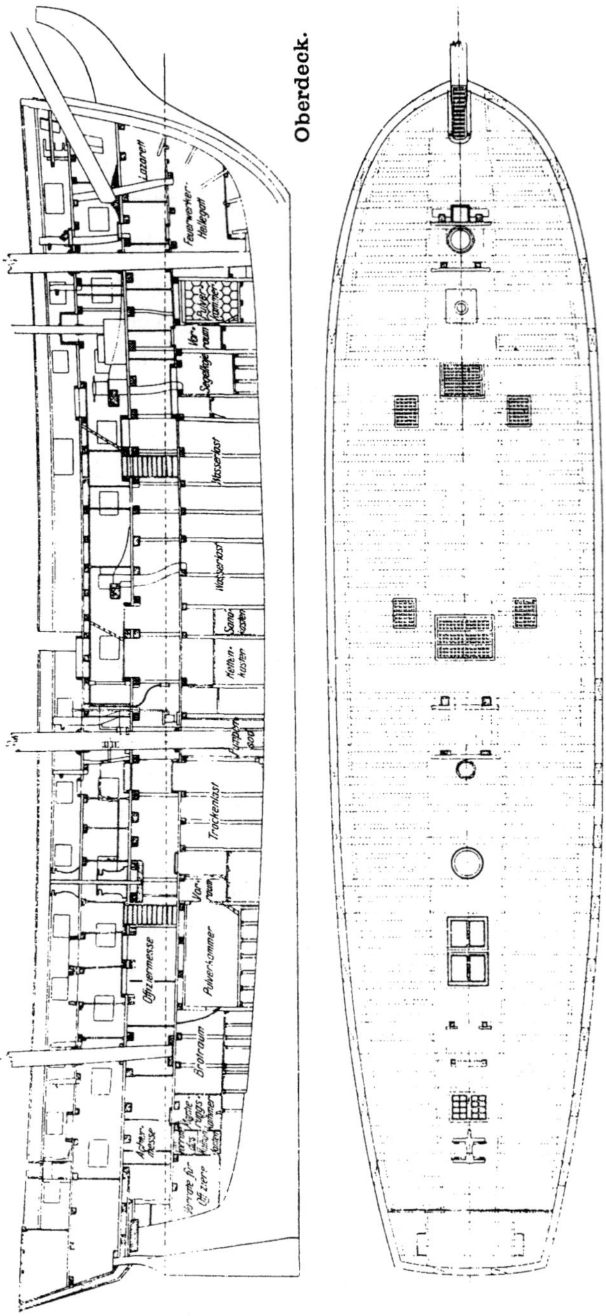

Oberdeck.

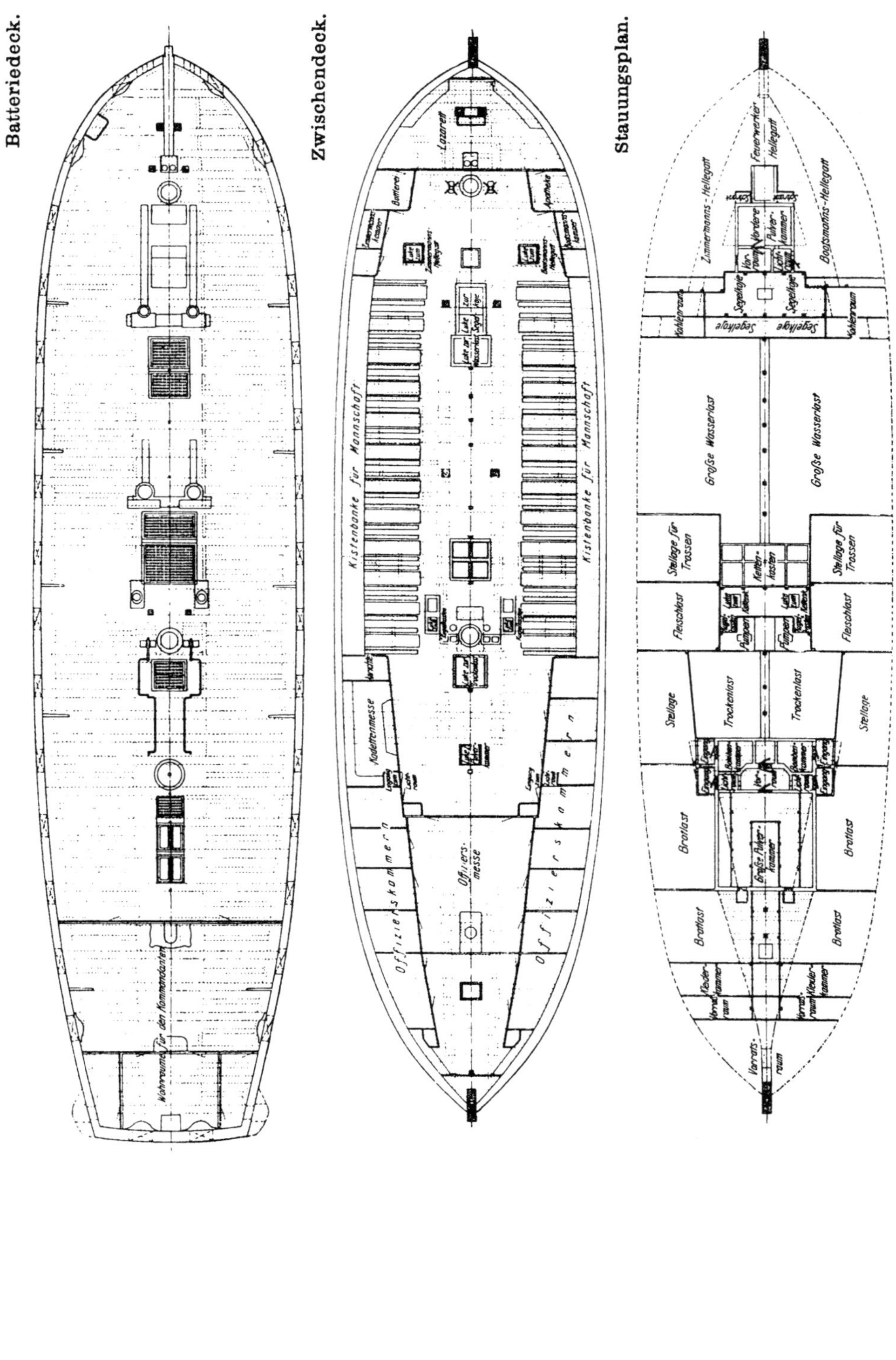
Batteriedeck.
Zwischendeck.
Stauungsplan.
Wohnraume für den Kommandanten
Lazarett
Batterie
Apotheke
Kistenbanke für Mannschaft
Kistenbanke für Mannschaft
Kadettenmesse
Offiziersmesse
Offizierskammern
Offizierskammern
Feuerwerker Hellegatt
Zimmermanns-Hellegatt
Bootsmanns-Hellegatt
Vordere Pulverkammer
Segelkoje
Segelkoje
Kohlenraum
Kohlenraum
Große Wasserlast
Große Wasserlast
Stellage für Trossen
Stellage für Trossen
Ketten-kasten
Fleischlast
Fleischlast
Pumpen
Pumpen
Trockenlast
Trockenlast
Stellage
Stellage
Brotlast
Brotlast
Große Pulver-kammer
Brotlast
Brotlast
Kleider-kammer
Kleider-kammer
Vorrats-raum

Abb. 159.

die eingehievte Kette in den vor dem Großmast befindlichen Kettenkasten ablief. Unmittelbar vor dem Gangspill im Batteriedeck standen die Lenzpumpen, deren Handkurbeln in diesen Deckplan eingezeichnet sind. Vor dem großen, in das Zwischendeck führenden Luk waren im Batteriedeck die Betinge für die Rüstanker eingebaut, während die für die Buganker etwas mehr nach vorn hinter dem Fockmast auf demselben Deck untergebracht waren. Die Aufstellung des Gangspills nahe der Schiffsmitte war nötig, um für das Einhievern der Ankerkette, die noch mit dem Kabelar erfolgte, den hierzu erforderlichen Raum im Vorschiff frei zu machen. Die heutigen eisernen Spurkränze der Spille, in die sich die Ankerkette einfügt, kannte man damals noch nicht.

Das Vorschiff enthielt hinten die Segelkoje für die Lee-, Sturm- und Reservesegel, daneben an beiden Schiffsseiten die Kohlenräume für die Kombüse. Davor lagen die vordere Pulverkammer mit ihrem Licht- und Vorraum sowie auf St. B. das Bootsmanns-, auf B. B. das Zimmermanns- und ganz vorn das Feuerwerker-Hellegat.

Im Zwischendeck war über diesen Räumen die Apotheke und das Lazarett vorgesehen. Im Batteriedeck stand dicht hinter dem Fockmast die Kombüse.

Auf dem Oberdeck waren oberhalb der Kommandantenräume hinter dem Kreuzmast die Handruder für das Steuerruder aufgestellt.

Bemastung.

Die Masten bestanden wie üblich aus den Untermasten mit Mars- und Bramstengen. Die Untermasten wurden durch Wanten abgestagt, die mit Jungfern an den Rüsten gesetzt waren. Die Wanten der Stengen gingen zum Teil von den Rüsten, zum Teil von den Marsen aus und waren von diesen gegen die Untermasten bzw. Marstengen abgestagt. Das Bugspriet trug einen Klüverbaum und auf diesem war noch ein Außenklüverbaum aufgesetzt.

Besegelung.

Die drei Masten waren mit Unter-, Mars-, Bram- und Oberbram-Segeln voll getakelt, beim Kreuzmast fehlte, wie auf den meisten Kriegsschiffen, das Bagiensegel, dafür hatte er einen Besan. (Abb. 160.) Am Bugspriet wurden 3 Stagsegel: Außenklüver, Klüver und Binnenklüver gefahren. Der Fockmast trug Leesegel an den Unter-, Mars- und Bramsegeln, der Großmast nur an den Mars- und Bramsegeln. Zwischen Fock- und Großmast führte das Schiff 2 dreieckige Schratsegel, doch erscheint es mir zweifelhaft, ob das

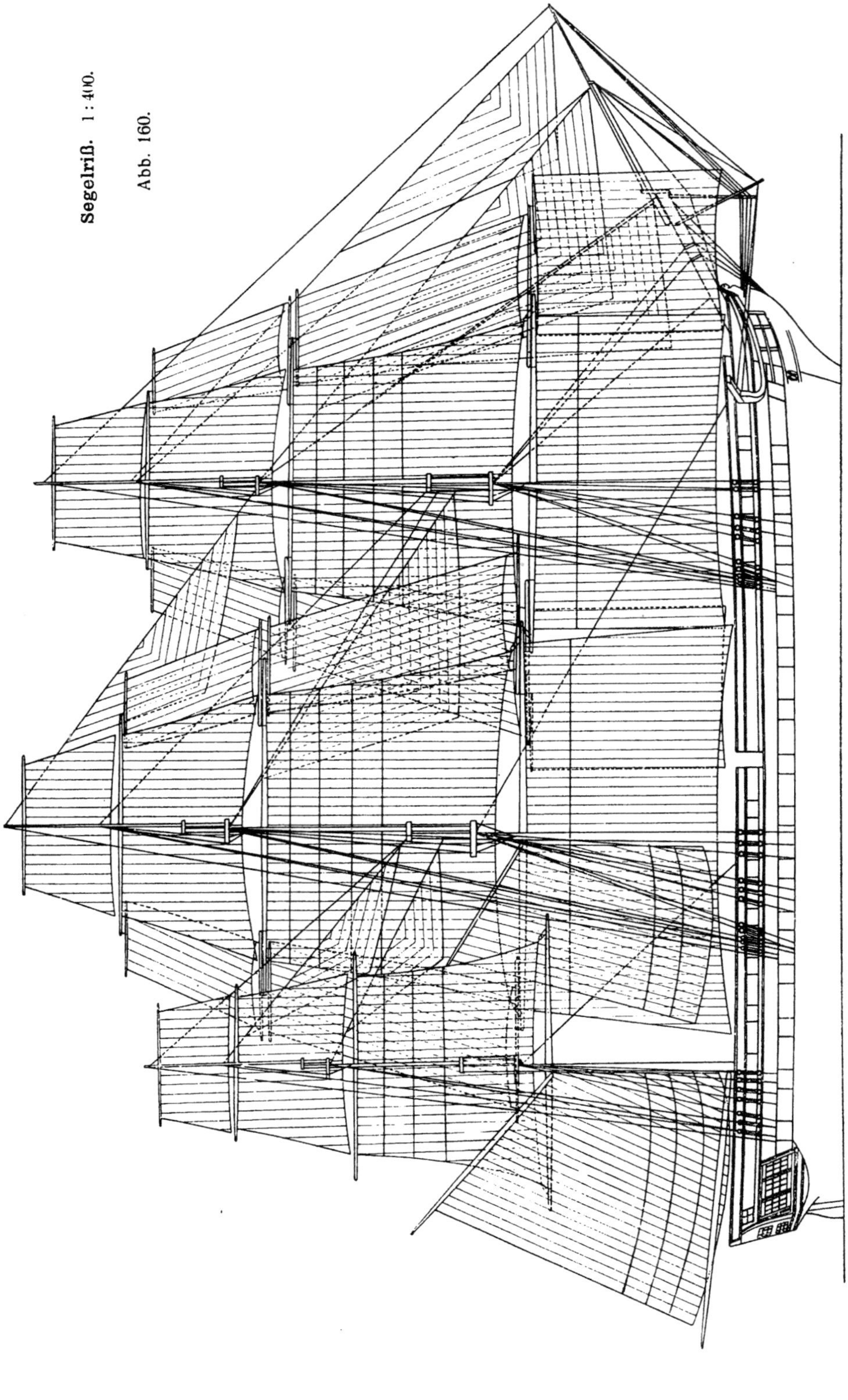

Segelriß. 1 : 400.

Abb. 160.

obere wirklich an einem Stag vom Topp der Vormarsstenge bis zum Topp der Großbramstenge gefahren wurde, wie es im Segelriß angegeben ist. Zwischen Groß- und Kreuzmast konnten 2 dreieckige Schratsegel gesetzt werden. Am Großmast ist an Stelle des noch auf „Victory“ gebräuchlichen großen viereckigen Schratsegels ein dem Besansegel gleiches Segel mit Gaffel indessen ohne Baum getreten, das nach Wegnahme des Großsegels als Sturmsegel benutzt wurde.

Bewaffnung.

Als das Schiff zum ersten Male in Dienst gestellt wurde, trug es

2	Stück	60	Pfünder,
46	„	24	„
16	„	18	„

zusammen 64 Kanonen.

Die für die Bedienung der Geschütze und der Segel erforderliche Mannschaft war auf 420 Köpfe bemessen.

14. Amerikanischer Klipper „Republic".

Mitte des neunzehnten Jahrhunderts n. Chr.

Geschichtliche Unterlagen.

Etwa gegen die Mitte des neunzehnten Jahrhunderts wurden im Norden der Neuengland-Staaten der nordamerikanischen Union große schnellsegelnde Schiffe gebaut, die unter dem Namen „Klipper" bekannt geworden sind. Ursprünglich war ihr Zweck Ladungen aus dem Osten der Vereinigten Staaten um das Kap Horn nach Kalifornien zu bringen, das zu jener Zeit vom Goldfieber erfaßt war, und den Schiffen wenig oder gar keine Rückfracht bieten konnte. So segelten denn manche Klipper von Westamerika in Ballast nach Ostasien, um von dort um das Kap der guten Hoffnung Güter nach Europa, seltener nach Amerika zu bringen. Die begehrteste und wertvollste von allen in China erlangbaren Ladungen war Tee. Es wurde Sitte, daß die Klipper mit der neuen Tee-Ernte gleichzeitig aus China nach England absegelten, wo man hohe Summen auf den ersten Ankömmling in London wettete. Berühmt ist die Ozeanwettfahrt des Jahres 1866. Die 5 Klipper „Fierry Cross", „Ariel", „Taeping", „Taitsing" und „Serica" verließen in kurzen Abständen den Teehafen Foutshoufu und kamen mit nur 2 Tagen Unterschied zwischen dem ersten und letzten nach 99 bis 101 Tagen in London an. Die beiden Klipper „Ariel" und „Taeping" trafen zuerst ein, sie hatten sich auf der ganzen Reise nicht gesehen und begegneten sich erst im Kanal, wo der Endkampf begann, der mit einem Siege des „Ariel" um wenige Minuten endete. Abb. 161 stellt „Ariel" unter vollen Segeln dar. Zu diesen Klippern zählt auch das im Jahre 1869 in Kennebunk im Staate Maine von Stapel gelaufene Dreimast-Vollschiff „Republic", dessen Segelriß Abb. 163 wiedergibt.

Hauptabmessungen.

Die Länge des Schiffes betrug zwischen Vor- und Hintersteven auf dem Oberdeck 58,80 m und über alles 63,30 m.

Die Breite gemessen auf Außenkante der Spanten war 11,70 m, die größte Breite 12,20 m.

Der Tiefgang des auf Konstruktions-Wasserlinie schwimmenden Schiffes ist mit 5,50 m angegeben.

Die Verdrängung stellt sich beim vollbeladenen Schiff unter Zugrundelegung des Linienrisses Abb. 162 auf 1590 t.

Klipper „Ariel“ mit Vollzeug.

Abb. 161.

Bauart.

Die Klipper weichen in ihrer Bauart nicht von den zuletzt beschriebenen Schiffen ab. Sie erhielten meistens einen Beschlag von Yellow-

Linienriß.

1 : 300.

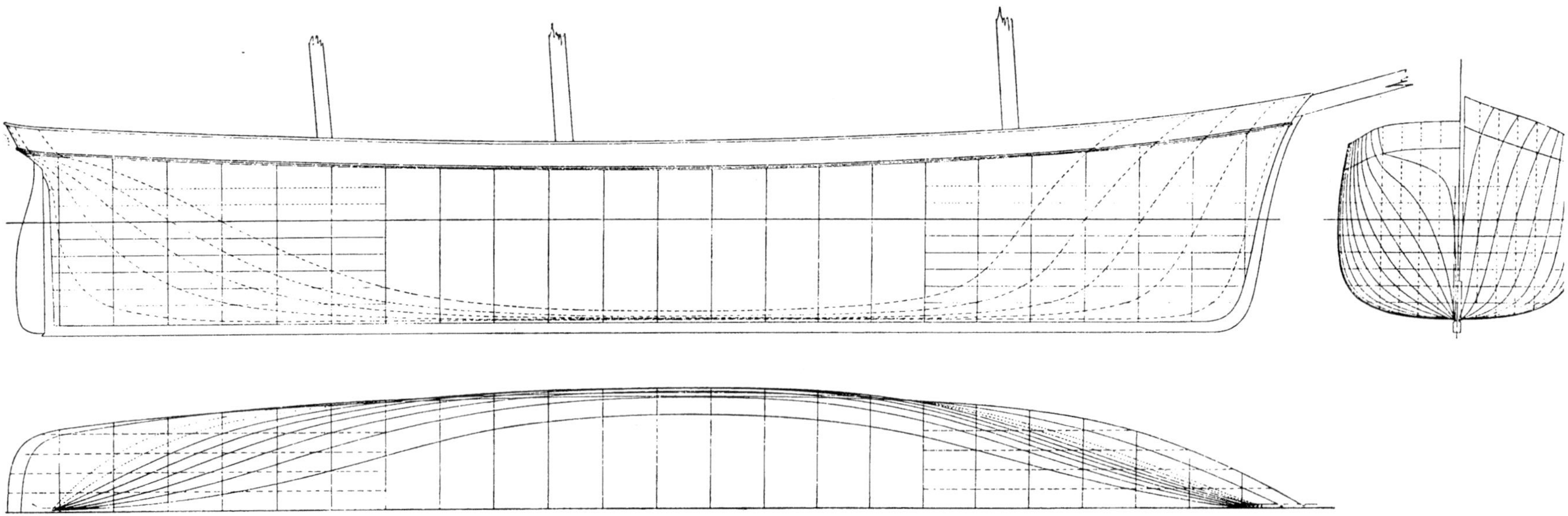

Abb. 162.

Metall, mitunter wurden sie aber auch nur mit Eisenblechen beschlagen, welche der Außenhaut einen Schutz gegen Eisschollen gewähren sollte, die zuweilen bei der Umsegelung des Kap Horn angetroffen wurden.

Bemastung.

Der Fock- und der Großmast besaßen je 3 Stengen: Mars-, Bram- und Royalstenge; beim Kreuzmast fehlte die letztere. Die Masten tragen Unterraen, doppelte Mars-, doppelte Bram-, Royal- und Scheiraen, der Großmast außerdem noch eine Mondkiekerra. Der Flaggenkopf des Großmastes erreichte auf diese Weise bei einzelnen Klippern eine Höhe von etwa 60 m über der Wasseroberfläche. Die Abstagung der Masten ist noch dieselbe geblieben, wie sie im Anfange des Jahrhunderts ausgeführt und bei der „Gefion" beschrieben wurde. Das Bugspriet besitzt nur einen Klüverbaum und keinen Außenklüverbaum. Ein unter dem Eselshaupt des Bugspriets angebrachter Stampfstock nimmt die Stage des Klüverbaums auf und gibt sie nach dem Vorderteil des Schiffes weiter.

Besegelung.

An jedem der drei Masten hängen übereinander folgende sieben Segel: Unter-, Untermars-, Obermars-, Bram-, Oberbram-, Royal- und Scheisegel, wozu als achtes am Großmast noch ein — Mondkieker — genanntes Segel kommt. Am Fockmast besitzt das Untersegel an jeder Seite ein Leesegel, die beiden Mars- und die beiden Bramsegel führen ihre Leesegel je zusammen, während das Royalsegel und das Scheisegel ihre Leesegel wieder getrennt tragen. Am Großmast sind dieselben Leesegel vorhanden, nur fehlen sie am Untersegel und ebenso gänzlich am Kreuzmast, aus dem früher hierfür angegebenen Grunde. Unterhalb der Backspieren ist unter den Fockleesegeln noch je ein Überwassersegel angebracht, das nur bei ganz glatter See gefahren werden konnte. Am Vorgeschirr hängen ein Außenklüver, ein Klüver, ein Binnenklüver und ein Vorstenge-Stagsegel. Zwischen Außenklüver und Klüver (Abb. 161) oder über dem Außenblüver (Abb. 162) steht ein Flieger und unterhalb des Klüverbaumes ist am Stampfstock noch ein Schratsegel gesetzt. Zwischen den Masten sind je 4 Schratsegel angebracht und außerdem hat der Kreuzmast noch das übliche Besansegel. Im ganzen trägt der Klipper an seinen drei Masten 57 Segel, während das weiter hinten beschriebene Fünfmastvollschiff „Preußen" nur noch 43 Segel aufweist. Dieser Vergleich zeigt schon in wie übertriebener Weise die Klipper mit Segeln behängt wurden und an den Überwasser-

Segelriß des Klippers „Rep

1 : 400.

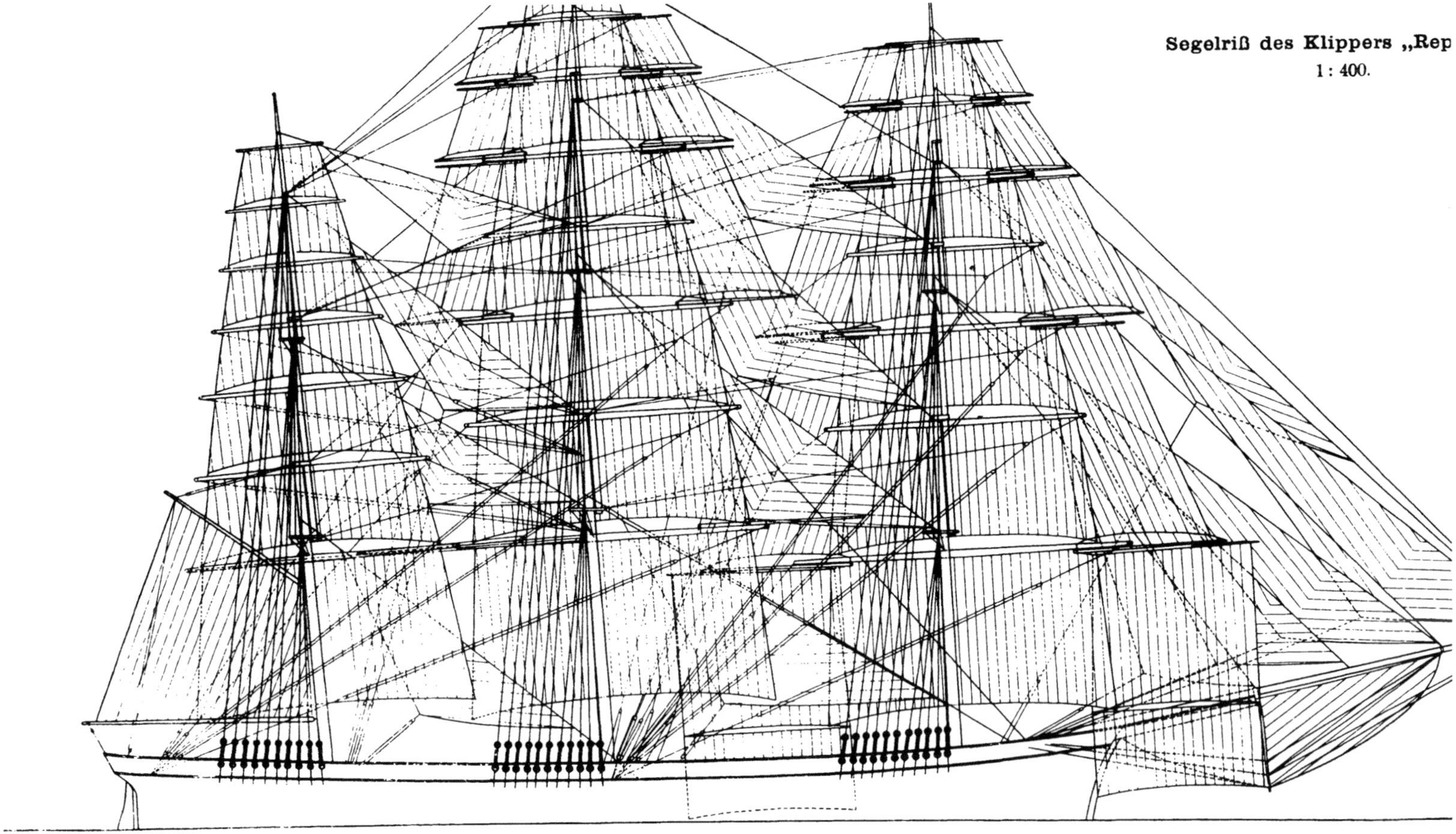

Abb. 163.

segeln läßt sich ermessen, wie man bemüht war, an jedem Platze Segel unterzubringen. Trotz der gewaltigen Segelfläche und trotz ihrer schlanken Bauart haben die berühmtesten Klipper nur ganz ausnahmsweise eine größte Geschwindigkeit von 14 Knoten erreicht, so daß man zur Erzielung einer größeren Wirtschaftlichkeit gegen das Ende des neunzehnten Jahrhunderts wieder zu einer Vereinfachung der Takelung und damit zur Ersparnis an Mannschaft schritt.

Bemannung.

Die großen Klipper mußten zur Bedienung ihrer vielen Segel, die durchweg nur mit Hand geschah, eine sehr große Mannschaft an Bord haben. Um an Heuer zu sparen, und die Schiffe nicht unwirtschaftlich zu machen, fuhren sie mit einer großen Anzahl von Jungen, die die obersten leichteren und kleineren Segel zu bedienen hatten. Die gewöhnliche Mannschaft betrug 100 Matrosen und Offiziere und 30 Schiffsjungen, zusammen 130 Köpfe.

15. Deutsches Schulschiff „Prinzeß Eitel Friedrich".

Ende des neunzehnten Jahrhunderts n. Chr.

Geschichtliche Unterlagen.

Im Jahre 1900 gründete sich unter dem Vorsitz des Großherzogs von Oldenburg der „Deutsche Schulschiff-Verein" mit dem Sitze in Bremen. Der Zweck des Vereins ist die Ausbildung von Schiffsjungen zu Matrosen und Deckmannschaften für die deutsche Handelsmarine. Zurzeit besitzt der Verein 3 Schulschiffe, 1 Segelschiff mit Hilfsmotor und 2 reine Segelschiffe. „Prinzeß Eitel Friedrich" auf der Werft von Blohm & Voß in Hamburg erbaut, ist eines der reinen Segelschiffe. Wenn das Schiff auch erst 1909 vom Stapel gelaufen ist, so zeigt es in seiner Takelung ganz den Typ, wie ihn alle größeren Segelschiffe Ende des neunzehnten Jahrhunderts aufweisen, weshalb es hier als in diesen Konstruktionsabschnitt fallend, aufgeführt wurde.

Hauptabmessungen.

Die Länge des Schiffes beträgt nach dem Linienriß (Abb. 164) 72,9 m, die Länge über alles 80,0 m.

Die Breite ist auf 12,5 m bemessen, sie bildet gleichzeitig die größte Breite.

Der Tiefgang mit gewöhnlicher Ausrüstung stellt sich auf 5,0 m.

Die Verdrängung errechnet sich bei diesem Tiefgang auf 2150 t.

Bauart.

Wie alle neuen Schiffe ist „Prinzeß Eitel Friedrich" aus weichem Siemens-Martinstahl gebaut. Hölzerne Segelschiffe werden nach der Mitte des neunzehnten Jahrhunderts für größere Abmessungen immer seltener hergestellt. An die Stelle des Holzes trat zunächst Eisen und seit den neunziger Jahren des vorigen Jahrhunderts allgemein Stahl. Um die Wende des neunzehnten zum zwanzigsten Jahrhundert war der Bau von

Linienriß.

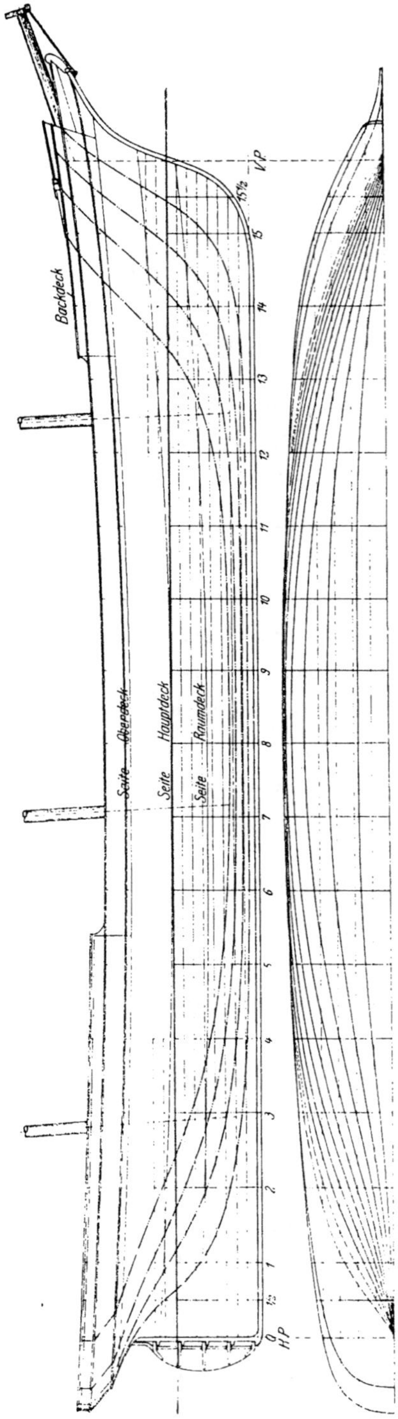

Spantenriß

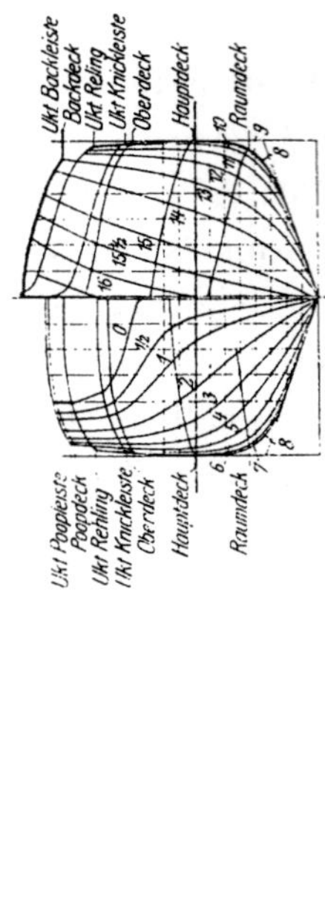

Abb. 164.

hölzernen Segelschiffen schon stark zurückgegangen, nur kleinere Fahrzeuge wurden noch aus Holz gefertigt.

Die Steven des Schiffes sind aus Eisen geschmiedet. Die Anordnung der Bodenwrangen, Kielschweine, Stringer, sowie der inneren Wegerung und der Außenhaut ist aus Abb. 165 ersichtlich. „Prinzeß Eitel Friedrich" besitzt zwei durchlaufende Decks, ein Zwischendeck und ein Oberdeck. Unter dem Zwischendeck ist über einen großen Teil des Schiffes ein drittes

Durchschnitt. 1 : 100.

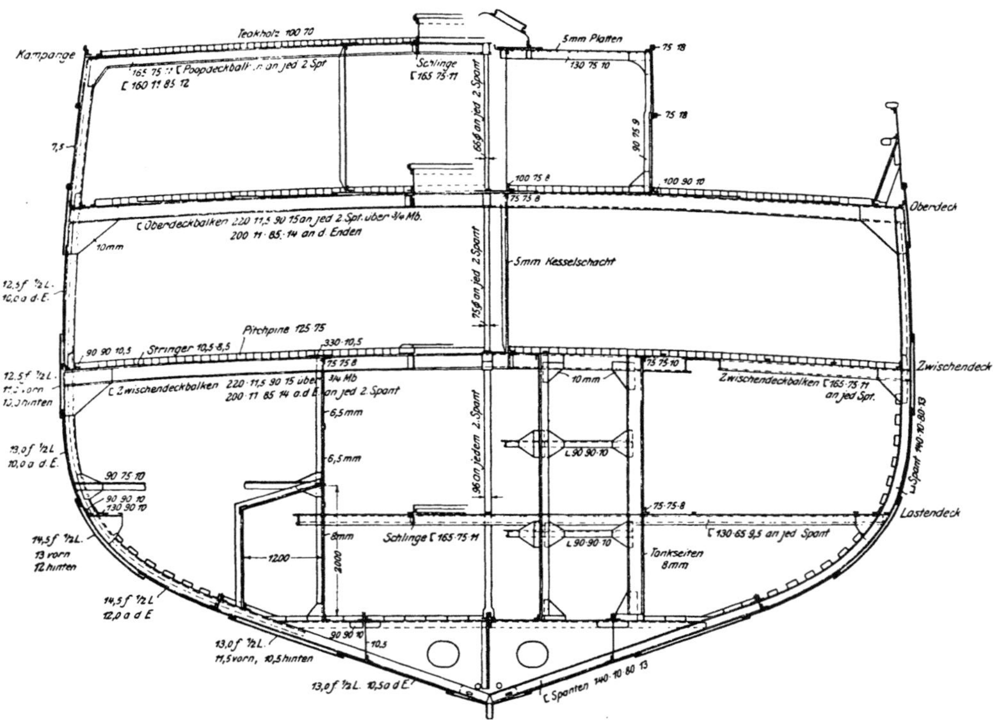

Abb. 165.

Deck, das Lastendeck eingebaut, das nur in der Vor- und Achterpiek, im Heizraum und in der Sandlast unterbrochen ist. Unter dem Oberdeck erhebt sich vorn eine Back, in der sich die Klosetts und Pissoirs, sowie die Laternen und Ölkammern für den täglichen Bedarf befinden. Zwischen diesen Räumen ist eine mit Seewasser gespeiste Dusche eingebaut, die ein tägliches Duschen der Besatzung gestattet, was namentlich in den Tropen sehr vorteilhaft ist.

Im Zwischendeck sind durch das wasserdichte Schott auf Spant

46 voneinander getrennt zwei Wohnräume für die Schiffsjungen untergebracht, die durch je eine wasserdicht schließende Tür, auf der St. B. und B. B.-Seite mit einander in Verbindung stehen.

Das Schiff hat 124 Spanten, die in einer Entfernung von 620 mm aufgestellt sind, und 7 wasserdichte bis zum Oberdeck durchgeführte Schotte teilen das Schiff in 8 wasserdichte Abteilungen. Die wasserdichten Schotte sind bis zum Zwischendeck nicht durchbrochen, nur das vorgenannte Schott auf Spant 46 enthält die beiden Türen. Die Schotte sind so gestellt, daß das Schiff nach dem Vollaufen von 2 End- oder einer Mittelabteilung noch genügende Schwimmfähigkeit besitzt.

Nach dieser seiner Raumeinteilung ist das Schiff zur Aufnahme von Ladung nicht eingerichtet. Der ganze Raum ist lediglich für die wohnliche und gesunde Unterbringung der Besatzung, für die Aufnahme eines für diese reichlichen Proviants und für die Verstauung der vielseitigen Schulschiffausrüstung mit Inventar und Material ausgenutzt worden.

600 t Ballast, und zwar 500 t Kopfsteine und 100 t Roheisen, verleihen dem Schiffe die genügende Stabilität. Der Ballast muß zur Erhaltung eines guten Gesundheitszustandes an Bord häufig gelüftet und gereinigt werden, also für diesen Zweck bequem zugänglich sein. Dies ist durch große untereinander liegende Luken in den einzelnen Decks erreicht, die ein schnelles Löschen und Laden der Ballasträume ermöglichen.

Raumeinteilung.

Die praktische Anordnung und Verteilung der einzelnen Räume läßt sich am besten schildern, wenn die einzelnen wasserdichten Abteilungen von hinten angefangen nacheinander durchgegangen werden.

Die Achterpiek-Abteilung I ist bis zum Zwischendeck leer, über dem Zwischendeck ist sie als Aktenkammer eingerichtet.

Die Abteilung II enthält die Offiziersräume, und zwar im Lastendeck die Offiziers- und Kapitänsvorräte und darüber liegend im Zwischendeck die Wohnräume der Herren. Sie bestehen aus einer von Bord zu Bord reichenden luftigen und nett eingerichteten Offiziersmesse mit Deck- und Seitenlichtern, je einer Kammer für den Arzt, den Navigationsoffizier und 4 Wachoffiziere, sowie einer Anrichtekammer. Die Kammern sind sämtlich groß und zweckmäßig, jede besitzt ein Bett, das am Tage als Sofa und nachts als Schlafkoje dienen kann, ferner einen Schreibtisch mit Stuhl, einen Kleider- und Wäscheschrank, einen Waschtisch, ein Bücherregal usw.

Vorhänge vor Tür und Fenster verstärken das wohnliche Aussehen der Räume.

Abteilung III nimmt im Lastendeck die Kleiderkammer und die Vorratsräume für die Mannschaft auf. Die Räume sind so groß gehalten, daß sie Dauerproviant für ein halbes Jahr für die ganze Besatzung des Schiffes von 257 Köpfen aufnehmen können. Außerdem sind hier 3 bis zum Zwischendeck reichende und von dort durch Mannlochdeckel zugängliche Trinkwassertanks eingebaut. Zwischen den einzelnen Vorratsräumen liegt ein durch Decklicht und Ladeluk mit Tageslicht erfüllter 2,5 m breiter Gang. Die großen Ladeluken im Ober- und Zwischendeck gestatten das Herunterlassen der Proviantkisten bis vor die Vorratsräume, sie können wenn nötig auch in dem breiten Gange noch vorher ausgepackt werden. Die hier verstauten Vorräte werden nur vom Zahlmeister und dem Proviantmeister verwaltet, so daß niemand zum außerdienstlichen Betreten dieser Räume befugt ist. Im Zwischendeck vor Abteilung II liegt der schon erwähnte hintere Wohnraum für die Schiffsjungen.

Die Abteilung IV enthält im Lastendeck die Segelkammer, zwei Fastagenräume und ebenfalls 3 große Frischwassertanks, die zusammen mit denen der Abteilung III 120 t Frischwasser fassen. Durch ein großes vor der Segelkammer liegendes Luk im Oberdeck können die Segel mit einer Stagjolle ohne jede Schamfielung bis vor den Großmast geheißt werden. Vor der Segelkammer liegt auf demselben Deck der Kesselraum. und zu beiden Seiten neben ihm die 80 t Kohlen aufnehmenden Bunker. An den Bunker auf B. B. stößt ein Desinfektionsraum, an den auf St. B. ein Maschinenraum mit einer Dynamo für die elektrische Beleuchtung des Schiffes. Im Zwischendeck der Abteilung IV ist der vordere Wohnraum der Schiffsjungen.

Die beiden Schiffsjungen-Wohnräume können zusammen 200 Jungen aufnehmen, jeder Junge hat einen Kleiderschrank, wie ihn in der deutschen Marine die Matrosen besitzen, und für jeden ist ein Hängemattsplatz vorgesehen. An 18 während ihrer Nichtbenutzung unter Deck hochgeschlagenen Backen und Bänken nach Marineart finden die 200 Jungen Platz zum Essen und zur Beschäftigung in der Freizeit. In diesen Wohnräumen stehen ferner die Schränke für Ölzeug, Hängematten, Reinigungsgerätschaften usw., auch ein Bibliothekschrank ist vorhanden. Drei geräumige doppeltreppige Niedergänge vermitteln den Verkehr vom Zwischen- zum Oberdeck. Die auf dem Oberdeck freiliegenden Niedergänge sind mit Ge-

Längsschnitt und Deckpläne.

1 : 400.

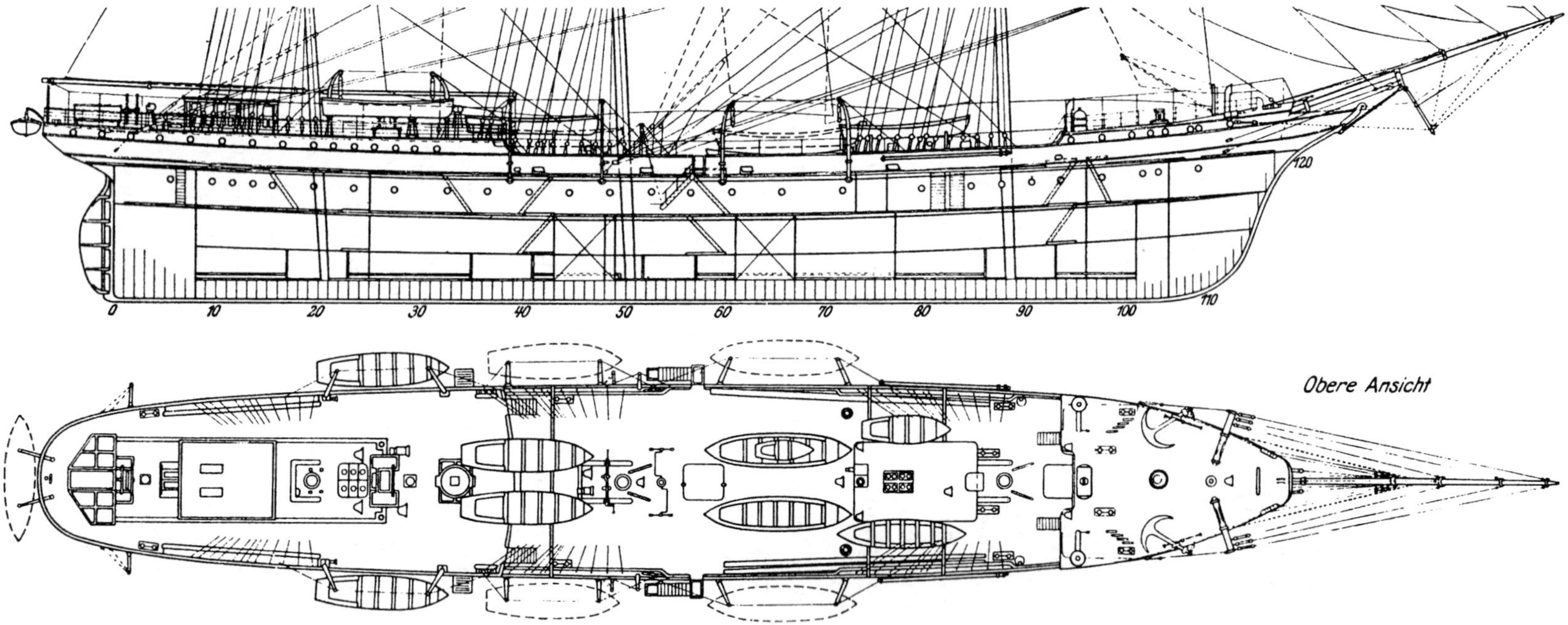

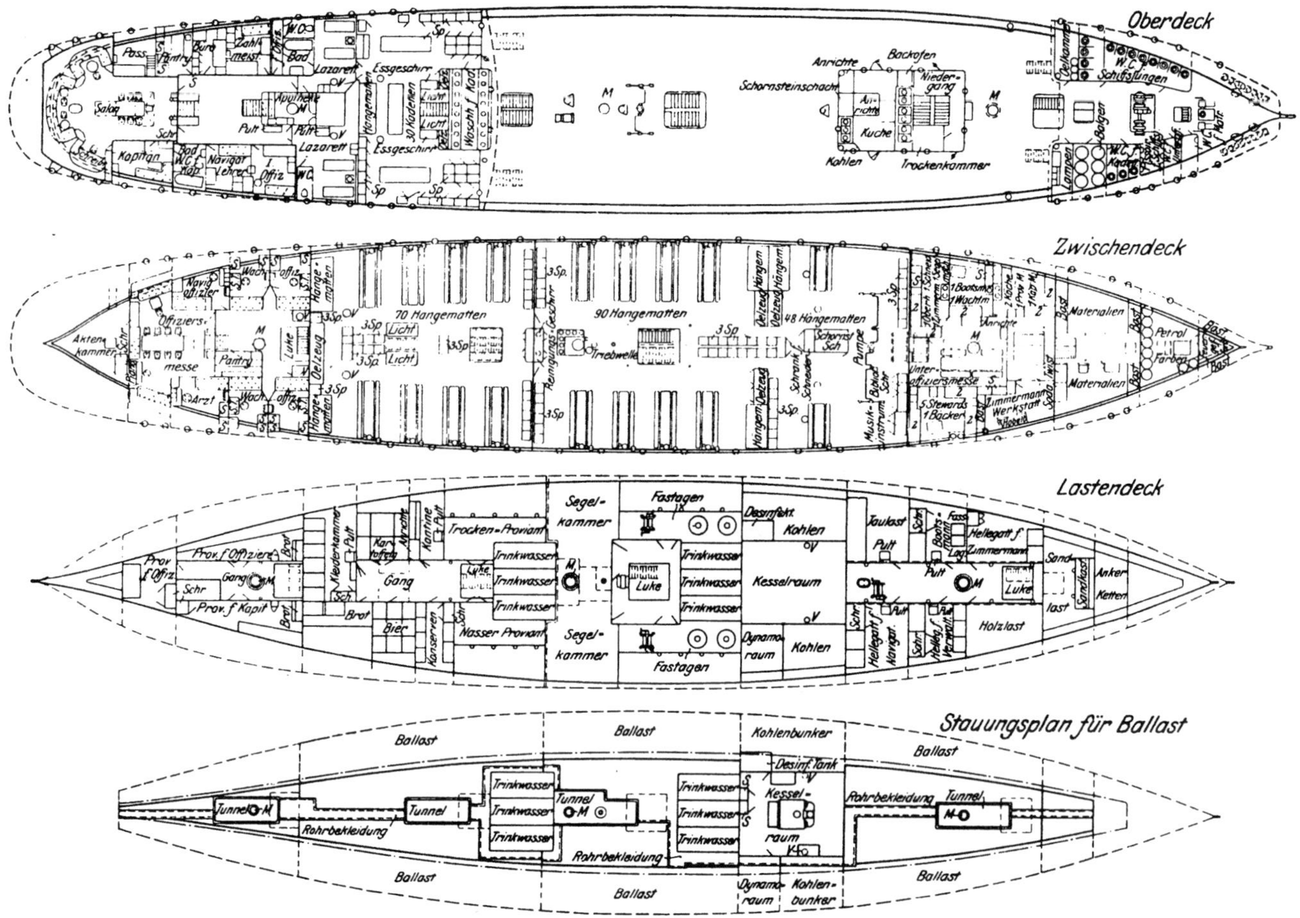
Oberdeck
Zwischendeck
Lastendeck
Stauungsplan für Ballast
Salon
Kapitän
Lazarett
Essgeschirr
30 Kadetten
Hangematten
Schornsteinschacht
Anrichte
Backofen
Küche
Kohlen
Trockenkammer
Lampen
70 Hangematten
90 Hangematten
48 Hangematten
Offiziers-messe
Pantry
Luke
Materialien
Petrol
Farben
Trinkwasser
Segel-kammer
Fastagen
Kesselraum
Holzlast
Trocken-Proviant
Nasser Proviant
Gang
Bier
Kohlenbunker
Ballast
Tunnel
Rohrbekleidung

Abb. 166.

ländern und Regenbezügen versehen, bei schlechtem Wetter können sie verschalkt werden.

Abteilung V birgt im Lastendeck die Räume zum Aufbewahren der nicht im Gebrauch befindlichen Inventarienausrüstung und des Reservetauwerks. Eine große Ladeluke und ein breiter Gang gestatten wie in den Proviantraumen einen übersichtlichen und leichten Verkehr. Im Zwischendeck sind hierüber die Wohnräume der Unteroffiziere angeordnet, sie bestehen aus einer Messe und den um diese herumliegenden Kammern.

Abteilung VI nimmt unter dem Zwischendeck die Sandlast und den Kettenkasten, im Zwischendeck einen Raum für die Unterbringung der Materialausrüstung des Schiffes für ein halbes Jahr auf.

Abteilung VII, die Vorpiek, ist bis zum Zwischendeck leer. Im Zwischendeck enthält sie den Raum für das in eisernen Tanks aufbewahrte Petroleum, sowie für Farben und Öle.

Unter der Kampange befinden sich die Wohnräume des Kapitäns, des I. Offiziers und des Zahlmeisters sowie ein Büro. Davor liegt das Lazarett und die Apotheke. Das Lazarett enthält 4 Schlingerkojen. Durch eine Tür läßt sich ein Teil des Lazaretts von dem anderen abtrennen, wodurch die Unterbringung mit ansteckenden Krankheiten Behafteter möglich ist. Vor dem Lazarett liegt ein für 30 Kadetten eingerichteter Wohn- und Waschraum.

Ein Deckhaus am Oberdeck zwischen Groß- und Fockmast nimmt die Kombüse auf, ein zweites Deckhaus auf der Kampange umfaßt das Navigationszimmer sowie je einen Schlafraum für den Kapitän und den Navigationsoffizier.

Besondere Einrichtungen.

Das Schulschiff ist aus besonderer Fürsorge für die Zöglinge mit einer Heizungsanlage, einer Desinfektionskammer, einer elektrischen Beleuchtung und einer umfangreichen Pumpenanlage versehen.

Die Heizungsanlage, die sich über alle Wohnräume erstreckt, wird durch den in Abteilung IV aufgestellten mit 7 kg/qcm Überdruck arbeitenden Dampfkessel betrieben. Ein Druckverminderungsventil läßt den aus dem Kessel strömenden Dampf mit nur 3 kg/qcm Überdruck in die Heizungskörper treten. Der Kessel wird nur mit Frischwasser gespeist, worauf bei der Größenbemessung der Frischwassertanks in den Abteilungen III und IV Rücksicht genommen wurde, die das Zusatzwasser zu liefern haben. Das

Kondensationswasser der Dampfheizung wird dem Kessel wieder als Speisewasser zugeführt, so daß also nur der unvermeidliche Dampfverlust durch Frischwasser ersetzt werden muß. Die Gesamtheizfläche aller Heizkörper ist so bemessen, daß auf 20 cbm Luftraum 1 qm Heizfläche entfällt, wodurch in den Wohnräumen eine genügende Temperatur erzielt werden kann.

Die Desinfektionskammer kann sowohl durch eingebaute Rippenheizkörper als auch durch direkt in sie eingelassenen Kesseldampf auf 120 ° C. erwärmt werden, so daß sie beim Auftreten ansteckender Krankheiten für die Desinfektion der Kleider, Bettwäsche usw. vollkommen genügt.

Das elektrische Licht wird von einer Dynamo erzeugt, die in Abteilung IV steht und von einem 9 PS Petroleummotor angetrieben wird. Sämtliche Wohnräume sind elektrisch beleuchtet. Die Vorratsräume lassen sich durch bewegliche elektrische Handlampen beleuchten. Als Reservebeleuchtung sind in den Wohnräumen der Offiziere und Unteroffiziere Petroleumlampen vorgesehen, in denen der Schiffsjungen Stearinlichte.

Die Pumpenanlage umschließt 2 Zentrifugal- und 2 Kolbenhandpumpen, sowie eine kleine unter der Back stehenden Handpumpe, die nur die vordere Piek lenzt. Von den beiden Zentrifugalhandpumpen liegt eine im Zwischendeck, die andere auf dem Oberdeck. Jede von ihnen kann durch Handkurbeln bewegt werden, die für 15 bis 20 Mann Platz bieten. Die Zentrifugalpumpen fördern Seewasser für Feuerlöschzwecke zum Deckwaschen und zum Spülen der Klosetts. Ihre Druckrohre speisen ein am Oberdeck auf der B. B.-Seite unter der Nagelbank entlang laufendes Feuerlöschrohr, das 5 Schlauchverschraubungen enthält. Die Zentrifugalpumpen genügen, um 3 zu gleicher Zeit spritzende Schläuche ausgiebig mit Wasser zu versorgen. Nach Umstellen der in die Druckleitung eingebauten Absperrventile können die Zentrifugalpumpen auch zum Aufpumpen von 2 Spültanks benutzt werden, von denen ein vorn auf der Back liegender die dortigen Klosetts, ein anderer, auf der Kampange eingebauter, die Offiziersklosetts spült.

Die beiden Kolbenhandpumpen stehen auf dem Oberdeck, sie dienen zum Lenzen der 6 wasserdichten Abteilungen, die noch außer der vorderen Piek verbleiben. Jede von ihnen hat ein besonderes Lenzrohr, dessen Saugekorb etwa in seiner Mitte liegt. Mittels eines in die Rohrleitung eingeschalteten Wechselkörpers ist es möglich, mit beiden Lenzpumpen aus einer Abteilung, oder mit jeder einzelnen Pumpe aus einer beliebigen

Segelriß.

1 : 400.

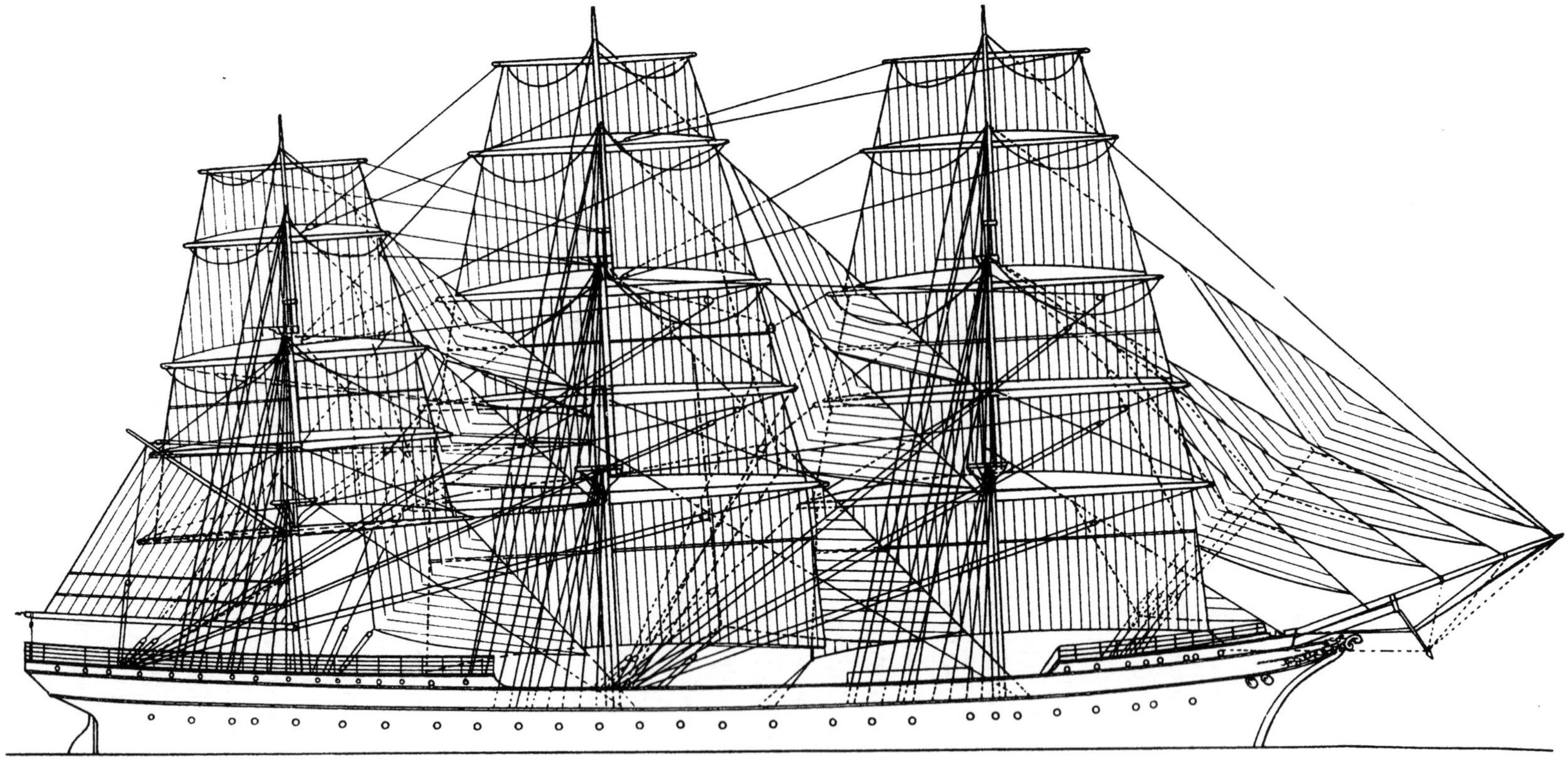

Abb. 167.

Abteilung zu lenzen, oder aber auch eine Pumpe ganz abzustellen. Jede Abteilung besitzt ein auf dem Oberdeck mündendes Peilrohr.

Bemastung.

Das Schiff ist als Vollschiff getakelt. Die Untermasten bestehen aus Stahl, ebenso das Bugspriet, die Unterraen und die Marsraen; die anderen Rundhölzer sind aus Pitchpine hergestellt. Alle 3 Masten besitzen Mars- und Bramstengen, die zum Streichen eingerichtet sind sowie doppelte Marsraen, einfache Bram- und Oberbramraen. Die nach dem Topp der Untermasten führenden Wanten sind aus Stahldraht und auf Spannschrauben gesetzt, wie sie gegen das Ende des neunzehnten Jahrhunderts mehr und mehr eingeführt wurden. Auch das Bugsprietgeschirr ist auf Spannschrauben, alles andere stehende ebenfalls Stahldrahtgut auf Taljereeps gesetzt. Die Wanten der Marsstengen bestehen aus 4, die der Bramwanten aus 3 Hoftauen. Von den Oberbramsalingen führen Jakobsleitern zu den Toppen der einzelnen Masten, die Blitzableiter mit vergoldeten Spitzen tragen. Für jeden Mast sind 3 einzelne Mastenknechte und an jeder Schiffseite eine Nagelbank mit den erforderlichen Belegnägeln vorgesehen.

Besegelung.

Die beiden vorderen Masten (Abb. 167) besitzen Untersegel, der Kreuzmast hat kein Bagiensegel. Alle 3 Masten führen Unter- und Obermarssegel, Bram- und Oberbramsegel. Am Bugspriet und Klüverbaum werden Außenklüver, Klüver, 2 Vorstengetagsegel und eine Sturmflock gefahren, am Kreuzmast ein Besansegel und zwischen den Masten je 3 Schratsegel.

Leesegel sind nicht vorhanden, sie sind gegen das Ende des neunzehnten Jahrhunderts immer mehr verschwunden, weil ihr Nutzen zu den Kosten ihrer Beschaffung, Unterhaltung und der zu ihrer Bedienung erforderlichen Mannschaftsvermehrung in keinem rechten Verhältnis mehr stand.

Ausrüstung.

Das Schiff ist mit 2 Bug-, einem Strom- und einem Warpanker ausgerüstet, und führt außerdem noch einen Reservebuganker. Ankerkrane, Kettenstopper und Spill sind vorhanden. Das Spill liegt unter der Back und besitzt auf dieser ein Gangspill, durch welches das liegende untere Spill mittels Kegelräder angetrieben werden kann.

Auf dem Kampangedeck steht hinter der Kommandobrücke ein

Längenansicht. 1 : 400.

Abb. 168.

Deckansicht.

1 : 400.

Abb. 169.

Schraubensteuerapparat mit 2 Steuerrädern. Eine zweite Steuerstelle mit ebenfalls 2 Steuerrädern und einer Windetrommel steht vor der Kampange auf dem Oberdeck. Von beiden gehen Steuerreeps zur Ruderspinne.

Vorderansicht. 1:400.

Abb. 170.

Seinem Zwecke als Schulschiff entsprechend führt „Prinzeß Eitel Friedrich" außer 2 in Klampen auf dem Oberdeck zwischen Groß- und Fockmast stehenden großen Rettungsbooten (Abb. 168 und 169), 2 Kutter auf einer Bootsbarring zwischen Großmast und Kampange in abnehmbaren Klampen und 2 Kutter in je 2 einschwingbaren Davits an beiden Schiffsseiten vor den Kreuzwanten. Eine Gig und eine Jolle sind zwischen den beiden Kuttern auf der Bootsbarring untergebracht und ein Dinghi steht in einem Rettungsboot.

Hinteransicht. 1 : 400.

Abb. 171.

Mannschaft.

Eingeschifft sind an Bord der Kapitän, 5 Offiziere, ein Arzt und ein Zahlmeister. Ferner 16 Unteroffiziere und Handwerker, wie Segelmacher, Zimmermann, Bäcker, Schneider usw., sodann 30 Kadetten, 7 Matrosen und 30 Leichtmatrosen als Hilfskräfte für die Segelbedienung, und 163 Schiffsjungen, so daß die Gesamtbesatzung 257 Köpfe zählt. Die Schiffsjungen haben eine Ausbildungszeit von einem Jahre, die Kadetten eine solche von 3 Jahren durchzumachen. Um eine gründliche Ausbildung zu erzielen, bleibt das Schulschiff nur in den Sommermonaten in den heimischen Gewässern und segelt im Winter in wärmere Gegenden, gewöhnlich nach Westindien, wo stets Segelexzerzitien ausgeführt werden können.

Die von dem Schulschiffverein erzielten Erfolge sind als ausgezeichnete zu bezeichnen, da die gut erzogenen und seemännisch wohl vorgebildeten Jungen nicht bloß in der Handelsmarine gesucht sind, sondern auch von der Kriegsmarine zur Ableistung ihrer Dienstpflicht gern genommen wurden.

16. Deutsches Fünfmast-Vollschiff „Preussen".

Zwanzigstes Jahrhundert n. Chr.

Geschichtliche Unterlagen.

Die bekannte Hamburger Segelschiffsreederei F. Laeisz ließ zu Ende des vorigen Jahrhunderts und Anfang des zwanzigsten eine Reihe von Vier- und Fünfmast-Vollschiffen erbauen, wovon „Preußen" das letzte und größte war. Die Schiffe fuhren hauptsächlich von der Westküste Südamerikas nach Hamburg, wohin sie meistens Salpeter brachten. Sie gebrauchten für die direkte Reise vom Kanal um das Kap Horn nach Chile oder Peru nicht viel mehr Zeit als die gewöhnlichen großen Frachtdampfer einschließlich ihrer Aufenthalte in den angelaufenen Häfen hierfür beanspruchten, trotzdem sie noch durch die Maghellan-Straße laufen und dadurch die Reise abkürzen konnten.

„Preußen" ist von der Schiffswerft Joh. C. Tecklenborg A.-G. in Geestemünde erbaut und im Jahre 1902 abgelaufen. Es ist das größte dort gebaute Segelschiff und war gleichzeitig das größte Segelschiff der Welt. Im Jahre 1911 ist das Schiff während eines schweren Sturmes vor Dover gestrandet und mußte vollständig aufgegeben werden.

Hauptabmessungen.

Die Länge des Schiffes in der Wasserlinie wird mit 121,92 m angegeben, über Alles beträgt sie 133,2 m.

Die Breite mißt 16,40 m, es ist die größte Breite über Außenhaut.

Der Tiefgang des mit 8000 t vollbeladenen Schiffes erreicht 8,23 m.

Die Verdrängung bei diesem Tiefgange kommt nach dem Linienriß Abb. 172 auf 11 150 t.

Bauart.

Der Schiffskörper ist wie bei allen neueren Schiffen aus weichem Siemens-Martin-Stahl hergestellt. Es sind 2 durchlaufende Decks und an Aufbauten Back, Brückenhaus und Kampange vorhanden. Außer dem bis

Linienriß.

1 : 600.

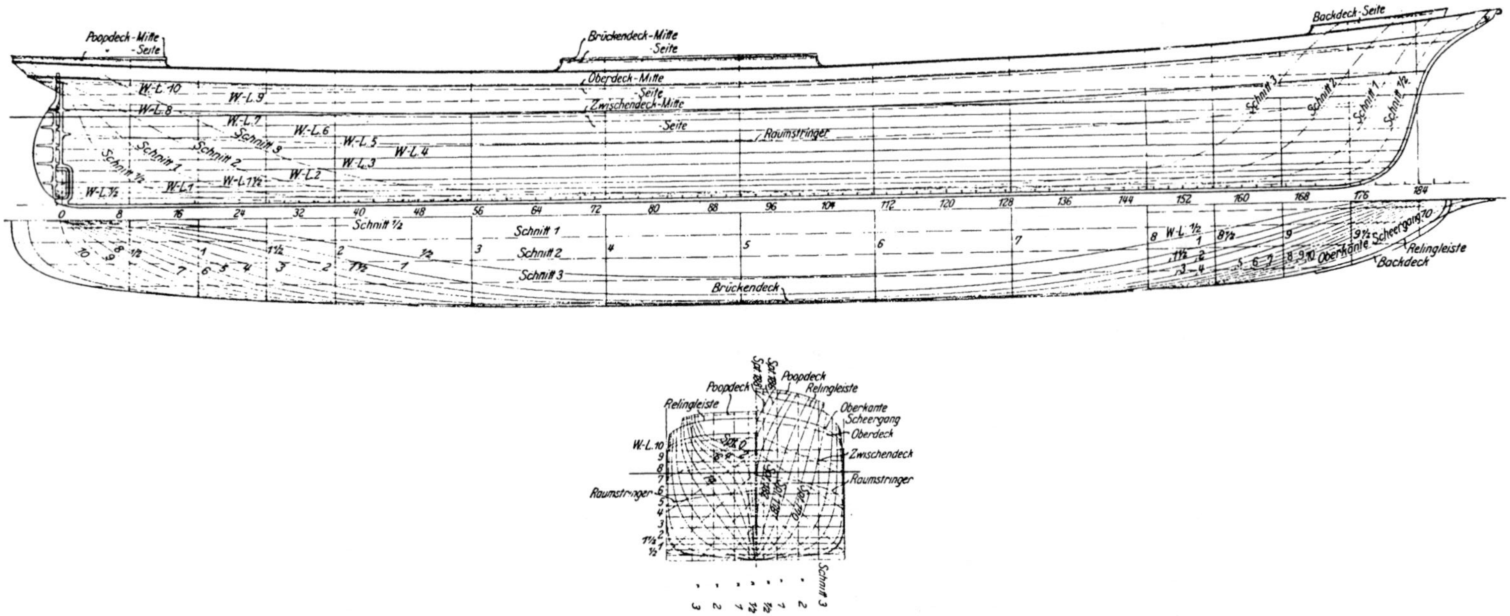

Abb. 172.

zum Hauptdeck reichenden Kollissionsschott auf Spant 172 sind hinter jedem der 5 Masten Versteifungsschotte eingebaut, die den Hauptzug der Takelung an den Schiffsseiten aufnehmen. Von Spant 68—106 erstreckt sich ein durch ein Querschott auf Spant 98 in 2 Abteilungen zerlegter Doppelboden, der zur Aufnahme von 450 t Ballast- und 100 t als Zusatzwasser benutztem Kesselspeisewassser dient.

Die 187 Spanten stehen in 0,66 m Abstand; auf $^2/_3$ der Schiffslänge bestehen sie aus U-Stahl im Vor- und Hinterschiff sowie im Doppelboden aus Winkelstahl, während zur Verstärkung des übrigen Bodens Winkelstahle mit den U-Spanten überlappt vorhanden sind. Gegenspanten aus Winkelstahl sind im Bereiche der Winkelspanten abwechselnd bis zum Hauptdeck und Balkendeck reichend angebracht; ferner befinden sich im Bereiche der U-Spanten auf $^2/_3$ der Schiffslänge Gegenspanten aus Winkelstahl, die — ausgenommen im Doppelboden — über die Flurplattenenden hinausreichen. Dort, wo schwere Raumbalken vorhanden sind, haben die Hauptspanten doppelte Gegenspanten.

Der Balkenkiel ist aus 14,5 m langen Stücken zusammengesetzt. Auf den Bodenwrangen über dem Kiel ist ein Trägerkielschwein (Abb. 173) mit Grundplatte und Topplatte aufgebaut, das in Verbindung mit 2 Seitenkielschweinen und 7 Seitenträgern im Bereiche des Doppelbodens einen sehr starken Längsverband bildet.

Eine große Querfestigkeit ist durch kräftige Raumbalken erreicht, die als Halbkastenbalken konstruiert sind und in Verbindung mit einem kräftigen Raumstringer stehen. Im Vor- und Hinterschiff ist außerdem eine Reihe von Raum- und Piekbalken angebracht, die bei scharfsegelnden Schiffen erforderlich sind. Für die Raum- und Deckbalken wurde das größte von den Stahlwerken hergestellte Profil von 34 cm Steghöhe verwendet. Die Balken sind außerdem durch je 2 Deckstützen versteift.

Die Stärke der Außenhautbleche gibt Abb. 173 an. Die Scheergänge haben mit Rücksicht auf die Länge des Schiffes eine besonders große Dicke erhalten. Das Brückenhaus ist an seinem vorderen und hinteren Ende durch doppelte Bleche von 6,05 m Länge versteift.

Die Vernietung ist bei allen Kielgangsblechen dreifach mit einfachen Stoßblechen. Die Stöße des Hauptdeckscheerganges und des Ganges darunter sind auf der ganzen Länge dreifach mit doppelten Stoßblechen, alle übrigen Außenhautbleche auf die Hälfte der Schiffslänge vierfach — an den Enden dreifach — überlappt genietet. Die Plattenstöße der

Querschnitt. 1 : 100.

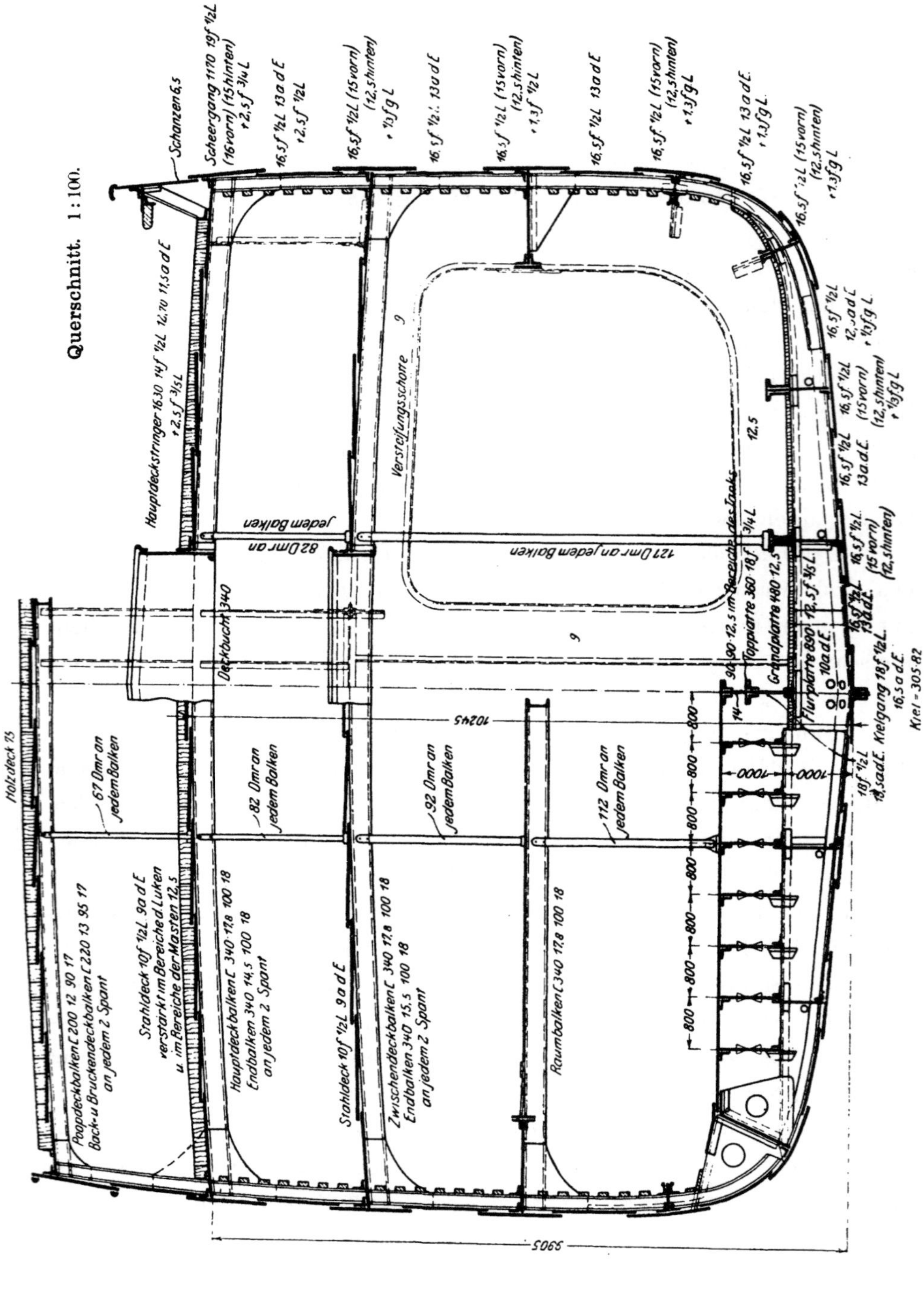

Abb. 173.

Schanzen und Seiten der Deckaufbauten haben doppelt genietete einfache Stoßbleche. Alle Längsnähte der Außenhautbleche sind unterhalb des Hauptdecks doppelt, in den Schanzen und Aufbauten einfach genietet.

Der aus Siemens-Martinstahl geschmiedete Vorsteven ist von unten bis zur Wasserlinie 306 mm stark und verjüngt sich von hier nach oben hin auf 250 mm. Der Hintersteven besteht aus Stahlguß, er hat durchweg 305 mm Seitenlänge im Querschnitt; die untere Hacke trägt einen Spurzapfen für das Balanceruder, das in 4 mit Weißmetall ausgegossenen Ösen des Hinterstevens hängt. Der Ruderrahmen ist auch aus Stahlguß, zwischen seinen abwechselnd rechts und links sitzenden Armen ist eine 28 mm dicke Ruderplatte eingenietet.

Eine Flanschkupplung, nach deren Lösung sich das Ruder aus den Ösen herausheben läßt, verbindet den Ruderrahmen mit dem Ruderschaft. Auf dem letzteren sitzt eine Ruderpinne, die mit dem Dampfsteuer in der Mitte des Schiffes in Verbindung steht, und darüber ein Querhaupt, das mit dem im Hinterschiff aufgestellten Handruder verbunden wird, wenn dieses benutzt werden soll.

Takelung.

An den 5 Masten können nach Abb. 174 gleichzeitig 43 Segel gesetzt werden, die 5560 qm Fläche besitzen. Alle 5 Masten sind voll getakelt mit doppelten Mars- und Bramraen. Außer den Rasegeln werden 4 Vorsegel, 8 Stagsegel zwischen den Masten und ein Besan am hintersten Mast gefahren.

Die Masten und mit ihnen die Marsstengen sind in einem Stück aus genieteten Stahlblechen hergestellt. Der äußere Durchmesser der Masten beträgt in Oberdeckhöhe 92 cm mit 14 mm Blechstärke, beim Mars ist der Durchmesser 75 cm mit 11,5 mm Blechstärke und beim Bram-Eselshaupt noch 46 cm mit 7,5 mm Blechstärke. Die Bramstengen sind 19 m lang, so daß die ganze Länge des Großmastes vom Kielschwein bis zum Flaggenkopf 66 m beträgt. Innen sind die Masten durch je 3 in ganzer Länge durchlaufende Winkel und durch Doppelungsplatten in Höhe der Decks verstärkt. Die Bramstengen, das mit dem Klüverbaum in einem Stück hergestellte Bugspriet und die Raen sind gleichfalls aus Stahlblechen zusammengenietet. Das Bugspriet ist 20,6 m lang und hat in der Bettung über dem Steven 90 cm Durchmesser mit 12,5 mm Blechstärke, außer den gleichen Winkelversteifungen und Dopplungen, wie bei den Masten, ist in ihm noch eine senkrechte Platte in der Bettung vorgesehen. Die Unter-

Segelriß.

1 : 600.

Abb. 174.

raen sind 31,2 m lang und haben in der Mitte 63,5 cm Durchmesser mit 10 mm Blechstärke. Bei diesem Durchmesser ist die Grenze erreicht, bei der es den Matrosen noch möglich ist, die Segel an den Raen festzumachen.

Die obersten d. h. die Royal-Raen haben noch eine Länge von 16 m bei 33 cm Durchmesser in der Mitte mit 6,5 mm Blechstärke. Bei allen Raen ist der Durchmesser an den Nocken gleich dem halben Durchmesser

Langspill für Schoten und Brasse.

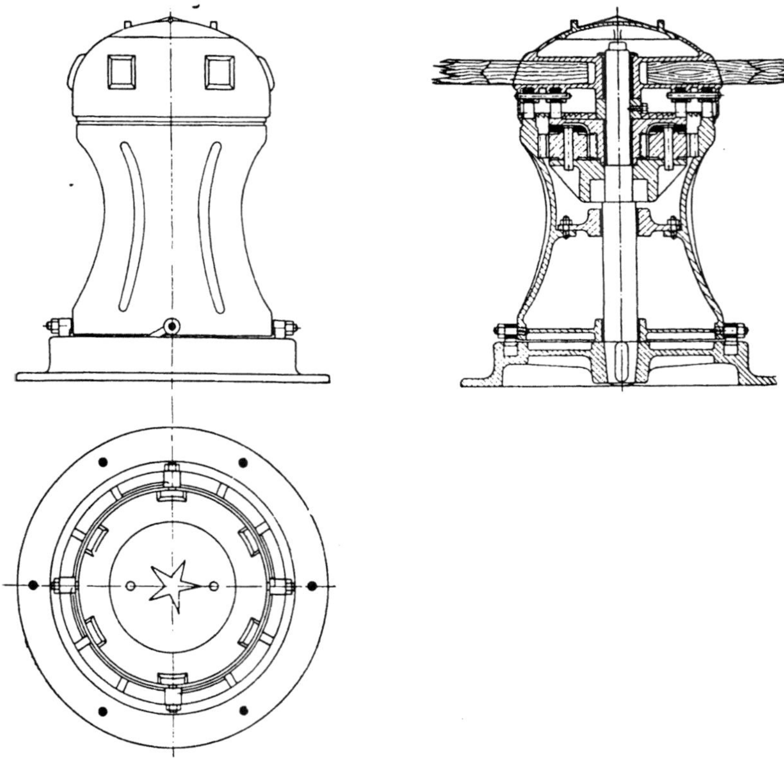

Abb. 175.

in der Mitte. An Stelle der früheren allgemein üblichen Tonnenracks der losen Raen sind Stahlgußgleitschuhe angewandt, die auf eisernen an die Stengen genieteten Schienen gleiten.

Was die Segel anbelangt, so sind die Fock-, Untermars-, Vorstenge-, Stag- und Sturm-Gaffel-Segel aus dem stärksten Segeltuch gearbeitet, aus dem schwächsten zur Verwendung gelangten die Royalsegel. Leesegel besitzt das Schiff, wie alle neueren Segelschiffe nicht mehr.

Die Fortschritte in der Takelung, die unsere großen und neueren deutschen Segelschiffe aufweisen, erstrecken sich auf die Vereinfachung und Verbesserung in der Bedienung der Raen und Segel mit dem Hauptzweck, an Mannschaft zu sparen, um die Wirtschaftlichkeit zu erhöhen.

In erster Linie ist die Teilung der hohen Marssegel in Ober- und Unter-Marssegel zu nennen, wodurch das langwierige und im schlechten Wetter gefährliche Reffen vermieden wird. Später sind auch die Bramsegel in gleicher Weise geteilt worden. Die wichtigste Neuerung besteht in dem Ersatz der alten gebräuchlichen Handtaljen durch Winden*). So werden die Obermars- und Oberbram-Falle durch Kurbelwinden mit selbstsperrendem Schneckenbetrieb bedient, die Schoten und Halsen der Unter-

Relingwinde.

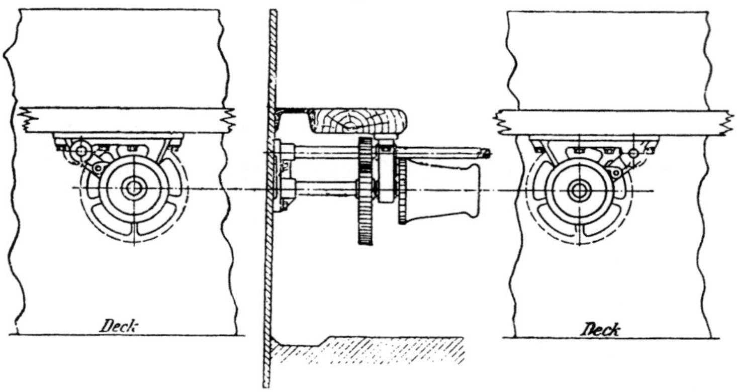

Abb. 176.

segel durch Gangspille (Abb. 175) oder Relingwinden (Abb. 176) steif geholt. Der bedeutendste Vorteil wird durch die Brassenwinden erzielt, denn zum Brassen mit Handtaljen hatte man für jeden Topp mehrere Mann nötig, welche die Brassen der verschiedenen Raen fierten und auf der anderen Seite durchholten. Bei schwerem Wetter ist dies in Lee eine langwierige und gefährliche Arbeit, besonders wenn das beladene Schiff mit der Leereling überliegt, Seen über die Mannschaft brechen und die langen Läufer der Brassen durch die Wasserpforten spülen oder sich an Deck bekneifen.

Mit den Winden geschieht das Brassen gleichzeitig für die 3 unteren Raen an jedem Mast durch 2 Mann, die mittschiffs geschützt und trocken kurbeln, und zwar gleichzeitig für beide Seiten. Werden die Luvbrassen

*) W. Laas, Entwicklung und Zukunft der großen Segelschiffe. Jahrbuch der Schiffbautechnischen Gesellschaft 1907, Seite 305.

Einrichtungspläne.

1 : 600.

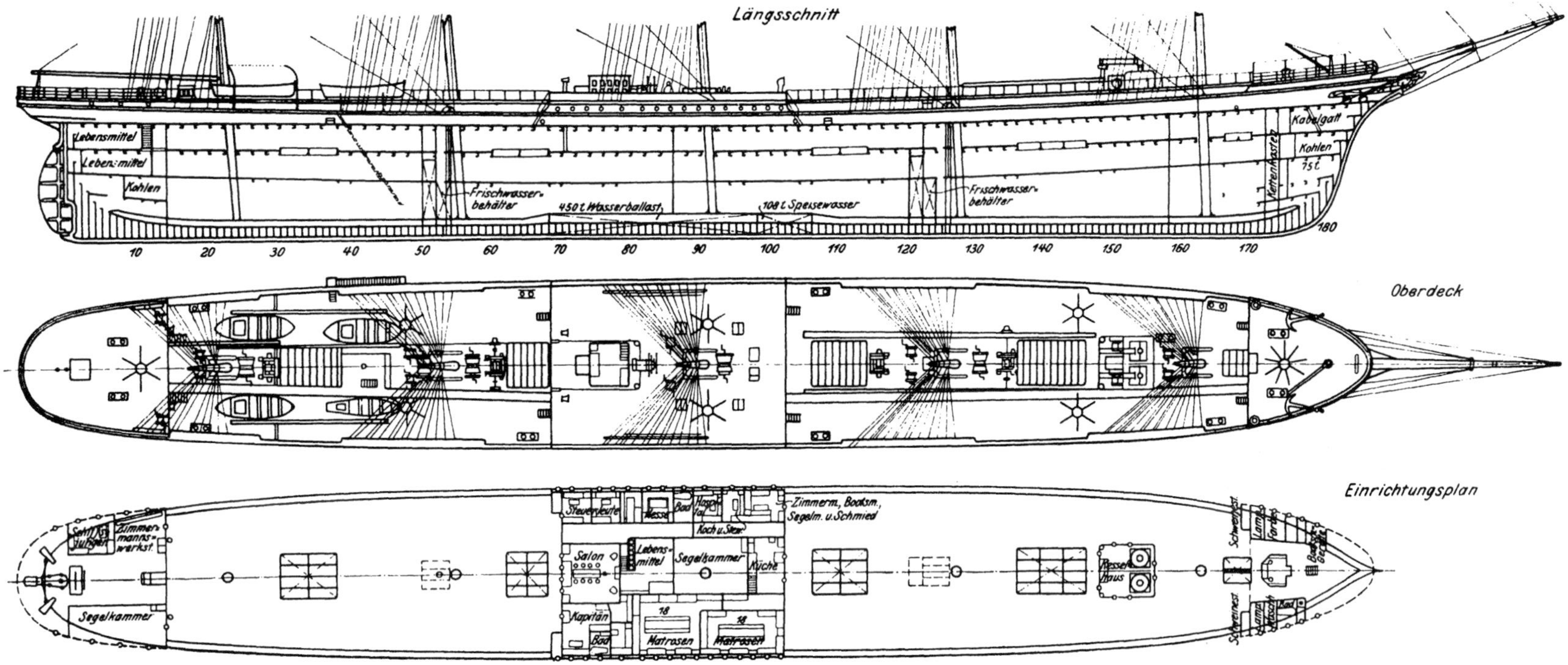

Abb. 177.

beispielsweise gefiert. so werden gleichzeitig die Leebrasen geholt, so daß die 3 Raen in jeder Lage während des Brassens festgehalten bleiben. Das Herumwerfen der Raen beim Wenden geschieht sehr leicht durch Auskuppeln der Windetrommeln, durch eine Bandbremse kann hierbei die Bewegung nach Belieben gehemmt werden. Nach dem Brassen brauchen nur noch die Strecktaljen, die vor dem Brassen losgeworfen waren, kurz steif geholt zu werden, um die Lose aus den Brassen zu beseitigen. Die Mannschaft wird hierdurch namentlich beim Aufkreuzen gegen schweren Wind und Seegang ganz außerordentlich geschont.

„Preußen" besitzt 5 solcher Brassenwinden, je eine für jeden Mast, ferner Relingwinden und 7 Gangspills für die Schoten der Untersegel (Abb. 177); die Gangspille können auch zum Verholen des Schiffes benutzt werden.

Das stehende Gut der „Preußen" besteht durchweg aus bestem verzinnten Stahldraht, der in den Wanten und teilweise in den Pardunen mit Schiemannsgarn umkleidet ist. Die Toppnanten und die Pferde unter den Raen und am Bugspriet bestehen ebenfalls aus Stahldraht. Unter dem Bugspriet ist zum Schutz gegen Herunterfallen der Mannschaft ein Netz aus starken Hanfleinen angebracht.

Das laufende Gut ist aus biegsamen Stahldraht angefertigt, nur wo es unmittelbar mit den Segeln in Berührung kommt, ist Hanf verwendet. An Stelle der sonst üblichen Hanger- und Mantelketten sind die Fallen für die Raen ebenfalls aus lehnigem Stahldraht hergestellt, der doppelt bzw. dreifach geschoren wurde. Die Brassen der Bram- und Royalraen bestehen aus Stahldrahtläufern mit Taljen bzw. Klappläufern.

Die Gesamtlänge des stehenden Guts mißt 10 800 m, die des laufenden Guts 17 300 m; dazu kommen noch 3050 m Trossen und Reservegut, sowie 700 m in der Takelung verwendete Ketten.

Wohn- und Laderäume.

Abb. 177 zeigt, daß unter der Back keine Wohnräume angeordnet sind, sondern nur ein Wasch- und Baderaum sowie Klosetts für die Mannschaft, außerdem ein Anzahl von Gelassen für Bootsmannsgeräte, Lampen, Farben usw.

Im Brückenhaus wohnt die gesamte Besatzung (Abb. 177) bis auf zwei Schiffsjungen, die in der Kampange untergebracht sind. Neben den Wohnräumen umschließt das Brückenhaus noch den Salon für den Kapitän, die Offiziersmesse, das Lazarett, 2 Bäder, die Küche, einen Proviant-

Längsansicht. 1 : 600.

Abb. 178.

und Anrichteraum, sowie eine Segelkammer und einen Trockenraum für das nasse Zeug der Mannschaft. Auf dem Brückenhaus steht der Navigationsbau (Abb. 178). In der Kampange befindet sich eine Zimmermannwerkstatt, eine zweite Segelkammer und der Handsteuerapparat. Über den Handrädern des letzteren ist das Deck durchschnitten und durch eine vorn mit Glasfenstern versehene Kappe geschlossen, so daß die Rudergänger freien Ausblick haben.

Die Laderäume sind durch je 5 Luken im Haupt- und Zwischendeck zugänglich. Hinter dem Kollisionsschott liegt der Kettenkasten, hinter dem zweiten und vierten Mast stehen je 2 Frischwasserbehälter, sonst wird der ganze Raum des Unterschiffes als Laderaum benutzt, bis auf die Vor- und Achterpiek, die Kohlen und Vorräte enthalten.

Ausrüstung.

Als besondere Einrichtung hat „Preußen" 2 stehende Dampfkessel an Bord, die in einem für sie erbauten Deckhause hinter dem Fockmast aufgestellt sind. Die mit 8 kg/qcm Überdruck arbeitenden Kessel haben 16 qm Heizfläche und liefern den Dampf für die Dampfsteuermaschine, die Ankerlichtmaschine und die Dampfballastpumpe. Nur die Ankerlichtmaschine arbeitet mit Auspuff, der andere verbrauchte Dampf wird in einen Niederschlagbehälter des Kesselhauses geleitet und das Kondensat wieder zum Speisen benutzt, so daß nur das Zusatzwasser dem Doppelboden entnommen zu werden braucht.

Die Ankerlichtmaschine liegt auf dem Hauptdeck unter der Back, darüber steht auf der Back ein Gangspill. das durch eine Kupplung mit der Maschine verbunden werden kann. so daß die Anker auch mit Hand gehievt werden können. Die Buganker wiegen je 3850 kg. Die Ankerkette hat 65 mm Durchmesser.

Die Dampfsteuermaschine ist auf dem Brückendeck untergebracht. Sie steht unmittelbar vor dem geräumigen Kartenhaus. Eine Zwillingsdampfmaschine treibt mittels einer Schnecke eine wagerecht gelagerte Trommel an, auf der sich das Ruderreep auf- und abwickelt. Diese Trommel kann auch durch Zahnradübersetzung mittels zweier Steuerräder von Hand gedreht werden. Das Ruderreep läuft über Messingrollen nach dem Hauptdeck, auf dem bei der vierten Luke eine Spannvorrichtung eingeschaltet ist, weiter nach den Taljen an der Ruderpinne. Die Handsteuervorrichtung unter der Kampange wird nur benutzt, wenn das Dampfsteuer versagt.

Die Dampfballastpumpe hat ihren Platz bei dem Schott hinter dem Großmast in der Höhe der Raumbalken. Zwei doppelt wirkende Lenzpumpen für Handbetrieb stehen hinter dem Großmast und dem vierten Mast auf dem Hauptdeck.

Zwei hölzerne Rettungsboote sind auf Bootsgalgen im freien Teile

Vorderansicht. 1 : 600.

Abb. 179.

Hinteransicht. 1 : 600.

Abb. 180.

des hinteren Hauptdecks aufgestellt (Abb. 177), ebenso 2 eiserne Francisboote, die durch Davids ausgeschwungen werden können.

Besatzung.

Die Besatzung besteht aus dem Kapitän, 3 Steuerleuten, Boots- und Zimmermann, Segelmacher, Schmied, Koch, Steward, 28 Matrosen und 2 Jungen, zusammen 40 Mann.

Geschwindigkeit.

„Preußen“ hat nachweislich seines Schiffstagebuches im günstigsten Falle im Stillen Ozean bei Windstärke 9 bis zu 17 Knoten gelaufen und 14 bis 16 Knoten auf ihren verschiedenen Reisen wiederholt erreicht. Die Durchschnittsgeschwindigkeit auf ihren Reisen von 1903 bis 1908, alle wiedrigen Winde und sonstigen Witterungseinflüsse, von Windstille bis zum Orkan eingerechnet, ergibt sich aus der Reisedauer und der durchsegelten Strecke zu 7—7,6 Knoten.

GPSR Compliance

The European Union's (EU) General Product Safety Regulation (GPSR) is a set of rules that requires consumer products to be safe and our obligations to ensure this.

If you have any concerns about our products, you can contact us on ProductSafety@springernature.com

In case Publisher is established outside the EU, the EU authorized representative is:

Springer Nature Customer Service Center GmbH
Europaplatz 3
69115 Heidelberg, Germany

Batch number: 10683525

Printed by Printforce, the Netherlands